旗 標 FLAG

好書能增進知識 提高學習效率 卓越的品質是旗標的信念與堅持

旗 標 FLAG

http://www.flag.com.tw

用

# Python

# 學運算思維

Get Programming:
Learn to Code with Python

感謝您購買旗標書，
記得到旗標網站
www.flag.com.tw
更多的加值內容等著您…

<請下載 QR Code App 來掃描>

1. FB 粉絲團：旗標知識講堂

2. 建議您訂閱「旗標電子報」：精選書摘、實用電腦知識搶鮮讀; 第一手新書資訊、優惠情報自動報到。

3. 「更正下載」專區：提供書籍的補充資料下載服務, 以及最新的勘誤資訊。

4. 「旗標購物網」專區：您不用出門就可選購旗標書!

買書也可以擁有售後服務, 您不用道聽塗說, 可以直接和我們連絡喔!

我們所提供的售後服務範圍僅限於書籍本身或內容表達不清楚的地方, 至於軟硬體的問題, 請直接連絡廠商。

● 如您對本書內容有不明瞭或建議改進之處, 請連上旗標網站, 點選首頁的 讀者服務 ,然後再按右側 讀者留言版 , 依格式留言, 我們得到您的資料後, 將由專家為您解答。註明書名(或書號)及頁次的讀者,我們將優先為您解答。

| 學生團體 | 訂購專線：(02)2396-3257 轉 362 |
| | 傳真專線：(02)2321-2545 |
| 經銷商 | 服務專線：(02)2396-3257 轉 331 |
| | 將派專人拜訪 |
| | 傳真專線：(02)2321-2545 |

國家圖書館出版品預行編目資料

用 Python 學運算思維 / Ana Bell 著, 魏宏達 譯
施威銘研究室 監修
臺北市：旗標, 2019.04　面；　公分

ISBN 978-986-312-551-8(平裝)

1.Python(電腦程式語言)

312.32P97　　　　　　　　　　107013841

作　　者／Ana Bell 著

翻譯著作人／旗標科技股份有限公司

發 行 所／旗標科技股份有限公司

　　　　　台北市杭州南路一段15-1號19樓

電　　話／(02)2396-3257(代表號)

傳　　真／(02)2321-2545

劃撥帳號／1332727-9

帳　　戶／旗標科技股份有限公司

監　　督／陳彥發

執行企劃／陳彥發

執行編輯／留學成・鄭秀珠

美術編輯／陳奕愷・薛詩盈・陳慧如

封面設計／古鴻杰

校　　對／陳彥發・留學成

新台幣售價：550 元

西元 2022 年 7 月初版 5 刷

行政院新聞局核准登記-局版台業字第 4512 號

ISBN 978-986-312-551-8

版權所有・翻印必究

# 作者序

許多人總以為寫程式是工程師的事，只有解決一些深不可測的問題才要寫程式。在電腦剛發明之時可能是如此，但現今日常生活周遭充斥著各種電腦應用，程式能力已是每個人的必備技能。撰寫本書就是希望讓更多人學會程式，可以用來簡化日常的例行工作，或是解決生活上各種疑難雜症，進而可以將資訊科技融入工作之中，創造個人或組織的價值。說來容易，但要寫出一本真正從零開始，大家都看得懂的程式設計書籍，著實是不小的挑戰。

我在麻省理工學院電機工程與資訊科學系開設了程式設計入門的相關課程，由於要講解的題材實在太豐富，濃縮在一學期的課程中，因此上課內容非常緊湊，修課的學生多半也沒有程式設計的基礎，往往必須事先預習才跟得上。不少學生嘗試參考網路或市面上的教材，結果發現大多數都不是為沒基礎的入門者設計，往往略過程式運作的邏輯（運算思維）不談，只能盲目死記難懂的指令及一堆計算機符號，最後當然也達不到預期的成效。

這本書不只是想教你用 Python 去撰寫程式，也想培養你解決問題的能力。在寫作的過程中，我不間斷地回想自己初學程式的情境，期望能用最平易近人、沒有距離的方式，帶你試著去釐清問題、拆解問題，像程式設計師一樣的思考，最後能確實運用 Python 來解決各種難題，並應用到你的工作上。

## 作者簡介

本書作者 Ana Bell 博士是 **MIT 麻省理工學院**電機工程與資訊科學學系的講師，主要教授電腦科學與程式設計等課程。

由於 Ana Bell 博士教的是入門課程，因此學生多半沒有程式基礎，看著學生們在課堂中，從零開始拓展對資訊技術的認識，也逐步進入程式設計的領域，從中獲得很大的成就感，這也是這本書誕生的契機。

作者在 MIT OpenCourseWare 網站上開設的「Introduction to Computer Science and Programming in Python」課程，光在 Youtube 網站就有近百萬人次觀看，對於剛接觸程式設計的初學者有很大助益，建議在閱讀本書之餘，可同步觀看線上課程內容。

MIT OpenCourseWare
線上課程連結

# 致　謝

很高興寫完這本書了，相信可以幫助到不少剛接觸或準備加入程式設計領域的初學者。在本書寫作過程，受到了許許多多人的協助。首先是我先生 CJ，一直全力支持我寫這本書，也提供許多意見給我參考，特別是在我全力寫作時，幫忙照顧兒子。當然也不能忘記我資訊教育的啟蒙老師 – 我的父親，從 12 歲開始教我寫程式，我還記得初次接觸物件導向時，他不厭其煩反覆解釋細節的場景。特別要感謝我媽媽，她從來沒寫過程式，是我這本書最好的目標讀者，在我設計這本書的範例和習題時，她也跟著練習了好幾遍。

除此之外，也要感謝 Manning 出版公司優秀的編輯團隊。執行編輯 Kristen Watterson、Dan Maharry 和 Elesha Hyde，協助規劃了本書的架構，技術編輯 Frances Buontempo 和校對編輯 Ignacio Beltran Torres 仔細閱讀本書內容，指出了我沒發現的錯誤，也要謝謝 Manning 出版公司其他協助製作與推廣行銷的同仁們。

最後感謝所有在本書出版前，抽空協助校閱審稿的書評：Alexandria Webb、Ana Pop、Andru Estes、Angelo Costa、Ariana Duncan、Artiom Plugachev、Carlie Cornell、David Heller、David Moravec、Adnan Masood、Drew Leon、George Joseph、Gerald Mack、Grace Kacenjar、Ivo Stimac、James Gwaltney、Jeon-Young Kang、Jim Arthur、John Lehto、Joseph M. Morgan、Juston Lantrip、Keith Donaldson、Marci Kenneda、Matt Lemke、Mike Cuddy、Nestor Narvaez、Nicole E. Kogan、Nigel John、Pavol Kráľ、Potito Colluccelli、Prabhuti Prakash、Randy Coffland、R. Udendhran Mudaliyar、Rob Morrison、Rujiraporn Pitaksalee、Sam Johnson、Shawn Bolan、Sowmy Vajjala-Balakrishna、Steven Parr、Thomas Ballinger、Tom North-wood、Vester Thacker、Warren Rust、Yan Guo、and Yves Dorfsman，你們的專業建議讓本書更臻完美。

# 關於本書

在閱讀本書之前，你不需要有任何資訊技術基礎，只要對程式有興趣就夠了！我們會從最基礎的程式邏輯講起，全書總共分為 9 個 Unit 和 1 個附錄，每一個 Unit 會講述一項重要的程式概念，並以一個 CAPSTONE 整合專案作為該 Unit 的總結：

- **Unit 1 學習程式設計**：介紹運算思維和撰寫程式的流程，並學會繪製流程圖來釐清程式執行的邏輯。

- **Unit 2 變數、型別、運算式和敘述**：安裝 Python 的開發環境，並介紹物件、變數、敘述、運算式等程式語言的基本概念。

- **Unit 3 字串 tuple 及輸出入功能**：學習處理文字訊息（字串）和儲存資料的容器，並撰寫有互動性的程式，依據使用者輸入的資訊，讓程式顯示不同的結果。

- **Unit 4 條件判斷**：學習如何在程式裡進行條件判斷，建立不同的分支，讓程式依據條件判斷的結果，執行不同的敘述。

- **Unit 5 重複執行的作業**：學習運用電腦快速運算的優勢，協助我們重複執行某些指令或動作，藉此完成任務。

- **Unit 6 建構可重複使用的程式區塊**：介紹如何使用函式 (function) 來撰寫模組化且可重複使用的程式碼。

- **Unit 7 使用可變物件**：學習使用進階的資料容器，可以因應不同的資料類型選擇適當的容器，並快速存取儲存於其中的資料。

- **Unit 8 物件導向程式設計**：了解物件的屬性與方法 (method)，自行定義需要的物件類別，讓撰寫的程式更簡潔、更易讀。

- **Unit 9 Python 最強功能：函式庫**：在程式裡使用現成的函式庫，藉由這些功能強大的函式庫來強化自己的程式功力。

## 檔案下載

本書所有程式範例、CAPSTONE 整合專案程式以及「觀念驗證」解答，可連到以下網址下載，下載檔案為壓縮檔，解壓縮後即可使用：

### http://www.flag.com.tw/bk/ex/f9751

# 目　錄

# UNIT 3 字串、tuple 及輸出入功能

# U N I T 4 條件判斷

# UNIT 5　重複執行的作業

# UNIT 6　建構可重複使用的程式區塊

U N I T
# 7 使用可變物件

# 9 Python 最強功能：函式庫

## appendix A 特殊方法

# UNIT

# 1

# 學習
# 程式設計

---

**CH01　為什麼要學習程式設計？**
**CH02　程式設計的基本原則**

當前各行各業都受到科技巨大變化的衝擊，組織裡各個階層的人員若能透過學習程式設計，而接受更多運算思維的訓練，以及對軟體科技趨勢的理解，那麼在面對變局、處理問題時，將可大大的提升解決問題的能力，在競爭的社會中具備更多勝出的機會。

---

本書作者也在 MIT OpenCourseWare 網站上開課，是目前最受歡迎的程式基礎課程之一，在閱讀本書之餘，建議同步觀看線上課程內容。你可掃描右邊的 QRCode，或是在 ocw.mit.edu 網站搜尋課程編號 6.0001，即可找到課程連結。

MIT OpenCourseWare
線上課程連結

Chapter

# 01 為什麼要學習 程式設計？

**學習重點**

➡ 理解程式設計的重要性　　　➡ 制定學習程式設計的計劃

## 1-1 程式設計為什麼重要？

　　程式設計是一種基本能力，就如同你不必成為暢銷書作家、世界級數學家或米其林明星廚師，也可以閱讀、寫作、計算或烹飪一樣。

　　乍看之下，程式設計似乎非常專業，尤其是剛開始學習基本概念的時候，更容易讓人卻步。事實上不然，程式設計的最大重點在於建構**「運算思維」**(Computational Thinking) 的能力，透過程式設計，試著自己思考、設計並實作各種創作體驗，培養運算思維與解決問題的能力。更何況程式是無國界的，全球 70 億人使用的 Python、C、Java 都是一樣的，你只要會程式設計，全世界各地都有工作機會。

## 1-2 程式設計的學習計畫

　　**個人動機**是學習程式語言最重要的決定因素。把腳步放慢，進行大量的練習，善用時間吸收新知，將使學習更順利。

## ▶ 運算思維訓練

運算思維 (Computational Thinking, 簡稱 CT) 是一種解決問題的能力，這種能力會影響到個人在每個領域的表現，運算思維包含四大核心項目：

1. **拆解問題** (Decomposition) 的能力：將複雜的問題拆解成較小的問題。
2. **辨識型態** (Pattern Recognition) 的能力：觀察問題的型態、趨勢和可能的規則。
3. **抽象化** (Abstraction) 的能力：忽視不重要的小細節，找出這些型態的一般性通則。
4. **設計演算法** (Algorithm Design) 的能力：設計出能夠解決此問題的流程步驟。

由以上四個核心能力就可以看出「**運算思維在乎的是解決問題的過程而不是計算效能**」，這樣的觀念將會貫穿本書。

## ▶ 像程式設計師一樣思考

本書旨在讓你有獨特的學習體驗，不只是想教你用 Python 去編寫程式，也想讓你知道如何像程式設計師一樣的思考。你應該依循一定的步驟，思考並寫出程式，讓程式內容結構化、可讀性高、維護容易，並要經過反覆測試，確保可以解決你的問題。

通常我們會利用圖形化的方式，描述問題的處理步驟進而寫出程式，最常用的工具就是**流程圖** (Flowchart)。了解流程圖的概念，就等同擁有基本程式設計的技能，具備基礎的邏輯思考能力。在流程圖裡，不同的判斷或決策的結果，會產生不同的流程，你必須謹慎構思流程圖的每一步驟，確保流程執行的結果可以解決問題。下圖即是一個流程圖的實例 (後面我們還會一直看到它)。

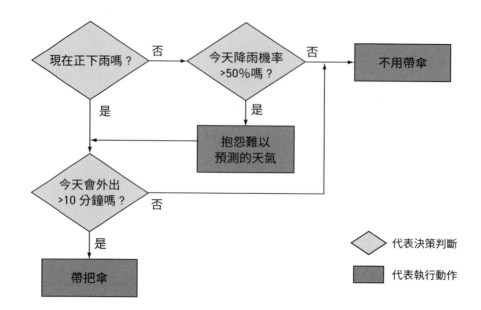

---

( ! ) **像程式設計師一樣思考**

請在本書內注意這樣的對話框,你會獲得有用的提示,了解哪些是程式設計師應有的思考原則,並應用於該章節所討論的概念中。這些原則將貫穿本書,希望不斷重溫這些概念,可幫助你深入程式設計的思維。

▶ **練習、練習、再練習**

要學習程式設計,需要反覆不斷的演練,本書提供眾多的練習機會:

1. 每個章節都會有多個**程式**範例,我們會詳細介紹程式運作的細節,幫助你理解 Python 程式語言的概念。本書也會提供完整程式範例檔案,可供您快速驗證執行結果。

2. 寫程式不是被動的學習,要自己動手實作才能真的學到。各章節程式範例都很簡短,在理解運作細節之後,建議自行重新將程式碼 key-in 一遍,強化學習效果。

3. 在每個程式範例之後我們安排**觀念驗證**，會詢問你一些小問題，幫助釐清各種觀念，可做為自我學習驗證的檢查點，以確定自己懂了多少。

4. 多數章節最後設計有**習題**，題目是從該章節的程式範例變化而來的，你在解題時可能出現各種錯誤，請不用因此感到沮喪，在修正錯誤的過程，你會對程式有更深入的理解。

5. 每一 Unit 的最後會設計一個 **CAPSTONE 整合專案**，將該 Unit 內各章節學到的技巧組合起來，帶你拆解問題並構思完成一個較大型的程式專案。

## 結語

學習程式設計，不再是面對難懂的指令及一堆計算機符號，而是培養邏輯、勇於嘗試、並實現創意的過程，你準備好進入這個迷人的世界了嗎？

Chapter

# 02 程式設計的基本原則

**學習重點**

➡ 掌握程式設計的步驟　　　　➡ 了解何謂可讀性高的程式碼

➡ 如何解決寫程式時遇到的問題

## 2-1 程式設計是一項技能

　　就像閱讀、算數、彈鋼琴或打網球一樣，程式設計也是一項基本技能，若能透過一個良好的學習計畫，搭配大量的、正確的練習方式，學習好這項技能是指日可待的。

　　在學習程式設計的初期，要盡可能地多練習寫程式，只要打開程式編輯器，嘗試輸入你所學到的每一段程式碼，看看輸出結果是否符合你的預期，對於初學者的你，這已經踏出程式設計的第一步了！

## 2-2 程式設計的過程

　　圖 2.1 是程式設計的基本流程：開發程式前應該先**思考並了解問題** → 接著再**寫程式** → 完成後需**測試程式**是否正常運作 → 若有問題則**找出異常並除錯** → 重複這個流程直到程式**通過所有測試**為止。

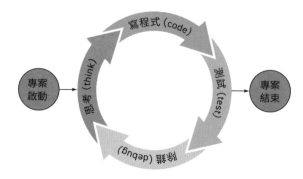

**圖 2.1** 用程式解決問題的流程

## ▶ 程式設計的步驟：

思考 (think) → 寫程式 (code) → 測試 (test) → 除錯 (debug)

┌──────────── 重複執行 (repeat) ◄───────────┐

1. 在**思考 (think)** 階段：應該先分析、理解問題，然後想出特定的步驟來解決問題，這種一系列有次序、明確的步驟就叫做**演算法 (Algorithm)**。

2. 在**寫程式 (code)** 階段：動手把上述的步驟 (演算法) 一一寫成程式敘述，並檢查程式語法是否正確，這個動作叫做**演算法實作 (Algorithmic implementation)**。

3. 在**測試 (test)** 階段：你必須「**驗證**」你的程式，經由輸入不同的資料，逐一確認結果是否符合預期。

4. 在**除錯 (debug)** 階段：依據錯誤的情況找出有邏輯錯誤的程式碼，更正處理的步驟 (演算法) 並修改程式碼。

5. 開發程式時，你必須**重複執行**上述 4 個步驟直到程式通過所有測試為止。

　　除了讓程式正確執行之外，我們也必須確保程式內容的結構化 (structurize)、高可讀性 (readability) 和容易維護等特性，當你在開發大型程式時，這些要求特別重要！

## ▶ 思考階段：理解並釐清問題

　　在寫程式之前，你必須先對問題做詳細的研究與理解，在釐清問題並蒐集完整的相關資料後，才能正確找出該問題的最佳解決方法。

　　在釐清問題後，若是簡單的問題，可用「**流程圖 (Flow Chart)**」將解決問題的步驟畫出來，再依流程圖來撰寫程式即可。若問題比較複雜，可以把這個大問題切分成幾個簡單的小問題，先一一解決小問題來確認整體的實作方向和思維是否正確，這樣整個程式會比較容易撰寫，也比較不容易出錯。

當我們要著手寫一個程式時，應該先確認以下事項：

- 要解決的問題是什麼？例如：我們想計算出一個圓形的面積。
- 這個程式需要和使用者 (user) 互動嗎？例如：使用者 (user) 輸入一個數字，經程式計算完成後會顯示圓面積。
- 輸入的資訊代表什麼意義呢？例如：輸入的數字代表一個圓半徑。
- 程式最後呈現資訊的格式是什麼呢？例如：程式可以只顯示 12.57 代表圓面積，或是可以顯示一段話："圓形的半徑是 2，面積是 12.57"，甚至你可以依據計算結果，直接把圓形畫出來。

綜上所述，建議讀者用下面兩種方式重新思考和釐清問題：

- 藉由思考、分析或是詢問的方式，將模糊的問題具體化。
- 反覆輸入多組不同的資料，「確認」輸出的結果是否符合需求者的預期。

## ▶ 將解決問題的步驟視覺化：流程圖

在釐清問題之後，即可繪製流程圖 (Flow Chart) 來將處理問題的步驟用圖形表現出來，以方便觀察步驟的可行性，以及是否有需要調整的地方。

如圖 2.2，就是一組簡單的流程圖，矩形表示採取的步驟，菱形代表一個決策點，返回到前一個步驟的箭頭代表一個重複的步驟，按照箭頭的路徑去執行每個步驟就會完成整個工作了。

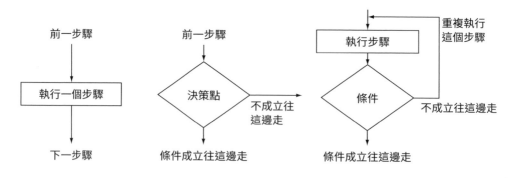

**圖 2.2** 簡單的流程圖

### ▶ 將解決問題的步驟文字化：虛擬碼

除了用「視覺化的流程圖」來幫助思考解決問題的步驟外，也可使用「文字式的**虛擬碼**（pseudocode）」來呈現程式設計的邏輯與步驟。所謂虛擬碼，就是用口語文字來撰寫程式，例如當我們要寫程式計算圓形面積時，可先寫出底下的虛擬碼：

1. 要求使用者輸入圓形的半徑。
2. 利用公式算出圓形的面積。
3. 將算出的面積顯示出來。
4. 重複步驟 1~3，直到使用者輸入 ' 再見 ' 為止。

# 2-3 寫出可讀性高的程式

擬好演算法、畫出流程圖或寫好虛擬碼之後，就可以開始寫程式了。正如我們在 1-2 節提及，寫程式時應該學習像程式設計師一般的思考，寫出內容結構化、可讀性高、維護容易的程式。一個可讀性高的程式，能讓其他人快速了解並易於修改及擴充。在一段時間後，你自己再回頭來看這段程式時，也仍然可以快速了解當初撰寫的邏輯。

但怎樣才算「可讀性高的程式」呢？基本上應具備下列條件：

### ▶ 使用有意義的變數名稱

要寫出可讀性高的程式，其中一個重點就是要使用有意義的變數名稱。下面有三行 Python 程式碼：

```
a = 3.1
b = 2.2
c = a * b * b
```

你可以大約理解上述的程式碼想表達的含意嗎？若改寫成下列的程式碼：

```
pi = 3.1
radius = 2.2
# 算出圓面積
circle_area = pi * radius * radius
```

你馬上會發現，原來這段程式碼是要計算半徑 2.2 的圓面積。和數學類似，在程式裡，同樣也會使用**變數 (variable)**。在這段程式碼裡，pi 是一個變數名稱，這個變數名稱對應的值是 3.1，同理，radius 和 circle_area 也是變數名稱。

在 Python 程式裡，使用變數名稱有一定的規則，一定要使用有意義的變數名稱，你的程式才能讓其他程式設計師容易閱讀並理解。何謂有意義的變數名稱？變數名稱的使用規則為何？我們將在第 4 章詳細說明。

## ▶ 將程式加上註解

你應該有注意到，上一段程式碼中有一行以 # 作為開頭的說明，這就是**註解**。在 Python 程式裡，# 右邊的文字都當做是註解而不是程式碼。

**TIP** ｜ 程式執行時，註解文字會被略過而不會執行。

註解可以幫助其他人了解這個程式，一個好的註解應該說明程式碼的目的及意義，觀察下列 2 個例子：

# 註解 1：使用公式計算圓面積
# 註解 2：將圓周率乘半徑乘半徑

你會發現，註解 1 會比註解 2 好，因為註解 1 說明了這個程式的意義，而註解 2 只說明了計算步驟，其他人很可能只知道你執行了一個乘法運算，而不會了解其目的其實是要計算圓面積。

　　當然，如果運算步驟不是一眼就能理解，用註解來說明其中的竅門也是有必要的，在這種情況下，註解 1 和註解 2 的方式都很必要。

　　註解可以讓閱讀的人對於程式邏輯先有一個整體的概念，當有整體概念後，再逐行去理解程式計算的步驟就會容易許多。尤其是一段非常長或是使用特別的演算法實作的程式碼，這時註解對我們了解此段程式碼就非常有幫助。

## <u>結語</u>

本章重點：

● 程式設計應依循下列步驟：

思考 (think) → 寫程式 (code) → 測試 (test) → 除錯 (debug)
└──────── 重複執行 (repeat) ←────────┘

● 寫程式前，應先思考問題本身的意義與目的，並釐清相關細節。
● 寫程式前，並先列出所需要的輸入資訊以及可能的輸出資訊。
● 使用有意義的變數名稱並善用註解，可以提高程式的可讀性。

# 記事欄 MEMO

# UNIT

# 變數、型別、運算式和敘述

在本 Unit 中，你將下載 Python 的整合開發環境 —— Anaconda 套件，以便用來編寫和執行 Python 程式。

接著就可以進入本書的重點，我們將實際撰寫 Python 程式，逐步了解變數（variable）、運算式（expression）、資料型別與物件（object）、敘述（statement）等程式語言的基礎。

Chapter

# 03 Python 的安裝與 開發環境介紹

---

**學習重點**

➡ 安裝 Python

➡ 了解整合開發環境 (IDE) 的功能

➡ 使用 Spyder 編輯器編寫程式

---

Python 是非常普及且受歡迎的程式語言，不僅許多學校使用 Python 教導學生了解電腦科學的相關知識，而且廣泛地運用在網站和應用程式開發，NASA、Google、Facebook 以及 Pinterest 等大企業，也都使用 Python 來開發系統及分析資料。

Python 是由 Guido van Rossum 於荷蘭國家數學及計算機科學研究院所發展出來的高階程式語言，目前由 Python 軟體基金會管理。**Python 是一個通用且可以快速開發程式的程式語言**，當設定好開發環境後，撰寫 Python 程式不需要花費太多功夫，因此近年來 Python 已竄升為最受歡迎的程式語言之一。

名詞解釋 「**Python**」是程式語言的名稱，但有時指的是 Python **直譯器** (Interpreter)，Python 直譯器是用來解讀及執行 Python 程式的軟體。

# 3-1 安裝 Python 的開發環境

你可從 Python 的官方網站 www.python.org 取得 Python 直譯器 (及簡易程式編輯器) 的安裝檔,或是改用其他內建 Python 直譯器的第三方套件來作為開發工具,本書強烈建議你安裝 **Anaconda** 這個第三方套件。

## ▶ 安裝 Anaconda

你可從 www.anaconda.com 下載免費開源軟體 Anaconda,Anaconda 不但包含了 Python 直譯器以及許多好用的開發工具,而且提供數百個第三方函式庫,涵蓋科學、數學、工程、資料分析…等等。

你可連線到 www.anaconda.com/downloads,選取作業系統及最新的 Python 版本來下載安裝檔,然後依照指示使用預設值進行安裝。安裝時間依你的機器及網速而定,大約數分鐘到數十分鐘。

TIP | 本書相關程式範例使用 Python 3.7 開發,讀者在閱讀本書時的最新版本也許不是 3.7,但不影響後續操作,只要是 Python 3.x,差異都不會太大。

## ▶ Spyder:Anaconda 整合開發環境 (IDE)

Anaconda 安裝完成後,若在 Windows 環境,你可以從「開始」功能表裡的 Anaconda 目錄找到 Spyder,如圖 3.1。Spyder 是 Anaconda 的整合開發環境 (integrated development environment, 簡稱 IDE),本書接下來都是使用 Spyder 來撰寫並執行 Python 程式。

名詞解釋 | 整合開發環境 (integrated development environment, IDE) 指的是將撰寫、編譯、除錯、執行等功能合併在一套軟體,可讓你在編寫程式時更快速方便。

圖 **3.1** 開始功能表裡的 Anaconda 目錄

Spyder 的特色如下，操作畫面可參照圖 3.2：

● 在執行程式前，可先從程式編輯窗格確認是否有語法錯誤。

● 使用者可在主控台輸入指令並確認輸出結果。

● 可在變數窗格中檢視變數及物件對應的值為何。

● 可一次一行依序執行程式碼，方便除錯。

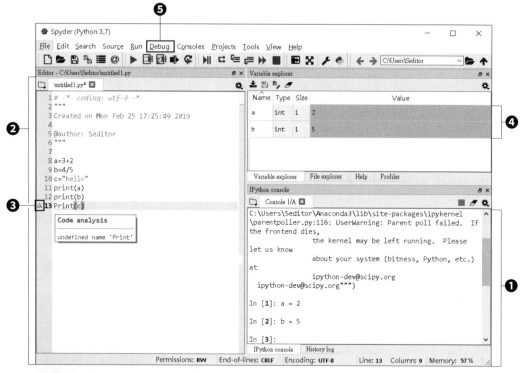

**圖 3.2** Python 程式編輯器──Spyder 的操作畫面

❶Python 主控台 (Console)，顯示目前 Python 的版本，以及程式的輸出資訊
❷程式編輯窗格 (code editor)，可在此編寫程式
❸在執行程式前，可事先發現有語法錯誤的程式碼
❹變數窗格 (Variable Explorer)，可知道目前程式物件的值為何
❺Debug(除錯) 選單，可設定依序執行程式碼查找錯誤 (可參考第 12 章)

# **3-2** Spyder 快速上手

如圖 3.2，開啟 Spyder 後，你可看到 3 個主要窗格：

- 左邊的是程式編輯窗格 (file editor)，預設不含任何程式碼，僅有幾行綠色的註解。
- 右上方的窗格有變數窗格 (variable explorer)、檔案窗格 (file explorer) 等。程式執行時，變數窗格會顯示變數對應的值。
- 右下方的窗格預設是 IPython 主控台 (console)。

## ▶ **IPython 主控台 (console)**

**IPython** 的 **I** 指的是和程式有**互動性 (interactive)** 的意思，透過 IPython 主控台，使用者可和程式互動，只要在 IPython 主控台輸入資訊，即可快速測試指令是否正確，並確認指令執行的結果。IPython 主控台提供了許多便捷的功能，包括自動完成 (依據所輸入的內容，自動顯示相關輸入建議清單)、指令歷史記錄、特殊關鍵字以不同顏色顯示……等等。

### **直接在主控台輸入指令**

程式初學者可以多利用在 IPython 主控台輸入指令來測試程式是否正確，並立即確認執行結果，這種方式的學習可一目了然程式碼執行的狀況，有助於讀者熟悉 Python 程式。

如圖 3.3，試著在 IPython 主控台輸入 3+2 進行加法計算，按下 enter 後，你可看到畫面顯示 Out[]，其後接著顯示結果為 5。接下來輸入 4/5 進行除法計算，按下 enter 後，畫面顯示 Out[]，其後接著顯示結果為 0.8。然後請在主控台輸入 print (3+2)，按下 enter 後，你可看到畫面顯示 5，但不同的是，此結果之前沒有 out[]，這是因為 5 是在執行指令時由 print () 所輸出的，而不是由 IPython 輸出的 (只有 IPython 輸出的資料才會加 Out[])。

**TIP** | 跟著上述說明操作時，你會發現輸入程式的 In[] 和執行結果的 Out[]，括號中都有編號，編號相同代表是同一組，方便讓你比對每一段程式碼的執行結果。

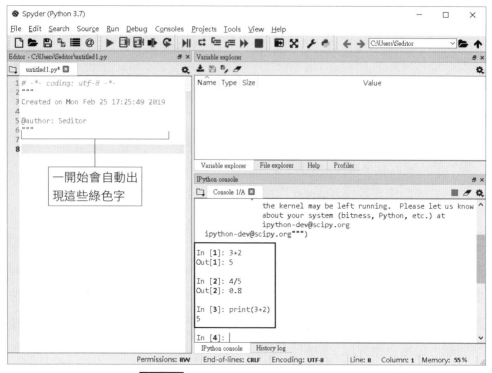

一開始會自動出現這些綠色字

**圖 3.3** 在 IPython 主控台輸入運算式

**觀念驗證** 本書會在適當的學習段落加入 **觀念驗證** 單元,目的是讓學習者自我驗證目前所學的內容、觀念是否正確,同時加深學習印象、強化熟練度,讓學習更加紮根。

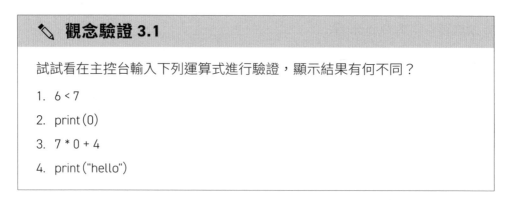

✎ **觀念驗證 3.1**

試試看在主控台輸入下列運算式進行驗證,顯示結果有何不同?

1. 6 < 7

2. print (0)

3. 7 * 0 + 4

4. print ("hello")

**主控台很方便用於測試程式指令**

一般來說,就算是有經驗的程式設計師,也難免會出錯,當程式有錯誤時,不論問題大小,你都要解決它,**除錯 (debug)** 是學習程式設計過程中非常重要的實戰經驗。透過主控台,你可以馬上做程式測試,很方便找出錯誤之所在。

當你想測試單一運算式並查看結果時,主控台是個非常好用的工具,假設你想再次執行相同的運算式時,可以按鍵盤的向上鍵 ⬆ 來取得前一次輸入的運算式,也可以用 ⬅ 和 ➡ 移動游標來修改,確認後按下 enter 即可重新執行。

## ▶ 程式編輯窗格 (file editor)

在程式編輯窗格編寫程式的好處是,你可以把寫好的程式儲存成檔案,下次需要時只要叫出檔案就能執行或修改,當開發較複雜的程式時,這個方式可節省許多時間。

**並非每行程式碼都會顯示輸出結果**

你可按 Spyder 左上角的 **File** 然後選 **New File**,即可在 Spyder 的程式編輯窗格開啟一個空白的檔案,然後在第 8 行輸入 3+2,並在下一行輸入 4/5,這時按上方工具列的綠色箭頭 (如圖 3.4) 即可執行程式 (如果執行前未先存檔,則 Spyder 會要求你先儲存檔案再執行),你會發現在右下角的主控台會出現類似下列的綠字:

```
runfile('C:/Users/Seditor/untitled0.py',
        wdir='C:/Users/Seditor')
```

綠色箭頭

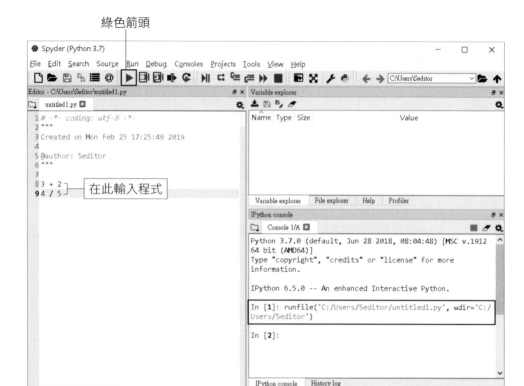

**圖 3.4** 在程式編輯窗格中執行程式

　　此行訊息表示：你剛剛撰寫的 Python 程式已經執行。不過因為這兩行指令雖然指示 Python 進行運算，但是並沒有告訴 Python 要顯示計算的結果，所以右下角的主控台並沒有顯示任何資訊。

　　現在新增其他指令，在第 10 行輸入 print(3+2)，並在下一行輸入 print(4/5)。重新執行程式時，你會發現結果如圖 3.5，主控台顯示了計算的結果。print 是 Python 用來顯示結果的指令，print 會顯示括號內的運算結果。

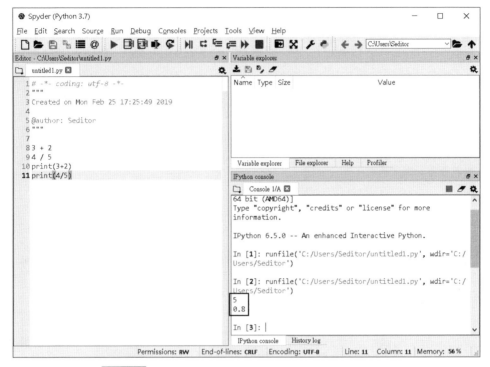

**圖 3.5** 再次執行程式後，就會看到輸出結果 5 和 0.8

**TIP** 在初次按下綠色箭頭執行程式時，你也許會看到一個對話框詢問你工作目錄的設定值，這時點選使用預設值即可。

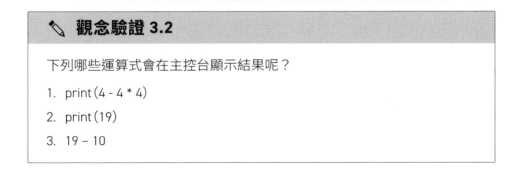

✎ **觀念驗證 3.2**

下列哪些運算式會在主控台顯示結果呢？

1. print (4 - 4 * 4)

2. print (19)

3. 19 – 10

### 儲存和開啟檔案

之前你在程式編輯窗格所編寫的程式碼，會暫存在 Anaconda 目錄下。輸入完成後，你可以把檔案儲存在任何目錄下，但必須以 .py 為副檔名儲存，如圖 3.6 所示，如果不是以 .py 為副檔名，則 Spyder 無法執行該程式（上方工具列的綠色箭頭會變成灰色）。儲存檔案後，你可按下綠色箭頭再把程式執行一遍，主控台再次會顯示一樣的結果。

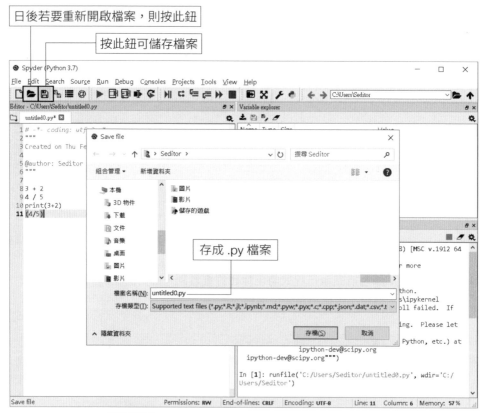

**圖 3.6** 在程式編輯窗格將程式碼儲存成 .py 檔案

將程式碼儲存成檔案後，我們隨時可以在 Spyder 中按 📂 來開啟目前儲存的檔案。

# 結語

本章重點：

- 安裝 Anaconda，使用 Spyder IDE 來編寫和執行 Python 程式。

- 編寫一個簡單的程式並儲存成獨立的程式檔。

- 主控台可以讓你用指令來顯示運算的結果。

- 使用 print 指令，也可在主控台顯示運算的結果，但最前面不會顯示 Out[]。

Chapter

# 04 物件的命名與指派：
## 變數與運算式

---

**學習重點**

➡ 如何建立 Python 物件        ➡ 將物件指派給變數

➡ 變數的命名                        ➡ 變數的初始化

---

    在我們的日常生活中存在著許多**物件 (object)**，例如我們走進超市，每個商品都是一個物件，結帳時的算術計算，每個數字也都是一個物件。

    物件有的很簡單，譬如說 9 這個數字。有的物件就比較複雜，例如：掃地機器人，有掃地、吸塵、拖地等多重功能，並且依據屋內空間的使用情況，可以選擇不同的功能，進行不同的清潔模式。

    這些物件通常會有名稱，平時我們溝通時，使用物件的名稱會比直接描述物件的特性要更簡單且容易明白，例如：我們將「會掃地的機器設備」稱為掃地機器人。當然我們也可以針對同類的物件予以不同的命名，例如有 2 顆蘋果，我可以 1 顆叫 **Allie**，另 1 顆叫 **Ollie**。

    當你賦予物件特定的名稱，溝通上就不會混淆或誤解。日常生活裡常常出現的各種物品，例如：電視、手機、冰箱…等等，你一聽到這些名稱，腦海裡就會出現該物品的特徵；在程式語言裡也一樣，只要提到物件名稱，你就會知道說的是哪個物件。

---

**TIP** | 由多個物件組成的新物件也可以取一個新名字，例如，把可可加入牛奶中，我可以把這個新物件取名為 Cocoamilk。

🔍 **想一想** Consider this

首先檢視你所在的房間，然後進行下列步驟：

**Q1** 把你看到的物件寫下來（例如：你看到了手機、椅子、地毯、紙張和水瓶）。

**Q2** 利用這些物件的名稱描寫出一段情境，例如：水瓶被打翻，水濺到手機和紙張，手機壞了，紙張也弄濕了。

**Q3** 描述每個物件的特性。

**Q4** 不使用物件的名稱，僅使用物件的特性，重新描寫第 2 步驟的情境。

**Q5** 比較：使用物件名稱或是物件的特性描述，哪一種較容易理解和表達呢？

---

**參考答案**

**A1** 水杯、手機、紙張。

**A2** 水杯被打翻，水濺到手機和紙張，手機壞了，紙張也弄濕了。

**A3** 物件描述：

→ **水杯**：用來裝飲用水

→ **手機**：用來打電話 / 發簡訊 / 看貓咪影片的長方形物體

→ **紙張**：一堆輕薄的白色東西，上面印有黑字

**A4** 「用來裝飲用水」的東西被打翻，水濺到「用來打電話 / 發簡訊 / 看貓咪影片的長方形物體」和「一堆輕薄、白色且上面印有黑字」的東西上。現在這個長方形的物體壞了，而且這一堆白色輕薄的東西上面的字也糊了。

**A5** 從上述例子很明顯可知道，使用物件名稱會比使用物件描述易於溝通。

# 4-1 物件的命名

如上例所示,物件名稱可以方便我們進行描述與溝通,而撰寫程式其實就是描述事件發生的詳細情境,其中會用到許許多多的物件,這時用物件名稱會十分有利於情境的描述。在程式語言中,可使用**變數 (variable)** 來幫物件命名。

## ▶ 數學 vs. 程式設計

當你聽到**變數 (variable)**,你可能會聯想到上數學課時的方程式,通常你會試著解出方程式裡 x(變數) 的值;而程式語言裡也有**變數 (variable)**,但兩者代表的意義卻不相同:

- 在數學裡,等號的左邊和右邊相等,例如 2 * x = 3 * y 表示 2 倍的 x 等於 3 倍的 y
- 在程式語言裡,等號的意思是**指派**或**指定 (assignment)**,以圖 4.1 為例:

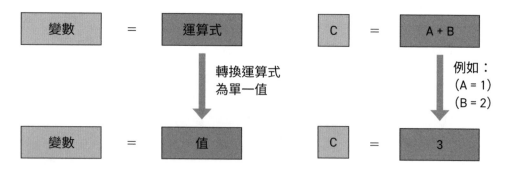

**圖 4-1** 在 Python 裡指定變數名稱,等號右邊的運算式會轉換 (運算) 為單一值再指定變數名稱給該值。

TIP │ Python 程式語言中的「=」是 "指定",「==」才是 "相等" 的意思。

在程式裡，可以**使用等號去指定變數給一個特定的值**，例如 a=1 或是 c=a+b。在等號的右邊，可以是一個**運算式 (expression)** 或是一個**值 (value)**。

如果等號右邊是一個運算式，Python 會把運算式裡所有已知的變數替換為明確的值作計算，例如：a=1，b=2。則 c=a+b 表示 Python 會把 a 所代表的 1 和 b 所代表的 2 相加，結果是 3，然後指定變數 c 做為數值 3 的名稱。**在程式語言裡，等號左邊只能出現變數名稱，右邊才能出現運算式。**

名詞解釋 運算式 (expression) 就是指「可以運算成為一個值」的一段程式，例如 a+b 可運算成為 3，而 3*2+1 可運算成為 7。

## ▶ 電腦如何理解程式？

我們先了解一項電腦運作的重要的概念：電腦不會自動地幫你解決問題，例如你想要它解出方程式裡的 x 值，你必須明確地指示電腦需執行什麼動作。如果你和電腦說 a=2，b=2，a=b+x，它並不會知道要解出 x 的值，因為 a=b+x 僅僅只是要電腦把 a 變數指定給 b+x 這個運算式的值。程式設計師必須提供電腦可理解的敘述及對應的步驟，電腦才能進行明確的動作。

### ✎ 觀念驗證 4.1

依先前的說明，確認電腦是否可以使用下列敘述將變數名稱指定給特定的值？(注意：等號左邊為變數名稱，右邊為運算式或變數值)

1. 3 + 3 = 4
2. stuff + things = junk
3. 一堆東西 = 1000 張紙 + 40 個信封
4. 季節 = 春天 + 夏天 + 秋天 + 冬天

# **4-2** 變數：物件的名牌

對變數有一些理解後，我們可以開始學習變數是如何運作的。

## ▶ 物件的屬性與方法

在 Python 裡，每個東西都是物件，每個物件都有對應的**資料屬性 (attribute)** 和與它互動的**操作方法 (method)**。例如，"summer" 這個文字在 Python 裡是一個「字串物件」，這個物件是由一連串的字元所組成。Python 內建 (built-in) 有一個字串物件的操作方法 (method) 是將每個字元轉換成大寫，你可以呼叫這個方法 (method) 和這個物件產生互動。

舉例來說，你可在 Python 程式裡定義「腳踏車」這個物件，包括長、寬、高、顏色以及有幾個輪子，都是這個物件的資料屬性。腳踏車可讓人騎乘、沒停好時會倒下、你可以改變腳踏車的顏色，這些都是你和這個物件互動的方式，也就是這個物件的**操作方法 (method)**。

Python 的物件包含了：

● **屬性 (attribute)**：從屬性中可以得知該物件相關的值、資料、特性。

● **方法 (method)**：該種物件專屬的**操作 (operations)**，可對物件執行特定的動作。

**TIP** | method 一般稱為「方法」，為避免和一般名詞混淆，本書會在不造成混淆的情況下以中文 (方法) 或英文 (method) 稱呼之。

---

### ✎ 觀念驗證 4.2

針對下列物品，描述其對應的屬性 (例如顏色，尺寸等等) 和方法 (該物件可作什麼事，以及它是如何運作的)

1. 電話　　　　　　　　3. 鏡子

2. 狗　　　　　　　　　4. 信用卡

---

## ▶ 物件名稱

在程式裡的所有**物件**都可給予一個名稱，這物件名稱就是**變數**，後續可使用該變數對物件進行操作及運算。

例如：

- a=1 是以變數 a 做為物件 1 的名稱。有時候我們也會說把變數 a 的值設為 1，但真正的意思是以變數 a 做為物件 1 的名稱。
- greeting="hello"，則是以 greeting 這個變數做為 "hello" 這個字串物件的名稱。而字串物件本身提供了許多**方法 (method)**，例如：算出這個字串有多少字元？找出這個字串裡面是否包含 a 這個字元？找出第一個 e 出現的位置？我們可以呼叫這些**方法 (method)** 來對 greeting 取得我們想要的資訊。

名詞解釋 **變數**就如同一張寫著名字的標籤，當貼 (指派：assign) 在某物件上，使用變數名稱就可參照到該物件。

# 4-3 變數的指派 (variable assignment) 與命名規則

在 Python 裡，我們用等號 (=) 來連結變數名稱和對應的物件，這個連結動作叫**指派或指定 (assignment)**。在上述的例子裡，等號的左邊為變數名稱，右邊為物件。將物件指定變數名稱後，我們就可使用該名稱存取到對應的物件，並進一步取得物件的值或是使用 (呼叫) 這個物件所提供的方法 (method)。

等號的右邊不一定為單一物件，也可以是一個運算式。運算式最後都可推導出單一值，此單一值也是一個物件，例如 a=1+2，1 和 2 都是物件，1+2 為一運算式，最後的值為 3，3 也是一個物件。

TIP | 注意！Python 的變數基本上是一個標籤的角色，物件才是真正的主角，變數只不過是物件的名稱而已！

## ▶ 變數的命名規則

包括 Python 在內的許多程式語言，對變數命名都有一些規定，Python 的規定是：

- 變數名必須以字母 (a-z 或是 A-Z) 或是底線 ( _ ) 做開頭
- 從第二個字開始，可以是字母、數字或是底線
- 大小寫不同代表不同的名稱，例如 apple 和 Apple 代表不同的命名

---

### ✎ 觀念驗證 4.3

下列哪些變數名稱是合法的？

1. A
2. a-number
3. 1
4. %score
5. num_people
6. num_people_who_have_visited_boston_in_2016

---

## ▶ 保留字 (reserved words)

每種程式語言裡都有一些**保留字** (或稱**關鍵字**)，保留給程式語言專用的，我們不能使用這些保留字作為變數名稱。當你使用 Spyder 撰寫 Python 程式時，保留字會以不同的顏色呈現。

名詞解釋 **保留字**在 Python 中都有特定的用途，換言之，這些字已被 Python 用掉了，應避免使用。

圖 4.2 為用 Spyder 編輯器開發程式的示意圖。若是你想使用的變數名稱變為特殊顏色，則表示該名稱為 Python 的保留字，請勿使用。

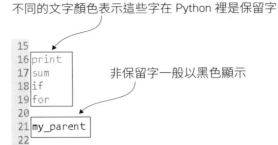

不同的文字顏色表示這些字在 Python 裡是保留字

非保留字一般以黑色顯示

```
15
16  print
17  sum
18  if
19  for
20
21  my_parent
22
```

**圖 4.2** Python 裡的保留字都是有其特別的意義或用途

除了前述的命名規則外，還有其他準則可讓你的程式更有可讀性：

- 變數名稱需有意義，才能使你的程式容易閱讀並理解，應避免使用無法讓人理解的變數名稱（例如：jj）。
- 若變數名稱包含多個單字，可使用底線來區隔變數名稱裡的不同單字（例如：table_size）。
- 變數名稱的長度沒有限制，但太長的變數會讓程式碼難以閱讀及撰寫。
- 撰寫程式時，變數的命名風格應保持一致。

### ✎ 觀念驗證 4.4

下列哪些是合適且合法的變數名稱？可以在 Spyder 中輸入，看看是否會呈現不同顏色。

1. customer_list
2. print
3. rainbow_sparkly_unicorn
4. list_of_things_I_need_to_pick_up_from_the_store
5. range

# 4-4 建立（初始化）與修改變數

## ▶ 第一次指派變數

在第一次使用變數前，必須用等號 (=) 指派 (assign) 變數一個**明確的值**，這個動作叫作**初始化**。

| 名詞解釋 | **變數初始化**就是第一次使用等號 (=) 來連結該變數名稱和某個物件。

**TIP** | Python 的變數是一個名稱並非一個容器，所以等號 (=) 並不是把一個值存入變數中。再次強調，變數只是一個名稱不能儲存數值或資料！不過，為了方便表達，我們往往會把 a=xx 說成是「把 xx 設給變數 a」、「把變數 a 的值設為 xx」、「把 xx 儲存到變數 a」、「把變數 a 指向 xx 物件」、... 等等，指的都是把 a 這個變數做為 xx 物件的名稱，所以當你聽到有人（或是本書）說到：「把 xx 指派給變數 a」，你就要理解它的意思就是「用變數 a 作為物件 xx 的名稱」。

變數初始化後，就可以使用變數名稱來稱呼（操作）對應的物件，你可在 Spyder 裡輸入下列程式碼來初始化變數：

```
a = 1 ——————— 初始化變數 a，把整數物件 1 指派給 a
b = 2 ——————— 初始化變數 b，把整數物件 2 指派給 b
c = a + b ——————— 使用變數 a 和 b 的運算結果（整數物件 3）來初始化變數 c
```

如圖 4.3 所示，你可以從右上方的**變數窗格 (variable explorer)** 看到你建立（初始化）了哪些變數、對應的值及佔用空間的大小，變數窗格也在第二個欄位提供了額外的資訊：**變數的型別**。若你在下方的主控台 (console) 輸入已初始化的變數名稱並按下 enter，則主控台的下一行會顯示該變數對應的值。

變數窗格中的資訊，會隨著程式的執行而有所改變，當程式中有建立新的變數時，在變數窗格中也會同步增加一個新的變數，而當變數被指派新的值時，變數窗格中的變數值也會同時更新。

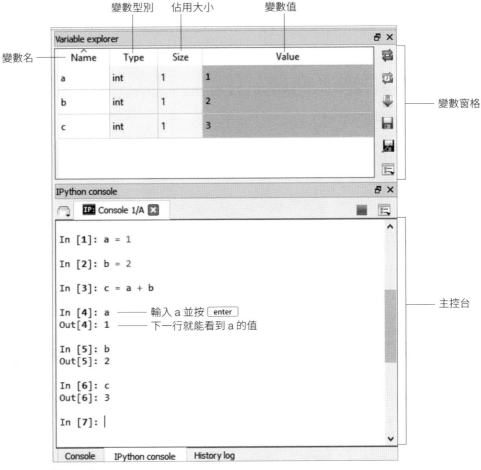

變數型別　佔用大小　變數值

變數名

變數窗格

主控台

**圖 4.3** 如圖所示，你可以在主控台 (console) 建立變數，並在變數窗格 (variable explorer) 中觀察所有變數的相關資訊。

## ▶ 重新指派變數

你可以在變數初始化後，再指派其他不同的物件給變數。下面程式碼初始化了 3 個變數：

```
a = 1
b = 2
c = a + b
```

你可以重新將其他值指派給變數 c。例如，你可藉由下列程式碼：

```
c = a - b
```

重新指定變數 c 的值，在變數窗格 (variable explorer) 中，你應該可以看到變數 c 有了不同的值。

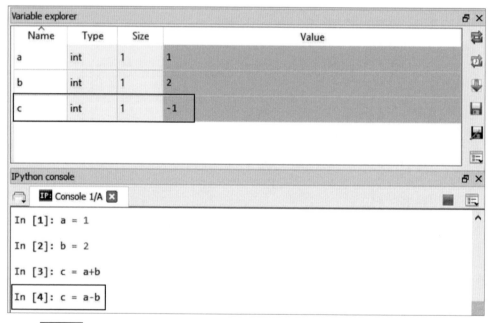

**圖 4.4**　如圖所示，變數窗格 (Variable explorer) 依然可以看到變數名稱 c，但其值與之前是不同的，由整數 3 變成 -1。

所以變數就像貼紙或標籤一樣可以重複使用，可以撕起來再貼到不同的物件上，一個已存在的變數可重新指派到不同的物件。在 Python 裡有一個內建的操作方法叫 id()，會以數字的方式顯示出物件的識別碼。每個物件都有自己的識別碼且無法變更，不同的物件，其識別碼是不同的。你可在主控台輸入下列指令

```
c = 1
id(c)
1426714384 ——————— 識別碼
c = 2
id(c)
1426714416 ——————— 識別碼
```

在第一個 id(c) 輸入後，我的主控台會印出 1426714384。在第二個 id(c)
指令輸入後，主控台印出 1426714416。結果我們看到，同樣的變數名稱 c 會
有不同的識別碼，這是因為 1 和 2 是不同的物件（註：你的主控台顯示的物
件識別碼和我的可能會不相同）。同一個變數名因為指派到不同的物件，所以
其 id 值就不一樣了！**在這裡要強調的重點是 "=" 號的右邊才是物件的主體本
身，"=" 號左邊只是物件的名稱（也就是變數名），它會因指派（用 "=" 號）的
物件不同而改變，所以叫做變數。**

---

### ✎ 觀念驗證 4.5

請依下列指令順序撰寫出對應的程式碼：

1. 初始化一個變數，其名稱為 apples，值為 5。
2. 初始化一個變數，其名稱為 oranges，值為 10。
3. 初始化一個變數，其名稱為 fruits，其值為 apples 和 oranges 相加。
4. 重新指定 apples 的值為 20。
5. 重新計算 fruits 的值（就是再次將 apples 和 oranges 相加的值指派給
   fruits）。

---

# 結語

本章重點：

- 如何建立 (初始化) 變數。
- 變數名稱有基本規則，不能任意命名。
- 每個物件都有對應的屬性值。
- 物件有對應的操作**方法 (method)**，藉由這些操作方法，可控制物件執行相對應的動作。
- 我們可以使用等號 (=) 來連結變數名稱和對應的物件主體。

# 習題

**Q1** 當你在 Spyder 主控台輸入 a + x = b 並按下 `Enter` 時，會出現錯誤。出現此錯誤也許是因為並沒有告訴電腦什麼是 a 和 b。依序輸入下列指令，每輸入一行就按一次 `Enter`，依然會出現錯誤嗎？為什麼？

```
a = 2
b = 2
a + x = b
```

**Q2** 承上題，改寫成電腦可以執行的敘述，算出 X 的值並顯示出來。

# Chapter

# 05 物件型別與敘述

---

**學習重點**

➡ 建立不同型別的物件

➡ Python 的基本型別

➡ Python 的基本數學運算

---

假設你的家庭成員為：

**4 個人**
小明，小美，大雄，大風

**3 隻貓**
妞妞，嘟嘟，大喵

**2 隻狗**
小白，小黃

在這家庭裡的每個人、每隻貓和每隻狗都是個別的物件。不同的物件會有不同的名字，所以和別人溝通時，大家都可以清楚地知道談論的對象為何。在上述的例子有三種不同型別的物件：人、貓、狗。每個物件都有他的特徵，例如：人有手和腳，但貓和狗只有腳。換言之，不同種類的物件有不同的特徵，我們稱這些特徵為該物件的**資料屬性**（簡稱為屬性 attribute）。

每種物件都有特定的動作或行為。例如：人可以開車，但狗和貓不行；貓可以爬樹，但狗不行，這些動作就稱為這個物件的**操作方法 (method)**。

---

🔍 **想一想 Consider this**

你有一個球形物體和一個正方形的方塊，試著寫出這兩個東西的特徵 (屬性 attribute) 和方法 (method)。

**參考答案**

**球形物體**：

屬性：有半徑和直徑。

方法：你可以使它滾動。

**正方形方塊**：

屬性：邊長，每個邊長都相同，相接的兩個邊的夾角都是 90 度。

方法：你可以平穩地站在上面。

---

# 5-1 物件的型別 (type)

物件可以分類，相同型別 (type，或稱為類別 class) 的物件，就具有相同的資料屬性和操作方法 (method)。

大部份的程式語言，都會預先定義好一些基本的型別 (type)，依據這些型別，我們可以組合出符合程式所需的新型別。這個概念和英文有點類似，從英文的 26 個字母，我們可以組合成不同的單字，而單字又可組成一個句子，句子可以組合成一段文章。

# 5-2 Python 的基本型別

Python 有 5 種**基本型別**，整數 (int)、浮點數 (float)、布林 (bool)、字串 (string) 以及表示空物件的 None 型別 (NoneType)。在 Python 裡，我們可以用這 5 種基本型別為基礎，建構出符合需求的新型別物件。

> **TIP** Python 會自動判定資料的型別，例如我們 key 入 3 它就知道是整數型別，key 入 3.0 它就知道是浮點數型別，我們不用特別告訴它資料是甚麼型別！

## ▶ 整數 int

Python 用 int 來表示**整數** (Integer) 型別，整數是指沒有小數點的數字。例如 0, 1, 2, 5, 1234, -4, -1000 都是整數。

在進行整數的加減乘除操作時，為了避免負號 (-) 和減法混淆，一般會把負數加上括號，例如 (-7)，下面就舉一些例子來說明：

- a=1+2，把 1 和 2 這兩個 **整數** (Integer) 物件相加，結果為 3，3 也是一個**整數** (Integer) 型別的物件，然後將 3 指派給變數 a。
- b=a+2，把 a 這個 **整數** (Integer) 物件和 2 相加後，把計算結果指派給變數 b。

> **TIP** 再次強調！Python 等號 (=) 的作用是把等號右邊的物件 "命名" 為等號左邊的變數名，也就是說，" 指派 (assign)" 是建立變數和物件之間的連結，並不是把物件儲存到變數裡 (請參考第 4 章的說明)。

你也可以藉由下列方式把整數加上特定的值，例如：

- x=x+1，表示先將 x **整數** (Integer) 變數加 1 後，再把計算結果指派給變數 x。要注意的是這邊的等號 (=) 和數學的方程式是不同的，在數學的方程式裡，等號 (=) 表示**相等**，所以 x=x+1 會變成 0=1，但這裡的等號是**指派**的意思，也就是將 x+1 的**結果**指派給變數 x。

● x+=1 是 x=x+1 的簡寫，同理 x*=1 就是 x=x*1，x-=1 就是 x=x-1，x/=1 等於 x=x/1。

---

### ✎ 觀念驗證 5.1

寫出程式碼完成下列運算：

1. 把 2 + 2 +2 的計算結果指派給變數 six。
2. 將變數 six 乘以 -6，並將計算結果指派給變數 neg。
3. 使用簡寫的方式將 neg 除以 10，並將計算結果指派給相同變數 neg。

---

## ▶ 浮點數 float

Python 使用 float 這個型別來表示**浮點數**，意即有小數點的數字，例如 0.0, 2.0, 3.1415927 和 -22.7 都是浮點數。兩個整數型別的物件相除，其結果會是浮點數，而且所有整數型別的操作方法（如：+、-、*、/、…），也都可以在浮點數物件上使用。

要特別注意的是，下面兩行代表的是不同型別的物件，a 是整數，b 是浮點數：

```
a= 1
b = 1.0
```

---

### ✎ 觀念驗證 5.2

寫出程式碼來完成下列運算：

1. 把 0.25 * 2 的結果指派給變數 half。
2. 把 1+ half 的結果指派給變數 one_and_half。

---

## ▶ 布林 bool

另一個 Python 的基本型別為**布林 (bool)**，主要用於條件式 (請參考第 13 章)，內建有 True(真) 和 False(假) 兩種值 (英文第一個字要大寫，後面要小寫)。有些運算式的結果 bool 值，例如 4<5，其值為 True(真)。bool 的操作方法有 and 和 or 兩種邏輯算符，例如：2>1 or 15>34，結果是 True or False，所以傳回值為 True(真)。

---

### ✎ 觀念驗證 5.3

寫出程式碼來完成下列運算：

1. 把 True 指派給變數 cold。
2. 把 False 指派給變數 rain。
3. 使用 and 這個邏輯算符，把 cold and rain 的運算結果指派給變數 day。

---

## ▶ 字串 str

Python 裡使用 str 來表示**字串**型別，**字串**是由一連串的**字元 (character)** 組成的序列 (sequence)，而所謂的**字元**就是英、數字或符號，也可以是中文繁體、簡體、或其他日、韓、俄文等，例如 a, S , * , ? , 筆，這些都是字元。

在 Python 裡，我們用**單引號**或**雙引號**來標示字串，**但單引號和雙引號不能混用**。引號包起來的文字資料就是字串，例如 'hello', "we're # 1!", "m.ss.ng c.ns.n.nts??", " ' " 都是字串。字串有許多對應的操作方法，第 7 章會詳細的介紹。

---

### ✎ 觀念驗證 5.4

寫出程式碼來完成下列運算：

1. 把字串 "one" 指派給變數 one。
2. 把字串 "1.0" 指派給變數 another_one。
3. 把字串 "one 1" 指派給變數 last_one。

---

## ▶ **NoneType 型別**

前面已經提過，在 Python 裡每個東西都是物件，就連「沒有值的物件」也是物件。就像你參加考試，寫完交卷後，卻不知道什麼原因考卷遺失了，這時候老師既不能記你零分，也不能說你沒來考試，只能說你這次考試沒有分數。在 Python 程式中，就以 **None** 來表示這種沒有值的物件，而此物件的型別是 **NoneType**。

None 通常出現在使用函式 (function) 的時候，用來表示函式沒有傳回 (return) 值，相關說明可參考第 21 章。

---

### ✎ 觀念驗證 5.5

下列物件分別是什麼型別？

1. 2.7
2. 27
3. False
4. "False"
5. "0.0"

6. -21
7. 99999999
8. "None"
9. None

---

## **5-3** Python 的基本運算

## ▶ **敘述 (statement) VS 運算式 (expression)**

現在我們可以開始著手編寫一些簡單的程式，程式裡的每行程式碼稱作一行**敘述 (statement)**。如果某段程式的執行結果，最終可簡化成一個值，則稱為**運算式 (expression)**，例如：

● 3+2
● b-c (假設已知道 b 和 c 物件的值)
● 1/x (假設已知道 x 物件的值)

比對前述例子，可知 print(3) 和指派變數 a=3，都是一個敘述但不是運算式，因為它們都無法簡化成一個值。而 a=3+2 也是一個敘述，等號左邊為一個變數名，右邊則為一運算式。

---

✏️ **觀念驗證 5.6**

請分辨下列哪些是運算式？哪些是敘述？哪些是敘述也是運算式呢？

1. 2.7 – 1
2. 0 * 5
3. a = 5 + 6
4. print(21)

---

▶ **型別轉換**

如果你無法確認物件的型別為何，只要在 Spyder 的主控台輸入 type() 函式，就可確認物件的型別。如圖 5.1，在主控台輸入 type(3) 並按下 enter ，顯示物件的型別為整數 (int)；輸入 type("wicked") 並按下 enter ，顯示物件的型別為字串 (str)。我們也可以用 type() 來確認運算結果的型別，例如：type(3+2)，顯示最終物件的型別為整數 (int)。

```
In [1]: type(3)
Out[1]: int

In [2]: type("wicked")
Out[2]: str

In [3]: type(3+2)
Out[3]: int

In [4]: |
```
IPython console    History log

**圖 5.1** 使用 type() 函式來確認物件的型別

在 Python 裡,你也可用下列方式自行轉換物件的型別:

- float(4) 將整數 4 轉換成浮點數 4.0。
- int("4") 將字串 "4" 轉換成整數 4,但如果這個字串無法轉換成數字,例如 int("a"),程式將會出現異常訊息 (TypeError)。
- str(3.5) 將浮點數 3.5 轉換成字串 "3.5"。
- int(3.94) 將浮點數 3.94 轉換成整數 3(轉換時會捨去小數點部份)。
- int(False) 將布林 False 轉換成整數 0。布林只有 True 和 False 兩種值,對應到整數就是 1 和 0。

---

✏️ **觀念驗證 5.7**

在主控台進行下列的型別轉換:

1. True 轉換成字串 (str)。
2. 3 轉換成浮點數 (float)。
3. 3.8 轉換成字串 (str)。
4. 0.5 轉換成整數 (int)。
5. "4" 轉換成整數 (int)。

---

▶ **如何對數值物件進行數學運算**

在 Python 裡,我們可以在同一個運算式裡對 2 個不同型別的物件作運算,如表 5.1 說明了當你的運算式裡有整數 (int) 和浮點數 (float) 時,計算結果及其型別為何?

**表 5-1** 對 int 和 float 進行數學運算之計算結果及其型別

| 第一個物件的型別 | 算符 | 第二個物件的型別 | 計算結果的型別 | 例子 | 計算結果 |
|---|---|---|---|---|---|
| int | + | int | int | 3 + 2 | 5 |
| | - | | | 3–2 | 1 |
| | * | | | 3 * 2 | 6 |
| | ** | | | 3 ** 2 | 9 |
| | % | | | 3 % 2 | 1 |
| int | / | int | float | 3 / 2 | 1.5 |
| int | + | float | float | 3 + 2.0 | 5.0 |
| | - | | | 3 – 2.0 | 1.0 |
| | * | | | 3 * 2.0 | 6.0 |
| | / | | | 3 / 2.0 | 1.5 |
| | ** | | | 3 ** 2.0 | 9.0 |
| | % | | | 3 % 2.0 | 1.0 |
| float | + | int | float | 3.0 + 2 | 5.0 |
| | - | | | 3.0 – 2 | 1.0 |
| | * | | | 3.0 * 2 | 6.0 |
| | / | | | 3.0 / 2 | 1.5 |
| | ** | | | 3.0 ** 2 | 9.0 |
| | % | | | 3.0 % 2 | 1.0 |
| float | + | float | float | 3.0 + 2.0 | 5.0 |
| | - | | | 3.0 – 2.0 | 1.0 |
| | * | | | 3.0 * 2.0 | 6.0 |
| | / | | | 3.0 / 2.0 | 1.5 |
| | ** | | | 3.0 ** 2.0 | 9.0 |
| | % | | | 3.0 % 2.0 | 1.0 |

**TIP** 從表 5.1 可以發現只有第一個區塊的運算結果是整數，其他情況的運算結果都是浮點數。簡單說，只有當整數和整數進行加、減、乘、指數、餘數運算的結果是整數，其他都是浮點數。

1. 以第一行為例，二個整數物件相加，最後的結果也是一個整數物件，例如 3 + 2 = 5。

2. 當其中有一個物件為浮點數時，則結果一定是浮點數，例如 3.0 + 2 或是 3 + 2.0 或是 3.0 + 2.0，結果都為 5.0。

3. 唯一的例外是**兩個整數相除**，所得到的結果會是**浮點數**。

不過，表 5.1 有兩個我們之前沒有提到的運算：

- **指數運算 (\*\*)**：$3^2$，3 的 2 次方，Python 語法為 3 \*\* 2。
- **餘數運算 (%)**：取餘數。例如，計算 3 除以 2 的餘數，Python 語法為 3 % 2，得到的餘數為 1。

在 Python 裡還有另一個 round () 函式，可用來計算四捨五入，例如 round (3.1) 會得到 3，而 round (3.6)，會得到 4。

---

✎ **觀念驗證 5.8**

下列運算式的結果及其型別為何？

1. 2.25 – 1
2. 3.0 \* 3
3. 2 \* 4
4. round (2.01 \* 100)
5. 2.0 \*\* 4
6. 2 / 2.0
7. 6 / 4
8. 6 % 4
9. 4 % 2

---

# 結語

本章重點：

- 所有的物件都有對應的資料屬性和操作方法。
- Python 有 5 種基本型別，是整數 (int)、浮點數 (float)、布林 (bool)、字串 (str)，以及 NoneType。
- 可使用 type () 函式確認物件的型別。
- 對不同型別的數值物件進行數學運算，要留意其運算結果可能是整數也可能是浮點數。

**Chapter**

# 06

# CAPSTONE 整合專案：從分鐘數轉換成幾小時幾分

**學習重點**

➡ 了解本專案的問題

➡ 使用兩種不同的方式來完成本專案

➡ 編寫你的第一個 Python 程式

**CAPSTONE 整合專案** 當學習進行到一個階段時，我們就會加入一個 CAPSTONE 專章，用來整合之前所學到的知識與技術。CAPSTONE 會把之前的技術運用到一個較大的專案，讓我們能把這些技術整合、串接起來，逐步學習開發大型程式的能力。

到目前為止，你應該已經熟悉下面幾個概念：

● 程式是由一連串的敘述 (Statement) 組合而成。

● 某些敘述的目的是初始化變數，例如：a = 3。

● 某些敘述的目的是進行運算，例如：a = 3 + 2。

● 應該使用有意義的變數名稱，以便其他人理解及修改程式碼。

● 你已經了解如何在 Python 裡執行算術運算，包括：加、減、乘、除以及餘數和指數運算。

● 你知道如何轉換物件的型別。

● print 會顯示括號內的運算結果。

● 你應該適當地為程式碼加上註解，說明程式的目的及意義。

現在我們開始編寫第一個 Python 程式，這個程式的功能是將分鐘數轉換為幾小時幾分鐘。例如輸入 123 分鐘，然後你的程式輸出如下：

```
Hours
2
Minutes
3
```

# 6-1 思考並釐清問題

回想第 1 章提到的編寫程式流程：**思考 (think) – 編寫程式 (code) – 測試 (test) – 除錯 (debug) – 重覆執行 (repeat) 前面 4 個階段**。在你開始編寫程式前，你應該先思考並釐清問題的細節。如圖 6.1，你可以先列出程式的必要輸入資料及輸入資訊為何。

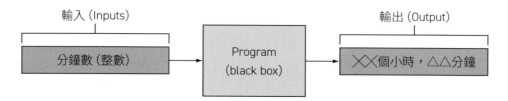

**圖 6.1** 程式會先取得欲轉換的分鐘數，經過計算後，輸出幾個小時及幾分鐘

你明白輸入和輸出後，可以假設一些輸入值，並思考預期的輸出為何？例如：

- 60 分鐘可轉換為 1 個小時 0 分鐘
- 30 分鐘可轉換為 0 個小時 30 分鐘
- 123 分鐘可轉換為 2 個小時 3 分鐘

這些假設的輸入值和輸出值叫作**測試案例 (test case)**，你可以使用這些測試案例來測試程式的運作是否如你預期。

---

### ✎ 觀念驗證 6.1

依據上述的轉換邏輯，下列分鐘數可轉換為多少小時及多少分鐘？

1. 456 分鐘
2. 0 分鐘
3. 9999 分鐘

---

# 6-2 先切分成小任務 (task)

現在我們已經清楚要處理的問題是什麼，接著可以把要處理的問題，切分成幾項小的任務 (task)，這樣的好處是我們可以逐步完成小的 task，藉此確認整體的實作和思維是否正確。目前看來，至少有兩項 task 要處理，一個是**記錄輸入值**，一個是**顯示輸出值**。

### ▶ 記錄輸入值

首先初始化一個變數來記錄欲轉換的分鐘數，記得使用有意義的變數名稱，以便容易理解以及修改。例如：

```
minutes_to_convert = 123
```

### ▶ 輸出計算結果

我們希望主控台顯示計算結果的格式如下，<some number> 表示欲顯示的數值。

```
Hours
<some number>
Minutes
<some number>
```

你可使用 print 來顯示計算結果,程式碼如下:

```
print("Hours")
print(hours_part)
print("Minutes")
print(minutes_part)
```

上述程式碼裡的 hours_part 和 minutes_part 都是變數,我們會把計算完的結果分別用這兩個變數來命名。不過此時這兩個變數並沒有初始化,如果執行程式會出現錯誤訊息。所以接著最重要的 task 就是,如何把輸入數值轉換成小時數和分鐘數,然後指派給 hour_part 和 minutes_part。

# 6-3 實作轉換公式

1 個小時有 60 分鐘,所以我們很直覺地會把輸入的資訊 (即 123 分鐘) 直接除以 60,但這最後得到的結果會是 2.05,而不是我們想要的 2 個小時 3 分鐘。所以要完成這個轉換公式,我們必須把這個轉換拆分成兩個 task:找出小時數和找出分鐘數。

▶ **如何找出小時數?**

123/60 我們會得到 2.05,其中的整數位代表小時,符合我們預期的數值。

---

### ✎ 觀念驗證 6.2

將下列數字除以 60 並確認整數位的結果，你可以試著在 Spyder 裡確認結果是否如你預期？

1. 800
2. 0
3. 777

---

還記得在之前章節我們講過，你可以轉換物件的型別。例如，你可以用 float(3) 將整數 3 轉換為浮點數 3.0。而當你從浮點數轉換為整數時，小數點後面的數字會捨棄，所以這個方式可以讓我們從浮點數取得整數的資訊。

---

### ✎ 觀念驗證 6.3

依據下列指令寫出程式碼，並確認最後的結果為何？

1. 初始化變數 stars 的值為 50
2. 初始化變數 stripes 的值為 13
3. 初始化變數 ratio 的值為 stars 除以 stripes，ratio 的型別為何？
4. 將 ratio 的型別轉換為 int，並將結果指派給 ratio_truncated，請問 ratio_truncated 的型別為何？

---

在這個 task 裡，我們想要取得小時的資訊，可以把輸入值除以 60 後，轉換為 int，範例如下：

```
minutes_to_convert = 123
hours_decimal = minutes_to_convert / 60
hours_part = int(hours_decimal)
```

在此程式碼裡，變數 hours_part 代表的，就是從輸入值轉換的小時數，也就是整數 2。

▶ **如何找出分鐘數？**

我們需要用一些小技巧才能找出分鐘數，本章會說明 2 種方式：

- **解法 1**：以先前 123 / 60 的例子，其結果為浮點數 2.05，我們可使用其小數點後的部份乘上 60，即 0.05 * 60，就是分鐘數。
- **解法 2**：使用餘數運算，123 / 60 的餘數為 3，所以運算式為 123 % 60。

# 6-4 我的第一個 Python 程式：解法 1

使用解法 1 的程式碼可參考程式 6.1，程式碼可分成 4 個部份。第一個部份，將變數初始化為欲轉換的分鐘數，第二個部份取得轉換後的小時數，第三部份取得轉後的分鐘數，第四部份顯示結果。

**程式 6.1** 使用浮點數運算方式，轉換成對應的小時數和分鐘數

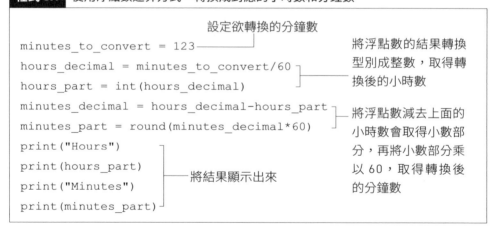

設定欲轉換的分鐘數

```
minutes_to_convert = 123
hours_decimal = minutes_to_convert/60
hours_part = int(hours_decimal)
minutes_decimal = hours_decimal-hours_part
minutes_part = round(minutes_decimal*60)
print("Hours")
print(hours_part)
print("Minutes")
print(minutes_part)
```

將浮點數的結果轉換型別成整數，取得轉換後的小時數

將浮點數減去上面的小時數會取得小數部分，再將小數部分乘以 60，取得轉換後的分鐘數

將結果顯示出來

　　從小數部份取得分鐘數，可能不是那麼直覺，我們可以逐步從每行程式碼來思考一下其計算原理。下面這段程式碼是截取運算結果的小數部份：

```
minutes_decimal = hours_decimal-hours_part
```

　　以轉換的分鐘數 123 為例，我們取得的小數部份為 0.05：

```
minutes_decimal = hours_decimal-hours_part = 2.05 - 2 = 0.05
```

　　我們必須把 0.05 小時轉換為分鐘數，下面這一行由兩個不同的操作組合而成，首先計算 minutes_decimal*60，然後使用 round()，將 minutes_decimal*60 以類似四捨五入的方式計算到整數位。詳細可以參考圖 6.2：

```
minutes_part = round(minutes_decimal * 60)
```

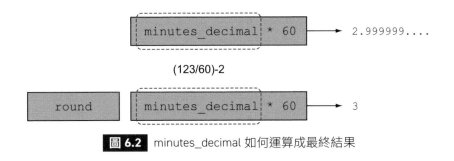

**圖 6.2** minutes_decimal 如何運算成最終結果

　　為何你需要執行這些步驟？我們先試試比較直覺的作法，將截取後的小數直接乘以 60，也就是下列程式，理論上應該可以得到分鐘數：

```
minutes_part = minutes_decimal * 60
```

你會發現結果有點怪怪的：

```
Hours
2
Minutes
2.9999999999999893
```

若改執行下列程式：

```
minutes_part = round(minutes_decimal * 60)
```

你會發現結果就正確了：

```
Hours
2
Minutes
3
```

　　一開始的作法本來預期轉換後的分鐘數是 3，但實際上是 2.999999999893。為什麼會發生這種情況？ 因為 Python 無法無限精確地儲存浮點數，只能以近似值的方式儲存該數值。所以當你使用浮點數進行算術運算時，在小數點後的數值會有些微的差異。以 0.05 * 60 為例，會比我們預期中差了 0.0000000000000107。所以使用 round(minutes_decimal*60) 才能得到最終正確的結果。

> ✏️ **觀念驗證 6.4**
>
> 修改程式 6.1，將 789 分鐘轉換成對應的小時和分鐘數，並確認最終結果為何？

# 6-5 我的第一個 Python 程式：解法 2

使用解法 2 的程式碼如程式 6.2，程式也是分為四個部份：初始化變數並設定欲轉換的分鐘數、取得轉換後的小時數，取得轉換後的分鐘數，及顯示結果。

**程式 6.2** 使用餘數運算，轉換成對應的小時數和分鐘數

```
minutes_to_convert = 123            設定欲轉換的分鐘數
hours_decimal = minutes_to_convert/60   分鐘數轉換為小數，轉換後
hours_part = int(hours_decimal)      的型別為浮點數，例 2.05
minutes_part = minutes_to_convert%60
print("Hours")                       將浮點數的結果，轉換成整數
print(hours_part)                    型別，取得轉換後的小時數
print("Minutes")                     使用餘數運算取得轉換後的
print(minutes_part)                  分鐘數
```

顯示結果如下：

```
Hours
2
Minutes
3
```

相較於解法 1，解法 2 是較直覺且簡潔的方式，因為不需再將計算後的分鐘數由浮點數進位到整數。另外，別忘了幫程式加上註解，我們可在 minutes_part = minutes_to_convert % 60 此行加上註解，說明此運算式可得出轉換後的分鐘數，註解如下：

```
# 下列餘數運算可得到轉換後的分鐘數
minutes_part = minutes_to_convert % 60
```

# 結語

　　本章的目的在介紹如何分析問題，並思考合適的解決方式。經過下列步驟，我們完成了第一個 Python 程式：

- 將問題切分成幾項小的 task
- 建立並初始化變數
- 對變數進行運算
- 轉換變數的型別
- 顯示結果

# 習題

**Q1** 寫一個程式，變數初始值為 75，代表華氏溫度，使用公式 c =(f - 32) / 1.8 將華氏溫度轉成攝氏溫度，並顯示計算結果。

**Q2** 寫一個程式，變數初始值為 5，代表英哩 (miles)。使用公式：

公里 (km)= 英哩 (miles)/0.62137
公尺 (meters) = 1000 * 公里 (km)

將英哩 (miles) 轉為公里 (km) 及公尺 (meters) 並顯示結果，顯示格式如下：

```
miles
5
km
8.046735439432222
meters
8046.735439432222
```

# UNIT

# 3

# 字串、tuple 及
# 輸出入功能

在 Unit 3，你會了解如何在程式中處理字串物件，並學習到如何建立 tuple 來儲存多個物件，也會介紹 Python 的輸出入功能，根據使用者輸入的資訊顯示不同結果，提升程式的互動性與實用性。

本書作者也在 MIT OpenCourseWare 網站上開課，是目前最受歡迎的程式基礎課程之一，在閱讀本書之餘，建議同步觀看線上課程內容。你可掃描右邊的 QRCode，或是在 ocw.mit.edu 網站搜尋課程編號 6.0001，即可找到課程連結。

MIT OpenCourseWare
線上課程連結

**Chapter**

# 07 字串： 一連串有順序的字元

## 學習重點

➡ 認識字串

➡ 字串可以儲存什麼樣的資料

➡ 字串的各種操作

　　Python **字串**是由一連串的字元 (character) 所組成，所謂字元就是英文、數字或符號，也可以是中文繁體、簡體，或其他日、韓、法文等。我們可以用字串來儲存電話號碼、姓名、地址、標點符號或換行符號 (換行符號在 Python 裡也是一個字元，用 \n 表示)，存成字串後，可以在程式中利用字串的各種操作方法，將這些資訊取出來使用。

---

### 🔍 想一想 Consider this

從你的電腦鍵盤任選 10 個字元，並用這 10 個字元排列成一個字串，可能會有多種不同的組合。

**參考答案**

挑選 10 個字元：hklasdfqwi

組合字串：shawl 或 hi 或 flaw

結論是：字串中的字元順序很重要，不同順序的字元排列會產生不同的字串。

---

# 7-1 認識字串

　　字串是由一連串的字元 (character) 組成，在 Python 裡，可以用單引號或是雙引號來表示字串，其型別為 **str**。下列都是 Python 字串的例子：

- "simple"
- 'also a string'
- "a long string with Spaces and special sym&@L5_!"
- "525600"
- ""（雙引號中無任何值表示空字串）
- ''（單引號中無任何值表示空字串）

　　字串中的字元可以包含數字、大寫或小寫字母、空白、特殊字元 (例如：換行符號) 或是像 @!~ 之類的其他符號。要注意的是，字串若以雙引號開頭，則需要以雙引號結尾；同樣地，若是以單引號開頭，則必需以單引號結尾，不能混用。

---

### ✎ 觀念驗證 7.1

下列哪些是合法的字串？

1. "444"
2. "finish line"
3. 'combo'

4. checkered_flag
5. "99 bbaalloonnss"

---

# 7-2 字串的基本操作

　　在開始操作字串之前，我們需要先建立一個字串物件。

## ▶ 建立字串物件

　　你可以將一個變數初始化 (建立) 為一個字串物件。例如：

● num_one = "one"，表示將 "one" 這個字串物件，指定給 num_one 這個變數。

● num_two = "2"，表示將 "2" 這個字串物件，指定給 num_two 這個變數。

請注意！上列敘述中 "one" 和 "2" 是字串物件，而 num_one 和 num_two 則是字串物件的名稱。

## ▶ 字串索引

字串中的字元是有順序性的，也就是說字串中的每個字元，都有一個特定的位置，這個位置就叫**索引 (index)**。

如圖 7.1 所示，有一字串其值為 "Python rules!"，在這個字串裡的每一個字元，都有索引來標示其位置，索引最前端是從 0 開始算起，因此字串最後一個字元的索引是 12。

你也可以從尾端來找尋字元，此時字串的最後一個字元，其索引為 -1，以 "Python rules!" 為例，此字串的最開頭字元為 P，其索引值為 -13。要注意的是，空格也是一個字元。

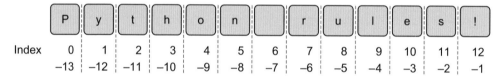

Index
| P | y | t | h | o | n |   | r | u | l | e | s | ! |
|---|---|---|---|---|---|---|---|---|---|---|---|---|
| 0 | 1 | 2 | 3 | 4 | 5 | 6 | 7 | 8 | 9 | 10 | 11 | 12 |
| –13 | –12 | –11 | –10 | –9 | –8 | –7 | –6 | –5 | –4 | –3 | –2 | –1 |

**圖 7.1** 為字串 "Python rules!" 的字元索引 (index)，第一行從 0~12 的正整數，表示從字串前端開始計算字元的索引值。第二行從 -1~-13 的負整數，表示從字串後端開始計算字元的索引值。

---

✎ **觀念驗證 7.2**

假設一個字串為 "fall 4 leaves"，請找出下列字元在此字串的索引值。

1. 4
2. f
3. s

你可以使用中括號 [ ] 指定索引值來取得對應的字元，下面有兩個例子：

- "Python rules!"[0]，對應的字元為 'P'
- "Python rules!"[7]，對應的字元為 'r'

索引值可以是任何的整數，如果是負數又會如何呢？如圖 7.1 所示，若索引值為負數，表示從字串尾端開始搜尋，-1 則代表該字串的最後一個字元。我們同樣舉兩個例子：

- "Python rules!"[-13]，對應的字元為 'P'。
- "Python rules!"[-6]，對應的字元為 'r'。

你也可以將一個字串指定給某個變數，這時變數代表的是一個字串物件。你可以由此變數來取得對應的字元，例如：cheer = "Python rules!"，則 cheer[2] 的值為 't'。

---

### ✏️ 觀念驗證 7.3

請問下列字串的索引值對應的字元為何？可試著在 Spyder 裡輸入並確認結果。

1. "hey there"[1]
2. "TV guide"[2]
3. code = "L33t hax0r5"
   code[0]
   code[-4]

---

### ▶ 字串切片

到目前為止，你已經了解如何透過索引（index）取得對應的「單一字元」。但在某些情況下，我們想取得的不只是單一字元，而是在這字串中的「部份文字」，例如，你有一份學生姓名清單，在這份清單上每個姓名的格式是 "##### FirstName LastName"。你想取得的是學生姓名（FisrtName 和 LastName），但姓名前面有 6 個字元（5 個 # 字元加上一個空格）是你不需要的，也就是說，我們想過濾掉前 6 個字元，僅抓取這字串文字中「第 7 個（含）字元之後的資訊」。

抓取部份文字的動作叫作擷取子字串 (substring)，例如指定一個字串給 s 變數，s="snap crackle pop"，則 "snap" 可視為此字串的部份文字，也就是 s 的 **子字串**。

我們可以用字串**切片 (slicing)** 的方式來抓取子字串，其格式如下：

> **[ 起始索引值：終止索引值：間隔值 ]**

- **起始索引值**：代表你想從哪個索引位置開始切割字串，切割出來的字串會 包含此索引對應的字元。

- **終止索引值**：代表此索引位置為切割字串的終點，切割出來的字串**不會包 含**此索引對應的字元。

- **間隔值**：代表間隔多少個字元來取值。假設此值為 2，代表從字串的左到 右，每隔 1 個字元取值；若為 -2，表示從字串的右到左，每隔 1 個字元取 值。間隔值若省略則**預設為 1**，因此起始到終止 (不含) 索引值間的每個字 元都會被抓取。

假設我們建立一個變數 cheer，並初始化為字串 "Python rules!"，圖 7.2 說明了如何進行字串切片：

- cheer[2：7：1] 得到的字串為 'thon '(含一個空格)，這表示我們從字串的左 到右，抓取索引 2 到索引 7(不含索引 7) 的每個字元。

- cheer[2：11：3] 得到的字串為 'tnu'，這表示我們從字串的左到右，抓取索 引 2 到索引 11(不含索引 11) 的字元。因間隔值為 3，表示從索引 2 開始， 每隔 2 個字元取值。

- cheer[-2：-11：-3] 得到的字串為 'sun'，這表示我們從字串的右到左，抓取 索引 -2 到索引 -11(不含索引 -11) 的字元。因間隔值為 -3，表示從索引 -2 開始，每隔 2 個字元取值。

> **TIP** 如果你覺得間隔值怪怪的，為什麼間隔值為 3，卻每隔 2 個字元取值？那建議 這樣想：間隔值為 3，意思是每 3 個字元取一次值，這樣想就不會腦筋打結了！

| | P | y | t | h | o | n | | r | u | l | e | s | ! |
|---|---|---|---|---|---|---|---|---|---|---|---|---|---|
| Index | 0 | 1 | 2 | 3 | 4 | 5 | 6 | 7 | 8 | 9 | 10 | 11 | 12 |
| | −13 | −12 | −11 | −10 | −9 | −8 | −7 | −6 | −5 | −4 | −3 | −2 | −1 |
| [2:7:1] | | | ① | ② | ③ | ④ | ⑤ | ✗ | | | | | |
| [2:11:3] | | | ① | | | ② | | | ③ | | | ✗ | |
| [-2:-11:-3] | | | ✗ | | ③ | | | | ② | | | ① | |

**圖 7.2**　對字串 "Python rules!" 進行切割，數字代表會依此順序切割出新的字串。

---

✎ **觀念驗證 7.4**

下列程式碼所切割出來的子字串為何？可試著在 Spyder 裡輸入並確認結果。

1. "it's not impossible"[1:2:1]
2. "Keeping Up With Python"[-1:-20:-2]
3. secret = "mai p455w_zero_rD"
   secret[-1:-8]

# 7-3 字串的其他操作

　　字串是非常實用的物件，前面的例子是從索引來操作字串，在 Python 裡還有其他方式可以操作字串。

## ▶ 使用 `len()` 取得字串長度

　　**字串長度**意指這個字串有多少個字元。假設你是一個小學老師，並要求學生交出 2000 字以內的作文，你要如何快速知道此作文是否有超過 2000 字？在 Python 裡，你可以把學生的整篇文章當成一個字串指定給一個變數，並使用 len() 方法 (method) 來取得這段文字有多少個字元？字元包括空白以及符號 (如：!@ ~)，而空字串的長度則為 0，例如：

- len ("") 結果為 0
- len ("Boston 4 ever") 結果為 13
- a = "eh？" 則 len (a) 的結果為 3

### ▶ 字串的英文字母大小寫轉換

在前面的章節我們提到「物件都有對應的屬性或方法 (method)」,事實上字串物件本身就提供了許多方法 (method)。Python 的字串物件有幾個方法 (method) 可以轉換字串的大小寫,這些方法 (method) 會略過數字和符號,只對英文字母作處理。

- lower () 會將所有字元轉成小寫。例如:"Ups AND Downs".lower () 會轉換為 'ups and downs'。
- upper () 會將所有字元轉成大寫。例如:"Ups AND Downs".upper () 會轉換為 'UPS AND DOWNS'。
- swapcase () 會將字串裡的大寫字母轉成小寫字母,小寫字母轉成大寫字母,例如:"Ups AND Downs".swapcase () 會轉換為 'uPS and dOWNS'。
- capitalize () 會將字串裡的第一個字母轉成大寫,其餘字母轉成小寫。例如:"a long Time Ago...".capitalize () 會轉換為 'A long time ago... '。
- title () 會將字串裡的每個單字的第一個字母轉成大寫,其餘字母轉成小寫。例如:"a long Time aGO...".title () 會轉換為 'A Long Time Ago...'。

TIP | 上述在使用字串物件的方法 (method) 時,字串物件後都會加上一個句點稱為**點符**,用來呼叫物件所提供的方法,在 Unit 8 我們會進一步介紹 Python 物件的更多細節。

✎ **觀念驗證 7.5**

有一字串 a="python 4 ever&EVER"，下列程式碼執行後的結果為何？可試著
在 Spyder 裡輸入並確認結果。

1. a.capitalize()
2. a.swapcase()
3. a.upper()
4. a.lower()

# 結語

　　本章的目的在介紹如何操作字串物件，你已經知道如何用索引來取得對
應的字元及對字串做切片，也了解如何取得字串的長度以及轉換字串的大小
寫。本章重點：

- 字串由一連串有順序的字元組成。
- 在 Python 裡，可以用單引號或雙引號來表示字串，其型別為 str。
- 字串物件本身提供了許多方法 (method) 來操作字串物件。

# 習題

**Q1** 寫一程式從字串 "Guten Morgen" 取得 "TEN"。有多種方式可以得到相同的
結果，你可選擇任意一種方式完成此問題。

**Q2** 寫一程式從字串 "RaceTrack" 取得 "Ace"。

Chapter

# 08 字串的進階操作

## 學習重點

➡ 針對特定子字串進行操作 ➡ 對字串進行數學運算

當我們用文書處理軟體撰寫文件時，常會用取代功能，將錯字一次改正，有時也需要引用不同的句子或段落，重新組成新的文章；或者利用尋找功能，確認前文是否有提到某些關鍵字等。Python 的字串物件也提供類似的進階操作，可以幫助我們更妥當的分析與處理字串內容。

---

🔍 **想一想 Consider this**

假設我們要分析青少年在社群網站的傳訊內容，我們收集到了一些資料，資料非常的多，格式如下：

```
#0001：gr8 lets meet up 2day
#0002：hey did u get my txt?
#0003：ty, pls check for me
...
```

如果這份資料是一串很長的字串，思考一下是否有比較好的方式可以來處理並分析訊息內容？

---

**參考答案**

1. 一次處理一行，並切分出每個單字
2. 將縮寫字還原為正常的單字 (例如 pls 還原為 please)
3. 計算出現過的單字，了解目前年輕人的流行用語為何？

# 8-1 針對特定子字串進行操作

在第 7 章，你已經學習到如何用索引及切片來取得某字串裡的部份文字 (子字串)，接下來會說明一些關於子字串的進階操作。

## ▶ 使用 find() 找出特定子字串

如果你想要在一份文件裡面找出特定文字，可以使用 find() 這個 method，find() 可幫助我們搜尋字串裡的部份文字，但要注意的是，大小寫 代表的是不同字 (例如：app 和 App 是不同字)。

如前章說明，Python 的字串內建許多 method，呼叫的方式是使用點符 (.)，例如 "some_string".find("ing") 可以由 "some_string" 字串中找出 "ing" 子字串。

find() 會在字串裡尋找子字串第一次出現的位置，呼叫 find() 方法時必 須指定欲搜尋的子字串為何，傳回的結果會是第一次出現的索引值。**別忘 了字串的索引值是從 0 開始，若沒找到則會傳回 -1**。以 "some_string".find ("ing") 為例，傳回的結果是 8，因為 "ing" 第一次出現的位置在索引 8。

> **TIP** 要注意的是，每個字串裡都有 ""(空字串)，所以 "some_string".find("") 會傳 回 0，也就是索引 0 就找到空字串。

有另一個類似的 method 叫 rfind()，r 表示 reverse，所以這個 method 會 從字串尾端開始搜尋，並傳回第一次該子字串出現的索引值 (這個索引值是 從起始端算起的)。

假設現在有一個字串 who = "me myself and I"，可參照圖 8.1 了解 find() 與 rfind() 是如何運作：

- who.find('and') 傳回 10，因為 "and" 出現的位置是從索引 10 開始。
- who.find('you') 傳回 -1，因為**找不到** "you" 這個字串。
- who.find('e') 傳回 1，因為從字串前端開始第一個 "e" 的索引是 1。
- who.rfind('e') 傳回 6，因為從字串後端開始第一個 "e" 的索引值是 6。

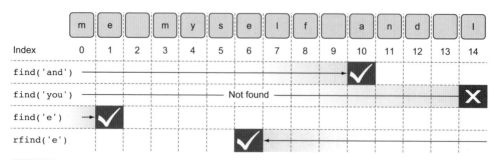

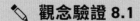

**圖 8.1** 箭頭表示搜尋的方向，打勾表示子字串第一次出現的索引值，打叉表示沒有找到子字串

---

✎ **觀念驗證 8.1**

有一字串為 a = "python 4 ever&EVER"，下列程式碼執行後的結果為何？

1. a.find("E")

2. a.find("eve")

3. a.rfind("rev")

4. a.rfind("VER")

5. a.find(" ") ⎤
⎥— 此字串中有一空格，非空字串
6. a.rfind(" ") ⎦

---

▶ **使用 in 確認子字串是否存在**

　　find() 和 rfind() 方法可以取得子字串出現的索引值。但有時候我們不在意子字串出現的位置，只想知道該字串是否有出現在這段文字裡，這時可使用 in 這個保留字。透過 in 這個保留字，我們得到的結果是一個布林值 (bool)，True 表示子字串存在，False 表示子字串不存在。例如："a" in "abc"，傳回的結果是 True。

**TIP** │ in 是容器專用的算符，除了字串外，也可用於下一章介紹的 tuple 或之後會介紹的 list 串列、dict 字典等資料型別，其用途和英文語意相似，可用來判斷某個元素是否在容器之中，後面我們會經常使用到它。

有一字串為 a = "python 4 ever&EVER"，下列程式碼執行後的結果為何？

1. "on" in a
2. "" in a     # 此為空字串 (字串中沒有字元)
3. "2 * 2" in a

## ▶ 使用 count() 計算子字串出現的次數

假設你想要知道在一篇文章中 "so" 這個單字出現幾次？可以使用 count()
方法來計算特定文字出現的次數。例如 fruit = "banana"，則 fruit.count("an")
會傳回 2，表示 "an" 出現了 2 次。要注意的是，fruit.count("ana") 會傳回 1，
因為第一次出現的 "ana"，其最後一個字元 "a" 的索引值，和第二次出現 "ana"
的第一個字元 "a" 的索引值重疊，count() 會略過此重疊的情況。count() 運作
方式如圖 8.2：

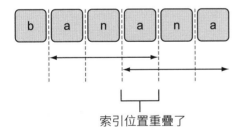

**圖 8.2** 計算 "ana" 出現在 "banana" 的次
數會傳回 1。因為第一次出現的
"ana" 和第二次出現的 "ana" 的字
元索引的位置有重疊，所以 count()
會略過此情況，不把重覆索引的
字詞算入。

有一字串為 a = "python 4 ever&EVER"，下列程式碼執行後的結果為何？

1. a.count("ev")
2. a.count(" ")       # 此為 1 個空格的字串，非空字串。
3. a.count(" 4 ")     # 4 的前後為空格字元
4. a.count("eVer")

▶ **使用 replace() 取代特定字串**

文字取代是非常實用的功能，在 Python 裡，可以使用 replace() 這個方法進行字串取代，你必須傳入兩個字串參數並以逗號分隔，意思是用第 2 個字串取代第 1 個字串，例如："variables have no spaces".replace(" ", "_")，意思是以底線 ("_") 取代空格 (" ")，其結果會是 "variables_have_no_spaces"。

**TIP** │ 若 replace() 方法沒有在字串中找到傳入的第一個字串參數，則會傳回原字串內容。

---

✎ **觀念驗證 8.4**

有一字串 a = "Raining in the spring time."，下列程式碼執行後的結果為何？

1. a.replace("R", "r")
2. a.replace("ing", "")
3. a.replace("!", ".")
4. b = a.replace("time", "tiempo")

---

# 8-2 對字串進行運算

字串有 + 和 * 兩種運算，但不是一般的數值運算。

對字串作 + 運算的意思是將字串作**連接 (concatenation)**，例如 "one" + "two" 的結果會是 "onetwo"，此操作會依序連接字串，並將連接後的字串物件傳回。這個功能非常實用，例如：某個報告拆分為 3 個的章節並由不同的人負責，最後彙總時，僅需要將這 3 個章節的字串內容，在程式裡用 + 依序連接即可。

對字串作 * 運算的意思則是把特定字串**重複 (repeat) 多次**。例如：3 * "a" 的結果為 "aaa"。

---

✎ **觀念驗證 8.5**

下列程式碼執行後的結果為何？

1. "la" + "la" + "Land"

2. "USA" + " vs " + "Canada"　　# 注意字串中的空格

3. b = "NYc"

   c = 5

   b * c

4. 4 color = "red"

   shape = "circle"

   number = 3

   number * (color + "-" + shape)

---

# 結語

　　本章的目的在介紹字串物件的更多操作方法，特別是如何處理子字串。例如：如何搜尋子字串的索引值、計算子字串出現了幾次、將子字串取代為其他字串。你也學習到如何連接並重複特定的字串。本章重點：

- 你可透過各種方法 (method) 來處理字串並取得新的字串物件。
- 字串的 + 運算指的是將字串連接起來。
- 字串的 * 運算指的是重複特定的字串多次。

# 習題

**Q1** 初始化一個變數為 "Eat Work Play Sleep repeat"，使用本章所提到的方法 (method)，操作此變數以取得新的字串物件 "working playing"。

**Q2** 請編寫程式讓使用者可以更換下列句子中的名字 (Tommy 或 Gina)，並將更換後的句子重複顯示 3 次。

```
For Tommy and Gina who never backed down.
```

**Chapter**

# 09 tuple：
# 一連串有順序的物件

## 學習重點

➡ 了解如何建立 tuple 來儲存     ➡ 了解 tuple 物件的操作方法
    一連串有順序的物件       ➡ 使用 tuple 互換兩個變數的值

    當我們需要處理大量的資料時，例如公司的每日營業額、或是氣象觀測資料、股市交易資料等等，如果要一一建立變數來儲存每一單筆的資料，既累人又不易使用。如果能像字串一樣將所有資料依序儲存在一起，之後又能很方便取得每一筆資料，處理起來會方便得多。

---

### 🔍 想一想 Consider this

假設我們想要開發可以抓取超級英雄電影主角在網路上的新聞動態，目前超級英雄主要有兩個陣營 – 復仇者聯盟 (The Avengers) 和正義聯盟 (Justice League)，復仇者聯盟的主要成員有鋼鐵人 (Iron Man)、蜘蛛人 (Spiderman)、美國隊長 (Captain America)⋯等，而正義聯盟的主要成員有超人 (Superman)、蝙蝠俠 (Batman)、神力女超人 (Wonder Woman) 等。

想一想如果將所有超級英雄的名字存成 1 個字串，會有甚麼問題？

---

### 參考答案

如果直接將這些超級英雄的名字都存成字串，例如："Iron Man Spiderman Captain America Superman Batman Wonder Woman"，因為有些名字是 1 個單字、有些是 2 個單字，不容易很快速取得角色名稱。另一個問題則是，如果只想關注復仇者聯盟或正義聯盟的動態，用字串儲存也難以區分不同陣營的角色姓名。

# **9-1** tuple 是由一連串的物件組成

如之前所述，字串是由一連串的字元所組成，如果有另外一種方式，可以將任何型別的物件 (元素) 依序儲存，那當我們在編寫較複雜的程式時，就會非常實用。

**TIP** | tuple 意指「元素組合」的意思，一般譯為「元組」或「序對」，但這些譯名並不能顯示其涵義，因此本書我們直接以英文 tuple 稱之。

## ▶ 建立 tuple 物件

Python 有一種型別，可依序儲存任意型別的物件，這種型別叫 **tuple**，儲存在 tuple 內的物件叫做元素 (element)。在 Python 裡，tuple 的元素會用括號 ( ) 包起來，元素之間使用逗號分隔，例如：(1, "a", 9.9)。請參考下面的例子：

- ( ) — 空的 tuple
- (1, 2, 3) — 包含 3 個整數的 tuple
- ("a", "b", "cde", "fg", "h") — 包含 5 個字串的 tuple
- (1, "2", False) — 包含整數、字串、布林值的 tuple
- (5, (6, 7)) — 此 tuple 包含一個整數及另一個有兩個整數的 tuple
- (5, ) — 只包含一個整數的 tuple

**TIP** | 注意 (5,) 有一個看似多餘的逗號，這是告訴 Python 這是一個 tuple，若只寫成 (5) 會被 Python 認為是一個加了小括號的整數。

### ✎ 觀念驗證 9.1

下列哪些是合法的 tuple 物件？

1. ("carnival", )
2. ("ferris wheel", "rollercoaster")
3. ("tickets")
4. (( ), ( ))

# **9-2** 如何操作 tuple

## ▶ 使用 len() 取得 tuple 的長度

之前曾提過，len() 不僅能使用在字串物件上，也可以使用在別的物件上。你可以用 len() 來取得 tuple 元素的個數，也就是計算這個 tuple 的長度有多長。例如：len((3, 5, "7", "9"))，會傳回 4，表示 (3, 5, "7", "9") 這個 tuple 有 4 個元素。

---

### ✎ 觀念驗證 9.2

思考下列程式碼傳回的結果為何？

1. len(("hi", "hello", "hey", "hi"))
2. len(("abc", (1, 2, 3)))
3. len((((1, 2),)))
4. len(())

---

**TIP** | 如果是多層的 tuple，len() 只會計算第一層的元素數量，第二層以下 (含第二層) 的元素都不會列入。

## ▶ 使用 [ ] 以索引 (index) 取值或切片 tuple

tuple 是由一連串有順序的物件組成，所以 tuple 的索引和字串索引的概念一樣。你可以用括號 [ ] 指定索引位置以取得 tuple 內的元素，第 0 個元素索引值為 0，第 1 個元素索引值為 1，依此類推。例如：

- (3, 5, "7", "9")[1] 傳回 5
- (3, (3, 5), "7", "9")[1] 傳回 (3, 5)

tuple 裡的元素也可以是 tuple，例如 (3, (3, ("5", 7), 9), "a")，這個 tuple 索引位置 1 的元素是另一個 tuple (3, ("5", 7), 9)。

　　因為 (3, ("5", 7), 9) 這個元素是一個 tuple，所以也可以使用索引來取得此元素內部的值。你可以合併使用多個括號 [ ] 來取得巢狀 tuple 內部的元素，例如 (3, (3, ("5", 7), 9), "a")[1][1][1] 的傳回值是 7。也就是說，tuple 的結構是可以包含多層的 tuple，請參照圖 9.1 來了解巢狀 tuple 的結構：

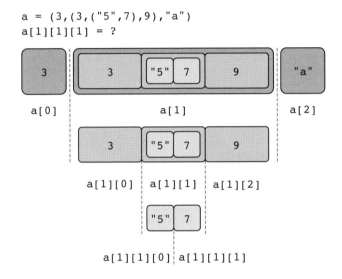

**圖 9.1**　(3, (3, ("5", 7), 9), "a") 的結構，虛線表示在 tuple 裡的不同元素

　　依此步驟，你可使用索引得到對應的物件，例如：

- (3, (3, ("5", 7), 9), "a")[1] 會傳回 (3, ("5", 7), 9)
- (3, ("5", 7), 9)[1] 會傳回 ("5", 7)
- ("5", 7)[1] 會傳回 7

　　tuple 切片和字串切片的概念類似，都是藉由起始索引值和終止索引值來切割並取得我們想要的部份，但需注意的是，tuple 裡面的某個元素可能也是 tuple 或字串或其他型別的物件，例如：

- (1, 2, 3, 'a', 'b', 'c')[1:5] 會傳回 (2, 3, 'a', 'b')。
- (1, 2, 3, 'a', 'b', 'c')[5:0:-2] 會傳回 ('c', 'a', 2)。

---

✏️ **觀念驗證 9.3**

思考下列程式碼的結果為何？

1. ("abc", (1, 2, 3)) [1]
2. ("abc", (1, 2, "3")) [1][2]
3. ("abc", (1, 2), "3", 4, ("5", "6")) [1:3]
4. ("abc", 123) [0][0]
5. a = 0
   t = (True, "True")
   t[a]

---

### ▶ 執行 tuple 的算術運算

我們能對字串進行 + 和 * 運算，同樣地，也可以對 tuple 作同樣的操作。將兩個 tuple 相加表示連接兩個 tuple，例如 (1, 2) + (-1, -2) 的結果是 (1, 2, -1, -2)。將 1 個 tuple 乘以 1 個整數值 n，表示將 tuple 內的元素重複 n 次。例如：(1, 2) * 3 的結果為 (1, 2, 1, 2, 1, 2)。

---

✏️ **觀念驗證 9.4**

思考下列程式碼傳回的結果為何？

1. len("abc") * ("no", )
2. 2 * ("no", "no", "no")
3. (0, 0, 0) + (1, )
4. (1, 1) + (1, 1)

---

### ▶ 互換 tuple 裡的元素

在本小節，你可以看到 tuple 另一項有趣的操作，在 tuple 裡你可以藉由變數名稱，互換 tuple 內元素的值。例如下列兩個變數：

- long = "hello"
- short = "hi"

我們想互換它們的值，並期望最終的結果為：

- long = "hi"
- short = "hello"

圖 9.2 說明了在 Python 裡是如何利用下列程式碼，在 tuple 裡完成交換元素的值。

- long = "hello"
- short = "hi"
- （short, long）=（long, short）

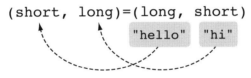

**圖 9.2** 藉由變數名稱，交換 tuple 內元素的值

上式一開始 long 變數儲存的值為 "hello"，short 變數儲存的值為 "hi"，執行（short, long）=（long, short）後，則 short 變數的值為 "hello"，long 變數的值為 "hi"。

---

✎ **觀念驗證 9.5**

試著寫出程式碼互換下列變數的值：

1. s = "strong"
   w = "weak"

2. yes = "affirmative"
   no = "negative"

---

# **9-3** 再談切片 (slicing)

　　tuple 和字串一樣，都可以用切片來取出其中的部份元素。由於切片是很實用也很常見的功能，底下我們再補充一些關於切片的應用技巧：

1. 在使用 [m: n] 做切片時，若 m 省略則會由第 0 個元素 (索引 0) 開始切，若 n 省略則會切到 (包含) 最後一個元素。假設 a = (0, 1, 2, 3)，下面是各種切片範例的圖解及說明：

| index | 0<br>-4 | 1<br>3 | 2<br>-2 | 3<br>-1 | 結果 | 說明 |
|---|---|---|---|---|---|---|
| a[ :2] | ① | ② | ✘ | | (0, 1) | 由索引 0 切到 ( 不含 ) 2 |
| a[ :-1] | ① | ② | ③ | ✘ | (0,1,2) | 由索引 0 切到 ( 不含 ) -1 ( 最後一個元素 ) |
| a[2: ] | | | ① | ② | (2, 3) | 由索引 2 切到 ( 含 ) 最後一個元素 |
| a[-2: ] | | | ① | ② | (2, 3) | 由索引 -2 切到 ( 含 ) 最後一個元素 |
| a[-1: ] | | | | ① | (3,) | 由索引 -1 切到 ( 含 ) 最後一個元素 |
| a[ : ] | ① | ② | ③ | ④ | (0,1,2,3) | 由索引 0 切到 ( 含 ) 最後一個元素 |

**圖 9.3** 在切片時省略起始或終止索引值時的各種應用

2. 如果 a[m: n] 的 n 大於 a 的最大索引值，由於 n 只是用來指定範圍，所以並不會發生錯誤，而會以實際存在的元素來操作，也就是切到 (包含) 最後一個元素即停止。例如 (0, 1, 2) [1:9] 的結果為 (1, 2)，其結果等同於 (0, 1, 2) [1: ]。

3. 如果 a[m: n] 的 m 等於 n，那麼就是由 m 取到 m (n) 但不包含 m，因此結果為空的 tuple！例如 (0, 1, 2) [1:1] 的結果為 ()。

4. 如果 a[m: n: p] 的 p 為負數，那麼就是**反向切片**，此時省略 m 或 n 的意義
   會相反：若 m 省略則會由最後一個元素開始切，若 n 省略則會切到（包含）
   第 0 個元素（索引 0）。例如：

| index | 0<br>-4 | 1<br>3 | 2<br>-2 | 3<br>-1 | 結果 | 說明 |
|---|---|---|---|---|---|---|
| a[ :1:-1] | | ❌ | ② | ① | (3, 2) | 由最後一個元素切到（不含）索引 1 |
| a[1: -1] | ② | ① | | | (1, 0) | 由索引 1 切到（含）第一個元素 |
| a[2: :-2] | ② | | ① | | (2, 0) | 由索引 2 切到（含）第一個元素，間隔 2 |
| a[ :-1] | ④ | ③ | ② | ① | (3,2,1,0) | 由最後一個元素切到（含）第一個元素 |
| a[ : :-2] | | ② | | ① | (3,1) | 由最後一個元素切到（含）第一個元素，間隔 2 |

**圖 9.4** 將切片間隔設為負數時的各種應用

---

✎ **觀念驗證 9.6**

上面是以 tuple 為範例來介紹切片技巧，但這些技巧也都適用於字串以及
之後會介紹的串列 (list)。假設有一個字串 s = 'python'，請先想想看下列切
片的結果為何，然後實際輸入程式測試看看，結果是否如你的預期。

```
1. s[ :2]
2. s[-2: ]
3. s[ :-1]
4. s[-2:-2]
5. s[-2:20]
6. s[-3: :-1]
7. s[ :3:-2]
8. s[ : :-3]
```

# 結語

本章的目的在介紹 tuple 的特性及操作方法，tuple 的操作方法和字串很類似。你已經了解如何從索引值取得 tuple 內的元素，以及如何切片 tuple。tuple 內的元素可以是 Python 基本型別的物件，也可以是另一個 tuple，甚至是多層的 tuple。另外，你也可以使用 tuple 互換兩個變數的值。在本章的最後，則介紹了有關切片的更多應用技巧。本章重點：

● tuple 是由一連串物件所組成，tuple 內的物件也可以是其他 tuple。

● 可以藉由連續多個索引來取得巢狀 tuple 裡的元素值。

● 可以使用 tuple 交換兩個變數的值。

# 習題

**Q1** 初始化下列變數

```
word = "echo"
t =()
count = 3
```

使用上述變數，以及本章提到的 tuple 相關操作方法，將 word 的值每次刪減一個字元後，將刪減後的子字串依據 count 變數重複放入 t，直到刪減的子字串剩一個字母為止，最後在畫面顯示 t 的內容。

```
t =("echo", "echo", "echo", "cho", "cho", "cho", "ho", "ho",
"ho", "o", "o", "o")
```

Chapter

# 10 與使用者互動 – Python 的輸出入功能

## 學習重點

➡ 如何在畫面顯示 (print) 資訊　　➡ 如何儲存輸入資訊並進行運算

➡ 如何輸入 (input) 資訊

本章將介紹 Python 的輸出入功能，以提升程式的互動體驗及實用性。

---

### 🔍 想一想 Consider this

請簡述你與人交談時，互動問答的情況。

---

**參考答案**

你好嗎？

很好啊，我很期待週末的到來。

我也是！你週末有什麼計劃嗎？

我會去露營，然後去科學博物館，如果有時間的話，還會去海邊，再享用一頓美好的晚餐，你呢？

我會去看電影。

# 10-1 顯示輸出結果

## ▶ 顯示運算結果

print() 可以顯示變數的值,也可以帶入運算式,顯示運算後的結果。像是浮點數 3*3.14,以及 3 * "a"(結果為:"aaa"),都可以直接使用 print() 顯示結果。

---

**程式 10.1** 顯示運算結果

```
print("hello!") ───────────── 字串
print(3*2*(17-2.1)) ───────── 數學運算式
print("abc"+"def") ───────── 連接兩個不同字串
word = "art" ──────────────── 初始化變數
print(word.replace("r", "n")) ── 將 "r" 替換為 "n"
```

其結果如下:

```
hello!
89.4
Abcdef
ant
```

**TIP** | 要注意的是,帶入 print 的參數不一定是字串,可以是任何型別的物件,例如 print(3*2*(17-2.1)) 最後結果是浮點數 89.4。

---

### ✎ 觀念驗證 10.1

將下列程式碼分別存成 Spyder 可執行的 .py 檔並執行,畫面顯示的結果為何?

1. print(13 - 1)

2. "nice"

3. a = "nice"

   b = " is the new cool"

   print(a.capitalize() + b)

---

## ▶ 顯示多個物件的值

在 print() 的括號內也可以帶入多個物件，但需使用**逗號**分隔。Python 直譯器在解譯這段程式時，會自動將各物件**以空格分隔**。但如果物件間不想有空格，則可以先將每個物件**轉成字串**後再使用 **+** 號作連接。如程式 10.2，在程式裡對 2 個數字進行除法運算並顯示結果。

**程式 10.2** 顯示多個物件

```
a = 1 ┐
       ├──── 初始化變數
b = 2 ┘
c = a/b ──────── 除法運算
print(a, "/", b, "=", c) ──────── 使用逗號分隔整數和字串
add = str(a)+"/"+str(b)+"="+str(c) ── 將整數轉換為字串後，
print(add) ──────── 顯示結果          連結成一個新的字串
```

此段程式碼的執行結果如下：

```
1 / 2 = 0.5
1/2=0.5
```

**TIP** 注意上面第一行每個物件間有空格，而第二行沒有。

> ### ✎ 觀念驗證 10.2
>
> 依據下列說明，編寫對應的程式碼，並確認執行後的結果為何？
>
> 1. 建立變數名稱為 sweet，值為字串 "cookies"。
> 2. 建立變數名稱為 savory，值為字串 "pickles"。
> 3. 建立變數名稱為 num ，值為整數 100。
> 4. 使用 print() 及上述變數編寫程式，程式執行時，畫面可顯示下列結果：
>    ```
>    100 pickles and 100 cookies.
>    ```
> 5. 使用 print() 及變數 sweet 編寫程式，程式執行時，畫面可顯示下列結果：
>    ```
>    I choose the COOKIES!
>    ```

# 10-2 如何輸入資訊

設計一個可互動的程式是非常有趣的事，若輸入的資訊不同，程式會執行對應運算並顯示不同的結果。

## ▶ 提示字串

Python 使用 input 指令取得使用者輸入資訊。除了取得輸入資訊外，我們還可以將提示字串放在 input() 的括號內，例如：

```
input("What's your name? ")
```

程式執行後，主控台就會出現下列訊息：

```
What's your name?
```

建議在提示字串後保留一個空格，因為若沒有空格，輸入的資訊會直接連接在提示字串後，無法分辨哪些字元是輸入的資訊。如圖 10.1，可明顯的看出提示字串後**有空格**和**沒有空格**的不同之處。

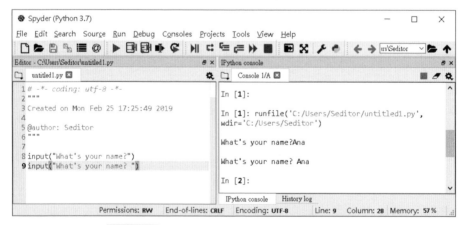

**圖 10.1** 提示輸入資訊時，保留一個空格較好

**TIP** 上述程式執行後，必須先用滑鼠點一下主控台再輸入，不然會變成在程式編輯視窗中輸入文字。

✎ **觀念驗證 10.3**

依據下列說明撰寫出對應的程式碼。

1. 要求使用者告訴你一個秘密。
2. 要求使用者告訴你最喜歡的顏色。
3. 要求使用者輸入下列任意字元 #, $, %, &, 或 * 。

### ▶ 讀取輸入資訊

使用 input() 指令顯示提示字串後，程式會處於等待輸入的狀態。你可試著輸入一些資訊，按下 enter 表示輸入完畢，程式會接續執行下一行敘述。

**程式 10.3** 你住在哪裡？

```
input("Where do you live? ") ──────── 提示輸入資訊，此時程式會
print("I live in Boston.") ──┐          處於等待輸入資訊的狀態
                             └── 按下 enter 後，會執行此行程式
```

這個程式要求使用者輸入所居住的是哪個城市，但無論輸入的資訊為何，程式目前僅會顯示固定值 "I live in Boston." 。

### ▶ 用變數儲存輸入資訊

大部份的程式都會依據輸入的資訊顯示不同結果，通常我們會使用變數來儲存輸入的資訊。例如 word_in = input("What is your fav word? ")，輸入的資訊會儲存在 word_in 這個變數中。

程式 10.4 說明如何依據輸入的資訊，顯示不同的訊息。程式會將第一個字母轉成大寫，並在字串最後加上驚嘆號 (!)，接著顯示處理結果。

| 程式 10.4 | 用變數儲存輸入資訊 |

取得輸入的資訊,並將資訊儲存於 user_place 變數

```
user_place = input("Where do you live? ")
text = user_place.capitalize()+ "!"
print(text)
print("I hear it's nice there!")
```

將第一個字母轉成大寫,並在字串最後加上驚嘆號 (!)

依輸入的資訊顯示結果

　　輸入的資訊為字串物件並指派給 user_place 變數,後續我們可以對此字串物件進行處理。例如:你可將此字串全部轉成大寫或是小寫,可以切片字串擷取你想要的資訊,或是確認輸入的資訊是否包含特定文字。

✎ **觀念驗證 10.4**

依據下列說明,寫出程式碼顯示結果:

1. 請輸入一首你最喜歡的歌名,程式執行後,會重覆顯示 3 次歌名於畫面上,輸出格式如右:

2. 先輸入一位名人的英文姓名 (例如:Bill Gates),執行程式後,第一行顯示該名人的名字,第二行顯示姓氏。

```
< 歌名 >
< 歌名 >
< 歌名 >
```

▶ **將輸入的資訊轉換型別**

　　用 input() 取得的資訊是**字串**型別,如果是要把輸入的資訊拿來做數學運算,則必須先把它轉換成整數或浮點數型別才能加以運算。

　　程式 10.5 會請你輸入一個整數,按下 Enter 後,即會顯示其平方值,例如:輸入 5,則程式會顯示 25。

　　Input() 輸入資料時,會以字串的格式來存放資料,例如:輸入 5,Python 會先將此輸入存成字串 "5",我們必須將該輸入值用 int() 轉成整數物件後,才能再進行後續的運算。

---

程式 **10.5** 依據輸入的資訊進行計算

這兩行程式可被合併為 num = int (input ("Enter a number to find the square of: "))

　　　　　　　　　　　　　　　　取得輸入的資訊，並將資訊儲存於 user_input 變數

```
user_input = input("Enter a integer to find the square of: ")
num = int(user_input) ——— 用 int() 將資訊轉成整數
print(num*num) ——————— 顯示計算結果
```

---

**TIP** | 因為 int() 函式只會轉換整數，如果輸入的資訊並非整數，程式就會發生錯誤。你可試著輸入 a 或是 2.1，程式 10.5 會產生異常。

---

✎ **觀念驗證 10.5**

修改程式 10.5，讓它可以計算並輸入浮點數的平方值。

---

▶ **要求輸入更多資訊**

你的程式也可以輸入多項資訊，以程式 10.6 為例，程式要求輸入 2 個數值，然後顯示這 2 個數值及相乘後的結果。例如，輸入 4.1 和 2.2，程式會顯示 4.1 * 2.2 = 9.02。

---

程式 **10.6** 依據輸入的多項資訊進行計算

　　　　　　　　　　　　　取得輸入的第一個數值並轉換為浮點數

```
num1 = float(input("Enter a number: "))
num2 = float(input("Enter another number: "))
print(num1, "*", num2, "=", num1*num2)
```

顯示相乘的兩個數值及其運算結果　取得輸入的第二個數值並轉換為浮點數

---

# 結語

　　本章的目的在介紹如何取得輸入資訊並在畫面上顯示相關訊息，以及如何使用 print() 輸出多個物件的值。

　　你也學習到了如何使用 input() 來輸入資訊，**輸入的資訊預設會存成字串物件**，如果想進行數學運算，可以將輸入的資訊轉成合適的型別（如整數或浮點數）。本章重點：

- 如何使用 print() 帶入多個物件並顯示結果。
- 每次使用 input() 時，程式會顯示提示文字並處於等待輸入的狀態，可在主控台輸入文字然後按下 enter 表示輸入完成。
- 可以將輸入的資訊轉換成其他適當的型別以便後續處理。

# 習題

**Q1** 編寫程式要求輸入兩個數字，將這兩個數字分別儲存於變數 b 和變數 e，並顯示 $b^e$ 的運算結果。

**Q2** 編寫程式輸入姓名和年齡，並使用變數分別儲存這兩項資訊。計算 25 年後的年紀為何？例如，輸入姓名為 Bob，年齡為 10，則程式可顯示 "Hi Bob! In 25 years you will be 35!"

# Chapter

# 11 CAPSTONE 整合專案：重組姓名

## 學習重點

➡ 如何編寫程式完成專案

➡ 了解並分析程式需求

➡ 輸入兩組姓名，程式如何依照特定邏輯重組姓名並顯示結果

➡ 有系統地依步驟撰寫程式碼，並完成專案

---

專案說明 (The problem)：這是一個有趣的互動程式！我們要編寫可以自動地將兩組姓名混搭為一個新姓名的互動程式，詳細的說明如下：

● 請輸入兩組英文姓名，指定格式為 First Name（名）Last Name（姓），例如 "Bob Lee"，格式不符要重新輸入。

● 將輸入的名 (First Name) 混合重組成新的名字，將輸入的姓 (Last Name) 混合重組成新的姓氏。例如：輸入 Alice Cat 和 Bob Dog，則輸出的新姓名會是 Bolice Dot。

● 依據輸入資料，將混合重組後的新姓名顯示在畫面上。

# 11-1 先了解問題

之前的程式都是簡單的講解練習，本章我們要實作一個比較複雜的程式，在著手寫程式之前，更重要的是我們要先思考所有的細節問題。

面對一個問題，應該要先確認：

- 這個程式要完成什麼事情?
- 需要輸入資料嗎?
- 需要顯示資訊嗎?
- 在不同的情況下程式要有不同的處理方式嗎?

　　編寫程式前,應該要依照特定的方式組織想法並分析問題,步驟如下:

- 先概略草擬一些想法,了解目前的問題為何?
- 預先安排一些程式的測試案例,如此可用來驗證程式處理的結果是否符合預期?
- 可以先將上述兩步驟轉換成流程圖或寫下具體步驟。

## ▶ 草擬想法

　　程式需要先取得輸入的資料,當輸入兩組姓名時,程式會依據輸入的資料拆分為姓 (Last Name) 和名 (First Name),然後使用這兩組 " 姓 " 的字母重組為新的姓氏;同樣地,程式會使用這兩組 " 名 " 的字母重組為新的名字,最後,程式會顯示重組後的姓名,圖 11.1 將此問題拆解為 3 個處理步驟。

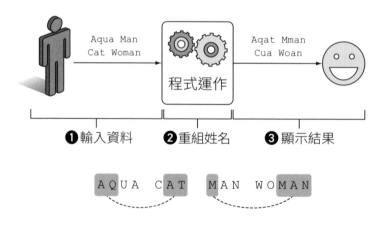

**圖 11.1** 輸入並重組姓名資料,操作後程式會顯示結果

## ▶ 設計測試案例

在了解了程式要進行哪些操作後，現在可以想一些可能會輸入的例子，接下來我們將使用這些例子來測試程式是否符合預期。

身為一個程式設計師，模擬可能輸入的資料並進行驗證是非常重要的。在這個步驟，要盡量模擬可能的所有情況，譬如有很長的姓名，或是很短的姓名，另外，是否有特殊的姓名呢？這邊舉幾個例子：

- 姓名裡的名字為兩個字母 (CJ Cool 和 AJ Bool)
- 姓名字母長度很長 (Moonandstarsandspace Knight)
- 姓和名的字母個數為偶數 (Lego Hurt)
- 姓和名的字母個數為奇數 (Sting Bling)
- 姓或名裡有相同的字母 (Aaa)
- 輸入兩個相同的姓名 (Meg Peg 和 Meg Peg)

程式要求輸入的格式為名 (First Name) 和姓 (Last Name)，若沒有依照此格式輸入資料時，就無法確保程式可以正常運作。例如輸入 Ari L Mermaid，因格式不符，程式可能就無法運作了。

## ▶ 規劃解決步驟

我們將程式拆分為幾個區塊，然後具體寫下每個區塊執行的邏輯，並在區塊中將資料儲存到某個變數，讓接下來的區塊可接續處理。下列為此程式各區塊的執行內容：

1. 取得輸入的姓名資料，並儲存至對應的變數。
2. 將輸入的姓名資料切分為姓氏與名字，並儲存至對應的變數。
3. 思考如何取得姓氏和名字的字串。例如，找出姓名間的空格，分別截取出姓氏和名字並儲存給對應的變數。
4. 切分並截取姓氏和名字裡的字元，並混合成新的姓名。

目前為止我們所做的都是為了要釐清欲解決的問題為何？目的是避免在編寫程式時才發現有問題，而必須來回修正，降低了解決問題的效率。

# 11-2 將姓名切分成姓 (Last Name) 和名 (First Name)

在此階段，你可以開始實作各區塊的程式碼。當然，第一步是要取得輸入資料，程式 11.1 的程式碼可取得兩組姓名：

---

**程式 11.1** 輸入資料

```
print("Welcome to the Mashup Game!")
name1 = input("Enter one full name(FIRST LAST): ")
name2 = input("Enter another full name(FIRST LAST): ")
                            用 FISRST LAST 來提示使用者如何輸入姓名
```

---

上述程式將輸入的資料儲存在對應的變數 name1 和 name 2 裡。

## ▶ 找出姓氏和名字之間的空格

現在 name1 和 name2 存放的是整個 " 名 + 空格 + 姓 " 的字串，所以在取得輸入資料後，應該將輸入的姓名切分為姓氏和名字，以便後續使用姓氏和名字內的字母進行重組。切分姓氏和名字的第一個步驟是先找出姓名中間的空格。

在第 7 章，我們已經學習到許多字串物件的操作方法，其中一個方法叫 find()，藉此可取得特定字元的索引值。在這個例子裡，我們想要取得的是 **空格** (" ") 的索引值。

## ▶ 用變數來儲存處理後的結果

在這個階段，我們要切分姓名，把姓氏和名字分別儲存至不同的變數，以便後續處理。圖 11.2 說明如何切分姓名。

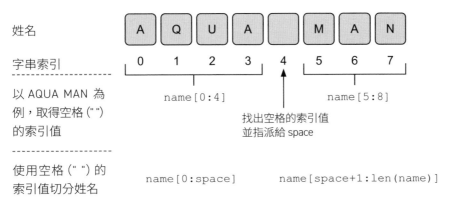

**圖 11.2** 藉由 find() 找出空格 (" ") 將姓名切分為姓氏和名字

　　首先要找出空格 (" ") 的索引值，知道空格的索引值後，空格前即為名字，空格後為姓氏。回想一下，字串切片 some_string[a:b] 的意思是：取得從索引值 a 到索引值 b-1 的子字串，因此要取得名字 (First Name) 的值，起始索引值為 0，結束索引值為空格所在的索引位置；要取得姓氏 (Last Name) 的值，起始索引值為空格的下一個字元，結束索引值為字串的長度 (若字串的長度為 8，則最後一個字元的索引值為 7，因姓氏需包含最後一個字元，所以結束索引值即為字串長度)。

**程式 11.2** 以不同的變數分別儲存姓氏和名字

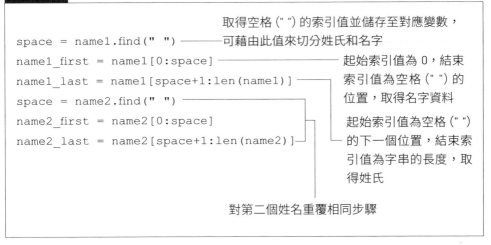

　　至此已經分別取得這兩個姓名的姓氏和名字，並儲存至對應的變數。

▶ **測試目前的程式邏輯是否正確**

我們已經完成程式 11.1 和 11.2 的程式，現在正是測試程式運作是否符合預期的好時機。你可以輸入 Aqua Man 和 Cat Woman 這兩個姓名，並使用 print() 顯示對應的變數值，藉此來確認結果是否符合預期。

```
print(name1_first)
print(name1_last)
print(name2_first)
print(name2_last)
```

程式將會顯示：

```
Aqua
Man
Cat
Woman
```

# 11-3 截取姓氏與名字的前半部與後半部

到目前為止，程式還無法產生新的混合姓名。我們想要的處理邏輯如圖 11.3，分別依據姓氏和名字，切分為前半部與後半部，並重組成新的姓名。

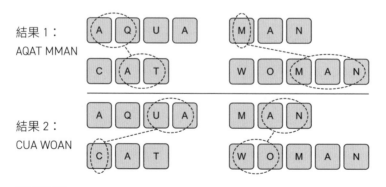

**圖 11.3** 重組 Aqua Man 和 Cat Woman 的兩種方式。分別取得姓氏和名字的前半部和後半部，並交叉重組成為新的姓名。

## ▶ 找到字串的中間字元

現在我們想要找出姓氏和名字最中間的字元？

### 姓氏和名字的長度為偶數

若姓氏或名字的長度為偶數，切分前半部與後半部是相對容易的，只要依據字串長度並除以 2，即為最中間字元的索引值。

### 姓氏和名字長度為奇數

如果姓氏或名字的長度為奇數要如何處理？如果把字串長度除以 2，得到的是浮點數，但是字串的索引值必須是整數，浮點數（例如 3.5 或是 5.5）不能作為字串的索引值。

如果字串長度為奇數，可以將字串長度除以 2 並用 int() 捨棄小數值，即為中間字元的索引值，例如 int(3.5) 會得到索引值 3。

### 從中間切分姓氏與名字並存入對應的變數

程式 11.3 顯示了如何找出姓氏與名字的中間字元，依中間字元的位置切分字串並存入對應的變數。

你的第一步是找出姓氏與名字的**中間字元**，如果字串長度為奇數，可以將浮點數用 int() 轉成整數，可得到中間字元的整數索引值。例如，若該字串有 5 個字元，5/2 = 2.5，轉成整數結果為 2。則前半部份為 2 個字元，後半部份為 3 個字元。若字串字元數為偶數，直接將中間字元的索引值轉為整數即可。例如，字串長度為 6，切分一半為 6/2 = 3.0，轉成整數 3。

**程式 11.3** 切分姓氏與名字的前半與後半部份，並以不同變數分別儲存

```
len_name1_first = len(name1_first)
len_name2_first = len(name2_first)
len_name1_last = len(name1_last)
len_name2_last = len(name2_last)
index_name1_first = int(len_name1_first/2)
index_name2_first = int(len_name2_first/2)
index_name1_last = int(len_name1_last/2)
index_name2_last = int(len_name2_last/2)
lefthalf_name1_first = name1_first[0:index_name1_first]
righthalf_name1_first = name1_first[index_name1_first:len_name1_first]
```

分別儲存姓氏和名字的長度

儲存姓氏和名字的中間字元索引值，並捨棄小數點轉換為整數

第一個名字的前半部份

第一個名字的後半部份

至此已經完成第一個名字的切分，接著以下再將第二個名字、第一個姓氏、第二個姓氏也依照相同方式處理。

**程式 11.3（續）**

```
lefthalf_name2_first = name2_first[0:index_name2_first]
righthalf_name2_first = name2_first[index_name2_first:len_name2_first]
lefthalf_name1_last = name1_last[0:index_name1_last]
righthalf_name1_last = name1_last[index_name1_last:len_name1_last]
lefthalf_name2_last = name2_last[0:index_name2_last]
righthalf_name2_last = name2_last[index_name2_last:len_name2_last]
```

現在你已經分別取得姓氏和名字的前半部和後半部，接下來我們可以重新組合產生新的姓名。

# 11-4 重組姓名

接下來，可以連接兩個字串重組姓名，我們可以使用 + 來連接兩個不同的字串。因為已經儲存了所有必要的資料，所以接下來這個步驟非常簡單。

　　此步驟的程式碼如程式 11.4，除了連接兩個字串，我們還要將連接後的字串，第一個字母轉成大寫（其餘小寫），這樣才符合姓名的格式。我們可以呼叫 capitalize () 方法，將前半部的第一個字母轉成大寫，並呼叫 lower () 方法，將後半部的字母全部轉成小寫。

　　程式 11.4 內有使用到反斜線 (\)。**反斜線** (\) 的用意是將超過一行長度的程式碼分成兩行以方便閱讀，Python 直譯器在解譯時，會把這兩行合併為同一行處理。若沒有反斜線 (\)，則程式會產生錯誤。

---

**程式 11.4** 重組姓名

```
                                    將名字前半部的第一個字母轉成大寫
newname1_first = lefthalf_name1_first.capitalize()+ \
righthalf_name2_first.lower()              確保後半部的字串都是小寫
newname1_last = lefthalf_name1_last.capitalize()+ \
righthalf_name2_last.lower()
newname2_first = lefthalf_name2_first.capitalize()+ \
righthalf_name1_first.lower()
newname2_last = lefthalf_name2_last.capitalize()+ \
righthalf_name1_last.lower()
print("All done! Here are two possibilities, pick the one you
like best!")
print(newname1_first, newname1_last)
print(newname2_first, newname2_last)            顯示兩種組合結果
```

---

　　首先你會取得第一個名字的前半部，並使用 capitalize () 將其第一個字母轉成大寫，其他字母轉成小寫。接著取得第二個名字的後半部，並使用 lower () 將所有字母轉成小寫，然後將這 2 個字串連接起來。程式會重覆此動作多次，以便後續組合成新的姓氏和名字。**反斜線** (\) 代表此兩行為同一行程式碼。

　　重組姓名後，最後一步是利用 print () 顯示完成的結果。現在我們已經完成程式，試著輸入不同的姓名來測試一下程式吧！

```
Welcome to the Mashup Game!

Enter one full name (FIRST LAST): James Pond

Enter another full name (FIRST LAST): Austin Powers
All done! Here are two possibilities, pick the one you like best!
Jatin Poers
Ausmes Pownd
```

```
Welcome to the Mashup Game!

Enter one full name (FIRST LAST): Clark Kent

Enter another full name (FIRST LAST): Bruce Wayne
All done! Here are two possibilities, pick the one you like best!
Cluce Keyne
Brark Want
```

**圖 11.4**　程式執行後，分別輸入 "James Pond"、"Austin Powers" 和 "Clark Kent" 和 "Bruce Wayne" 的執行結果

# 結語

　　本章專案程式會請使用者依照 FIRST LAST 的格式輸入姓名，然後程式會依據輸入的姓名，拆分成姓氏與名字，再從中切分出前半部與後半部文字並分別存入對應的變數中。接著我們重組姓名，並將結果顯示出來。本章重點：

- 寫程式前要了解程式的需求。
- 需要輸入、輸出的資訊是什麼？
- 先預想測試資料及相應的結果。
- 需要對輸入的資訊做什麼操作或運算。
- 每個步驟結束前要把資訊存入變數移交給下一步驟做後續處理。
- 可以在每個步驟進行測試以確保每階段的正確性。

Chapter

# 12 錯誤訊息與除錯

## 學習重點

➡ 如何藉由錯誤訊息，
　　知道程式碼哪裡有異常

➡ 了解錯誤訊息的意義

➡ 如何找出程式的錯誤

　　通常第一次編寫的程式都不會完美無誤。在編寫或是測試程式時，出現錯誤是很正常的，但我們應該在程式正式上線前，測試各種情況並找出可能發生的錯誤，避免程式上線後，使用者操作時才發現異常。

> **想一想** Consider this
>
> 當你要註冊成為某個購物網站會員時，網站要求你填寫一長串的會員資料，填寫完畢送出後，卻顯示資料有誤，你會如何處理？
>
> **參考答案**
>
> 通常會先查看畫面顯示的錯誤訊息，看看出錯的是哪個欄位，是否有資料沒填寫、或格式不對，例如：要填寫西元年卻寫成民國年等，修正後再重新送出資料，若還有出錯再依照錯誤訊息重新檢查一遍。

# 12-1 了解程式執行的錯誤訊息

到目前為止，我們已經在 Spyder 中撰寫不少程式了，過程中你應該會發現某些情況下會出現錯誤導致程式無法執行。

例如在第 7 章我們學到，操作字串物件時，可以使用 [ ] 指定索引值來取得對應的字元。若指定的索引值超過字串最後一個字元，會發生什麼情況？假設有一變數 s="test"，當你在主控台 (console) 輸入 s[4] 並按下 enter 後，畫面顯示錯誤訊息為 IndexError，後方的錯誤說明為 "string index out of range"（索引值超過範圍）。

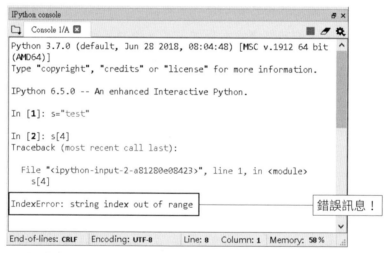

**圖 12.1** 當使用超過字串最大索引值時所發生的錯誤訊息

若是在程式編輯窗格中撰寫程式，在程式尚未執行前，你不會得到任何錯誤訊息。程式執行後，才會在主控台中顯示錯誤訊息。

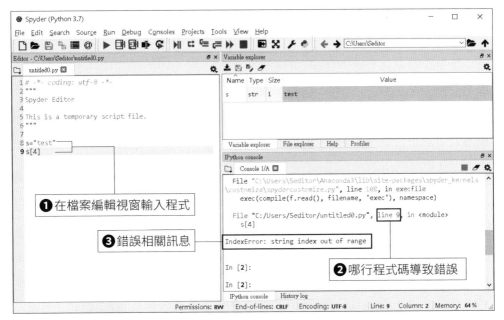

圖 12.2 程式編輯窗格的程式在執行後也會出現相同的錯誤訊息

當我們開始編寫較複雜的程式時，可能會遇到其他不同的錯誤訊息，這些都是正常的。藉由在解決錯誤的同時，你會累積許多經驗，並藉此提升你的程式開發能力。

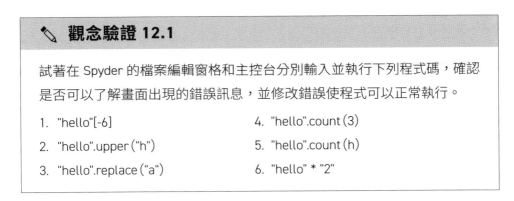

以上的錯誤是在執行時發生錯誤而引起的，所以 Spyder 會發現錯誤並顯示錯誤訊息。但是更可怕的錯誤是程式可以正確執行，但是運算邏輯有錯誤，使得程式的執行結果不正確！這往往是更要小心與耗時的偵錯工作，請見下一節說明。

# 12-2 利用 Spyder 進行程式除錯

程式除錯是一門藝術，而且沒有固定的步驟。通常逐行除錯是最基本也最有效的方式，我們可藉此觀察變數及其對應的值，當你發現某個變數值不正確時，可能就找到了錯誤出錯的地方，然後再進一步釐清並確認錯誤的原因為何，最後才能排除錯誤讓程式正常執行。

在查看程式碼是否有錯時，通常會犯的錯誤是覺得某幾行簡單的程式碼一定是正確的，而大意輕忽或是略過不看，特別是此程式的撰寫者就是自己的時候。當在除錯時，你必須對每一行程式碼 (不管是不是你寫的) 都抱著懷疑的態度，並假裝你正在對一個完全不懂的人說明程式碼，這種方式稱為**黃色小鴨除錯法** (rubber ducky debugging)。意即想像你對一隻黃色小鴨玩具 (當然也可以是其他公仔或玩偶) 說明程式碼，用最簡單易懂的方式說明每一行程式碼的目的以及行為。

## ▶ 逐行執行程式

Spyder 內建有除錯功能，可以讓我們逐行執行程式碼，此工具可在畫面顯示變數對應的值為何，當變數的值不符預期時，我們就可以進一步確認該行程式碼是否有問題。只要是 Python 程式，都可以使用此除錯功能來確認程式哪裡有異常。

第 11 章 CAPSTONE 整合專案的程式碼大約 30 多行，是截至目前你所遇到最長的程式，在 key-in 程式碼時，難免會 key 錯，接著我們就以這個範例來示範 Spyder 的除錯功能。

假設你依照第 11 章的說明，在 Spyder 中輸入好程式碼，執行後的結果如下：

```
Welcome to the Mashup Game!

Enter one full name(FIRST LAST): Lebron James

Enter another full name(FIRST LAST): Kevin Durant
All done! Here are two possibilities, pick the one you like best!
Lebron Jaant
Keron Durmes
```

　　從執行結果可以看到，最後重組姓名的結果，第 1 個姓名的名字部分沒有更換，還是原先的 "Lebron"，但程式執行卻沒有出現任何錯誤，這時候就可以利用逐行除錯功能，不斷查看變數值的內容，以找出程式哪裡有問題。

**程式 12.1**　重組姓名專案的程式碼（節錄）

```
01 print("Welcome to the Mashup Game!")
02 name1 = input("Enter one full name(FIRST LAST): ")
03 name2 = input("Enter another full name(FIRST LAST): ")
04 space = name1.find(" ")
05 name1_first = name1[0:space]
06 name1_last = name1[space+1:len(name1)]
07 space = name2.find(" ")
08 name2_first = name2[0:space]
09 name2_last = name2[space+1:len(name2)]
10 len_name1_first = len(name1_first)
11 len_name2_first = len(name2_first)
12 len_name1_last = len(name1_last)
13 len_name2_last = len(name2_last)

　⋮（略，同第 11 章）

26 newname1_first = lefthalf_name1_first.capitalize()+ \
   righthalf_name1_first.lower()
27 newname1_last = lefthalf_name1_last.capitalize()+ \
   righthalf_name2_last.lower()
```

續下頁 ⇨

```
28  newname2_first = lefthalf_name2_first.capitalize()+ \
    righthalf_name1_first.lower()
29  newname2_last = lefthalf_name2_last.capitalize()+ \
    righthalf_name1_last.lower()
30  print("All done! Here are two possibilities, pick the
    one you like best!")
31  print(newname1_first, newname1_last)
32  print(newname2_first, newname2_last)
```

**TIP** 本章的程式碼為方便解說，因此加上行號便於參照，並非程式碼內容。

　　程式 12.1 是第 11 章專案的程式碼 (但是某個地方 key 錯了)，以往我們是按下綠色箭頭來執行程式，若需要對程式進行除錯，則請按下工具列的 ▶❙ 按鈕 (也可以從 **Debug** 功能表中執行)，接著在主控台，畫面會顯示部份程式碼以及 -----> 的箭頭符號，表示目前程式執行到哪一行。

按此鈕開始除錯　　按此鈕可逐行執行程式

**圖 12.3** 在 Spyder 中使用除錯功能

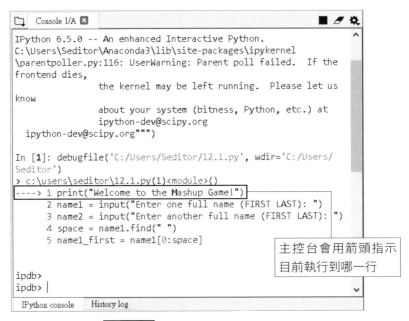

**圖 12.4** 主控台中的除錯畫面

開始除錯後,接下來請按 ![按鈕] 鈕逐行執行程式碼。要注意,執行到需要使用者輸入內容的地方,同樣要確實輸入喔!

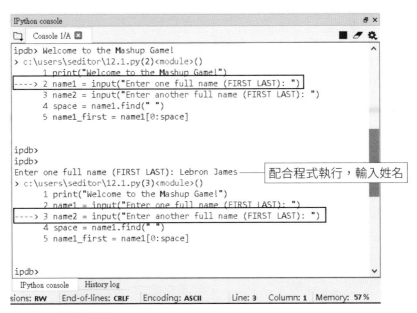

**圖 12.5** 在 Spyder 除錯模式下,逐行執行程式碼

在逐行執行的過程中，可以同步觀察右上方變數窗格中，各個變數內容值的變化，例如我們在執行第 2、3 行時，分別輸入兩個姓名 "Lebron James" 和 "Kevin Durant"，在執行到第 13 行時，兩個姓名就會拆成 4 個部分，分別指定給 4 個變數，如右表所示：

**表 12.1** 將輸入姓名拆成 4 個變數的結果

| 變數 | 內容值 |
|---|---|
| name1_first | Lebron |
| name1_last | James |
| name2_first | Kevin |
| name2_last | Durant |

目前為止，程式符合我們所預期，將兩個姓名的姓氏和名字拆開，並指派給不同的變數。你可以持續逐行執行，並繼續觀察變數的變化，直到執行到第 27 行，將重新組合姓氏時，就會發現問題。此時再度觀察一下變數窗格：

```
   25 righthalf_name2_last = name2_last[index_name2_last:len_
name2_last]
   26 newname1_first = lefthalf_name1_first.capitalize()+
righthalf_name1_first.lower()
---> 27 newname1_last = lefthalf_name1_last.capitalize()+
righthalf_name2_last.lower()
   28 newname2_first = lefthalf_name2_first.capitalize()+
righthalf_name1_first.lower()
   29 newname2_last = lefthalf_name2_last.capitalize()+
righthalf_name1_last.lower()
```

**表 12.2** 再將兩個姓氏拆分成 4 個變數以及重組結果

| 變數 | 內容值 |
|---|---|
| **left_name1_first** | **Leb** |
| right_name1_first | ron |
| left_name2_first | Ke |
| **right_name2_first** | **vin** |
| newname1_first | Lebron |

依照第 11 章所說明，newname1_first 應該是由 left_name1_first 和 right_name2_last 組合，所以根據我們所輸入的原始姓名，重組後應該是 "Lebvin"，此處卻是 "Lebron"，再次查看程式碼，就會發現第 26 行程式碼錯誤之處：

```
錯誤：
newname1_first = lefthalf_name1_first.capitalize()+ righthalf_
name1_first.lower()
```

```
正確：
newname1_first = lefthalf_name1_first.capitalize()+ righthalf_
name2_first.lower()
```

找到問題後，你可以按下 ■ 鈕離開除錯模式，修正程式碼的錯誤後，再次執行，結果應該就沒錯了。

## ▶ 設置中斷點

上述我們示範的程式碼共有 32 行，採用逐行執行的方式，代表要按 32 次 鈕，才會將程式碼都跑過一遍。如果遇到很長的程式碼，這個方式會花不少時間，這時可以善加利用中斷點的功能，讓 Spyder 自動停在設置中斷點的位置，非中斷點的部分則可以連續執行，這樣除錯會更有效率。

**圖 12.6** 先設置中斷點再進行除錯

❶ 在程式碼行號的左邊，用滑鼠左鍵點兩下即可設置中斷點 (再點兩下則可移除中斷點)
❷ 按下除錯鈕

TIP | 圖中的步驟 1，也可以改為先將插入點移到要設置的程式行，然後再按 F12 鍵
設置，或在 **Debug** 功能表中執行 **Set/Clear Breakpoint**。

當程式執行到中斷點後會停下來，你可以觀察此時變數內容是否正確，
接著可以選擇逐行執行，也可以按下 ▶▶ 繼續跳到下個中斷點（如果沒有下
一個中斷點，則直接執行到最後）。

中斷點通常會設置在你懷疑程式可能出錯的地方，以本章的程式 12.1 為
例，由於我們已經知道重新組合的第 1 個姓氏部分有問題，所以可以將中斷
點設置在指派 left_name1_first、right_name1_first、newname1_first 等相關變
數內容的位置，也就是第 18、21、26 行，其他較無關係的程式碼就不需要停
下來檢查。

本節主要是介紹 Spyder 基本除錯工具，但許多錯誤本身是很難發現的，
某些錯誤是在很特殊的狀況才會出現，因此除錯本身就是一門學問！要確實
找出程式的錯誤，還需要多加學習、累積經驗，才能逐漸上手，至於更進階
的除錯技巧，就有待你程式設計能力精進之後，再自行學習了。

> ✎ **觀念驗證 12.2**
>
> 在程式 12.1 的第 18、21、26 行等位置設置中斷點，然後再次進行除錯，
> 和先前逐行執行的方式相比，是否有助於更快找出程式的錯誤？

# 結語

本章重點：

● 藉由程式的錯誤訊息，可了解錯誤的原因及找出是哪一行程式發生問題。

● 可以利用 Spyder 的除錯功能來找出程式發生錯誤的原因。

# UNIT

# 條件判斷

在本 Unit，我們將學習到如何在程式裡進行條件判斷，可以讓電腦在不同的情況下做出不同的回應，只要設計得當，會讓電腦看起來像是具有智慧的機器人。

此處所謂不同的情況，可以是使用者輸入不同的資訊，或是程式計算處理後的結果不同，程式再依此情況執行不同的動作，產出不同的結果。

而最後的 CAPSTONE 整合專案，我們要設計一個文字冒險遊戲，透過指令來玩遊戲，根據輸入的指令不同，會有不同的冒險情節。

# Chapter

# 13 條件判斷式

## 學習重點

➡ Python 如何執行 if 條件判斷　　➡ Python 如何執行邏輯運算

➡ Python 如何執行連續條件判斷

---

### 🔍 想一想 Consider this

星期一早上，你的第一場會議開始時間是 8:30 AM。一般來說你吃早餐的時間約需 30 分鐘。現在假設你出捷運車站時看一下時間，你如何判斷是否還有時間吃早餐呢？請使用下列的流程圖來判斷。

這個流程圖可用來判斷，若當天早上要開會，在出捷運車站時，你是否仍有時間吃早餐？

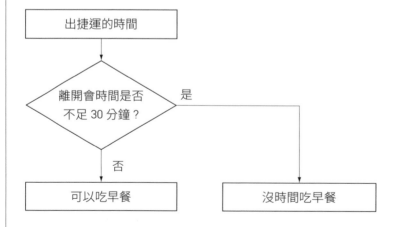

**參考答案**

只要在 8:00AM 前出捷運車站，就還有時間吃早餐。

# **13-1** if 條件式

平日我們做決定時，常會問一些相關的問題，例如：今天的天氣好嗎？這個問題的答案有可能是 yes 也有可能是 no。像這樣的問句在程式裡可以變成一個敘述 (statement)，但 Python 直譯器不會回答 yes/no，它只知道 True/False (布林值)。當我們做決策或條件判斷時，我們回答 yes，在程式裡對應的就是 True，我們回答 no，在程式裡對應的是 False。

---

✎ **觀念驗證 13.1**

請依據下列問題，回答是 (True) 或否 (False)？

1. 你會怕黑嗎？
2. 你的口袋大小放的下你的手機嗎？
3. 你今晚會去看電影嗎？
4. 5 乘以 5 的結果是 10 嗎？
5. nibble 這個單字的長度比 google 長嗎？

---

▶ **布林運算式**

在 Python 裡，每行程式都是一個敘述 (statement)，如果敘述可經過運算而得到單一的數值則稱為**運算式 (expression)**。若 Python 的運算式，運算結果最終可得到 True/False 的布林值 (bool)，就叫做**布林運算式 (Boolean expression)**。

---

⚠ **像程式設計師一樣思考**

電腦無法依據 yes/no 進行運算，只能依據 True/False 進行判斷，也就是布林運算式到最後都可簡化成 True/False。

---

## ▶ **if 條件式語法**

包含布林運算式的敘述，我們稱為**條件式 (conditional statements)**，有了條件式程式就能依條件做出判斷，然後執行相對應的動作了。

在 Python 中有許多種條件式，其中最簡單、最常使用到的就是 if 條件式。if 條件式可以讓你在程式中做到類似口語「**如果……就……**」的判斷，也就是**如果**條件成立，**就**執行某個**程式區塊 (code block)**；如果不成立，則直接略過。

if 條件式可以在程式中做「**如果……就……**」的判斷，語法如下：

> **if 條件式：** # 注意最後要加：（冒號）
>
>     **程式區塊……**

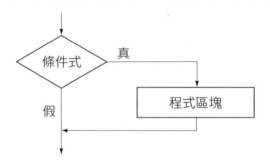

當**條件式**為 True 時就執行**程式區塊**內的敘述，否則就略過。例如：

```
if a < 1:
    a += 1
    b = a + 3
print(b) ─────── 從 print(b) 以下的程式未縮排，不屬於 if 區塊
...
```

**TIP** | 屬於 if 的程式區塊要「以 4 個空格向右縮排」，表示它們是屬於上一行 (if...:) 的區塊，而不是區塊內的敘述則「不可縮排」，否則會被誤認為是區塊內的敘述。

**TIP** Python 允許我們用任意數量的空格或定位字元 (Tab) 來縮排，只要同一區塊中的縮排都一樣就好。不過強烈建議使用 4 個空格，這也是官方建議的用法。

## ▶ if 條件式範例

以下介紹一個簡單的條件式範例，判斷輸入的數值是否為正數，如果輸入的數值大於 0，就顯示一段文字 "num is positive"(數字為正)；如果輸入的數值不是大於 0，就不執行；不管輸入什麼數值，最後都會顯示一行 "finished comparing num to 0"。

---

**程式 13.1** if 條件式範例

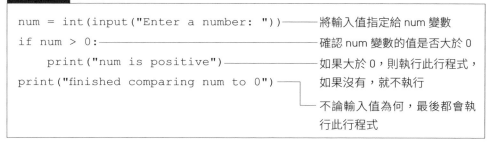

```
num = int(input("Enter a number: "))────將輸入值指定給 num 變數
if num > 0:──────────────────確認 num 變數的值是否大於 0
    print("num is positive")──────如果大於 0，則執行此行程式，
                                 如果沒有，就不執行
print("finished comparing num to 0")──
                                 不論輸入值為何，最後都會執
                                 行此行程式
```

當程式執行到 if 條件式時，會先確認 num>0 這個條件是否成立，並依其結果決定是否執行下一行 print("num is positive")，程式 13.1 可繪製成以下流程圖：

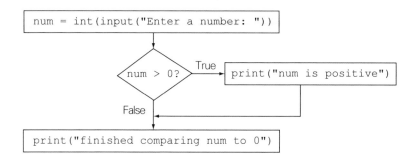

**圖 13.1** 在菱形方塊中是條件式，其判斷的結果就會決定是否要執行右邊的程式區塊。

---

✎ **觀念驗證 13.2**

試著執行下列程式碼：

```
num=(input("Enter a number: "))
if num < 10:
    print("num is less than 10")
print("Finished")
```

分別輸入下列 3 種不同數值，各會顯示何種結果？

1. 輸入 num 值 5
2. 輸入 num 值 10
3. 輸入 num 值 100

---

✎ **觀念驗證 13.3**

依據下列說明和程式碼片段，分別寫出對應的條件式 (conditional statements)：

1. 如果輸入的單字含有空格，顯示 "You did not follow directions."

```
word = input("Tell me a word: ")
print(word)
if _____:
    print("You did not follow directions.")
```

2. 輸入 2 個數字，並顯示加總結果；若相加的結果大於 10000，還要另外
   顯示 "Wow, huge sum!"

```
num1 = int(input("One number: "))
num2 = int(input("Another number: "))
print(num1+num2)
if _____:
    print("Wow, huge sum!")
```

# 13-2 多個 if 條件式

若你的程式要處理的問題比較複雜，可能需要更多的判斷，這時就需要使用到多個條件式。

## ▶ 串接的條件式

我們可以直接將多個 if 條件式，一個接一個成串安排於程式中，執行程式時，每個 if 條件式都會依序被執行到，若條件成立就執行區塊內的敘述，若不成立則接著執行下一個 if 條件式。程式 13.2 就採用這種方式安排了 3 個條件式，用來判斷數字是否大於 0？小於 0？或是等於 0？

---

**程式 13.2** 串接的 if 條件式

```
num_a = int(input("Pick a number: ")) ── 輸入一個數字
if num_a > 0: ───────────────── 輸入的數字是否大於 0
    print("Your number is positive") ── 只有條件成立 (True) 時才執行
if num_a < 0: ───────────────── 輸入的數字是否小於 0
    print("Your number is negative ")
if num_a == 0: ──────────────── 輸入的數字是否等於 0
    print("Your number is zero")
print("Finished!") ───────────── 最後都會執行此行程式，
                                  印出 "Finished!"
```

---

**TIP** | 用來判斷兩個數值是否相等，使用的是比較算符的符號 ==（兩個等號），和指定變數值的 =，兩者意思完全不同。

---

### ✎ 觀念驗證 13.4

依據程式 13.2 畫出流程圖，以確認你了解程式執行的順序和步驟，流程圖是了解程式所有可能執行路徑的極佳圖解。

## ▶ 巢狀條件式

有些事情是在某個條件成立下，才需要再做下一步的條件判斷，譬如說你在賣場看到很多不同品牌的麥片，這時候應該會先想想家中的麥片是否吃完了？然後再考慮要買哪一種麥片？也就是說：第 1 個條件（麥片吃完了嗎？）如果不成立，就不用考慮第 2 個條件（要買哪種麥片？）。

像這樣只有在第 1 層條件式成立 (True) 時，才會執行第 2 層條件式的程式寫法，在 Python 裡叫做**巢狀條件式 (nested conditionals)**。

例如，底下的巢狀條件式的例子裡（見程式 13.3 左側），只有在外層的 if num_a < 0 結果為 True 時，if num_b < 0 才會執行，所以只有在 if num_b < 0 和 if num_a < 0 兩者都為 True 時，才會執行 print("num_b is negative") 這個程式區塊。

程式 13.3 的右側則是**非巢狀條件 (Unnested conditionals)**（就是串接式的條件式），會依序執行多個 if 條件式判斷：不論 if num_a < 0 的結果為何，不影響 if num_b < 0 的執行，所以 print("num_b is negative") 程式區塊執行與否只和 if num_b < 0 有關，和 if num_a < 0 無關。

---

**程式 13.3** 巢狀條件式 VS 非巢狀條件式

**巢狀條件式**

```
num_a = int(input("Number? "))
num_b = int(input("Number? "))
if num_a < 0:          第一個條件式
    print("num_a is negative")
    if num_b < 0:      第二個條件式
        print("num_b is negative")
print("Finished")
```

**非巢狀條件式**

```
num_a = int(input("Number? "))
num_b = int(input("Number? "))
if num_a < 0:
    print("num_a is negative")
if num_b < 0:
    print("num_b is negative")
print("Finished")
```

條件成立後，會被執行的程式碼

**只有 if num_a < 0 成立時才會執行 if num_b < 0**　　**不管 if num_a < 0 是否成立都會執行 if num_b < 0**

---

巢狀條件式的外層或內層，都擁有自己的程式區塊，從階層關係來看，內層條件式屬於外層條件式的一部分。

✎ **觀念驗證 13.5**

依據程式 13.4 輸入下列值求其結果？

| num_a | num_b | 巢狀條件式 | 非巢狀條件式 |
|-------|-------|-----------|------------|
| -9 | 5 | | |
| 9 | 5 | | |
| -9 | -5 | | |
| 9 | -5 | | |

如果你無法確認結果，或不清楚為何會得到此結果，可用下列流程圖再次確認結果。

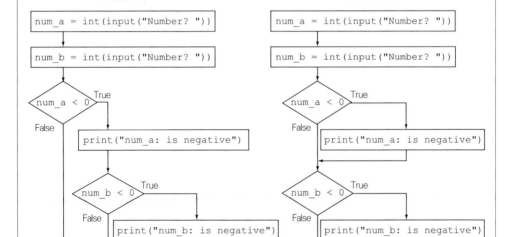

巢狀條件式和非巢狀條件式二者的差別為：

1. 在巢狀條件式裡，只有在 num_a < 0 成立 (True) 時，num_b < 0 條件式才會被執行。

2. 在非巢狀條件式裡，num_b < 0 條件式一定都會執行，和 num_a < 0 成立與否無關。

## ▶ 巢狀條件式範例

接著我們利用巢狀條件式進行比較複雜的判斷。假設你今天去超市購物，在入口處販售著巧克力，心裡想著要買嗎？要買多少條呢？價格優惠的話要多買幾條嗎？先參考圖 13.2 的流程圖，了解程式的執行流程，並理解程式如何做決定：

- 你覺得餓嗎？
- 每條巧克力的價錢？
- 若你覺得餓，且每條巧克力的價錢低於 10 元，你會把全部的巧克力（100 條）買下來。
- 若你覺得餓，且每條巧克力售價在 10～50 元間，則買 10 條。
- 若你覺得餓，且每條巧克力售價超過 50 元，則買 1 條。
- 如果你不餓，就不會購買巧克力。
- 依據你購買的巧克力數量，收銀員在結帳時會對你說不同的話。

透過圖 13.2，你可以從上而下了解這個程式的主要流程，每一個決策點都有可能讓你進到不同的分支，包含了 3 種不同的條件判斷：先確認你是否覺得餓？價格高低決定要買多少條巧克力？收銀員在結帳時的回應？

**巢狀條件式**就是一個條件式可以包含另一個條件式，圖 13.2 就是巢狀的條件式：外層的條件式會先判斷你是否覺得餓，內層的條件式再依據不同的巧克力單價去決定購買的數量。

要完成正確的程式碼，編寫的方法可以有很多種，並非一成不變。像圖 13.2 的流程，你可以試著變更條件判斷的先後順序，有時仍可得到符合預期的結果，誠如「條條大路通羅馬」的概念，雖走不同路徑，仍可達到相同的目的。

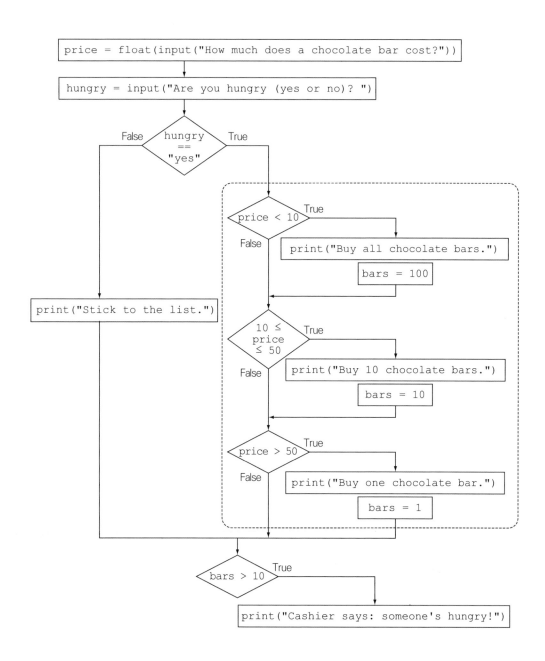

**圖 13.2** 虛線方框表示當 hungry == "yes" 這個條件成立 (True) 時，程式才會依據巧克力的單價，決定不同的購買數量。

### ✎ 觀念驗證 13.6

請參照圖 13.2 寫出對應的程式碼，寫好後再與下列程式 13.4 比對看看，有何不同之處呢？

---

**程式 13.4** 巧克力購買的條件判斷

```
price = float(input("How much does a chocolate bar cost? "))
hungry = input("Are you hungry(yes or no)? ")
                                                    使用者輸入

bars = 0
if hungry == "yes":          判斷是否會覺得餓
    if price < 10:           確認巧克力的價錢是否低於 10 元
        print("Buy all chocolate bars.")    巧克力的價錢低於 10 元會
        bars = 100                          執行的動作
    if 10 <= price <= 50:
        print("Buy 10 chocolate bars.")     確認巧克力的價錢是否在 10～
        bars = 10                           50 元間及對應執行的動作
    if price > 50:
        print("Buy only one chocolate bar.")  確認巧克力的價錢是否超
        bars = 1                              過 50 元及會執行的動作
if hungry == "no":                          判斷若不覺得餓，
    print("Stick to the shopping list.")    則執行此動作
if bars > 10:
    print("Cashier says: someone's hungry!")  當買超過 10 條巧克力，
                                              收銀員會對你說的話
```

# 13-3 邏輯運算式

　　單一條件判斷比較簡單，只需了解該條件成立 (Ture/False) 與否，但若是需要多項判斷，使用**邏輯算符**來結合 2 項 (或多項) 判斷條件會比較簡潔、直觀。

　　以下表 13.1 舉例，敘述 1：" 現在正在下雨 " 為 True，敘述 2：" 我覺得餓 " 為 False，合併兩者則「現在正在下雨 (True) and 我覺得餓 (False)」運算結果為 True and False = False。

## ▶ 邏輯算符

在 Python 中，邏輯算符有 and（且）、or（或）、not（非）3 種：

- 「and」算符：多項條件同時為 True，運算結果才為 True。
- 「or」算符：只要其中有一條件為 True，運算結果就為 True。
- 「not」算符：將 not 算符置於任何條件前面，可取得相反的結果。

**表 13.1** 使用邏輯算符來合併 2 個不同敘述之後的運算結果

| 敘述 1: 現在正在下雨 | 邏輯算符（and，or，not） | 敘述 2: 我覺得餓 | 運算結果 |
|---|---|---|---|
| True | and | True | True |
| True | and | False | False |
| False | and | True | False |
| False | and | False | False |
| True | or | True | True |
| True | or | False | True |
| False | or | True | True |
| False | or | False | False |
| N/A | not | True | False |
| N/A | not | False | True |

## ▶ 多條件的邏輯運算

假設你今晚想要煮義大利麵，先問自己**兩個**問題，是否有義大利麵條？是否有醬料？如果這兩項材料都有，那就有機會煮成義大利麵了。如果我們要將這兩個問題寫進程式中，該怎麼安排呢？你可以採用以下兩種方式：

1. 直接把兩個問題合併（and）：你是否有義大利麵條**和**醬料？
2. 以**巢狀條件式**語法：你可以**先詢問**是否有麵條？如果有，**再詢問**是否有醬料？

不管用哪種方式，最後的結果都一樣。但是第一個方式，把兩個問題合併成一個，比較容易讓人理解，這樣做的好處是 **if 敘述**不會出現太多次，程式碼會更簡潔，可讀性更高。請把程式 13.5 和程式 13.3 加以比較即可明白。

| 程式 13.5 | 一個 if 敘述中加入多條件運算式 |

```
num_a = int(input("pick a number:"))
num_b = int(input("pick a number:"))
if num_a < 0 and num_b < 0:                 不用寫兩次 if，程式較簡潔
    print("both negative")
```

num_a< 0 和 num_b <0 這兩個條件判斷**同時為 True**，才會執行 print ("both negative")。

> ✎ **觀念驗證 13.7**
>
> 試著用邏輯算符 and/or 合併下列問題。
>
> 1. 你需要牛奶嗎？如果需要，那你有車子嗎？如果有，則開車去商店買牛奶
> 2. 變數 a 的值是 0 嗎？如果是，那變數 b 的值是 0 嗎？如果是，那變數 c 的值是 0 嗎？如果是，那表示所有變數的值都是 0
> 3. 你有夾克嗎？你有毛衣嗎？外面有點冷，外出時記得帶上其中一件。

## ▶ 算符的優先順序

在數學上，加減乘除這幾個算符的順序是先乘除後加減，在 Python 程式裡的規則也相同，但要特別注意的是，在布林運算式 (boolean expressions) 當中使用「比較算符」以及「邏輯算符」時，就要特別注意運算的先後順序。下表 13.2 完整地說明了 Python 算符的優先順序：

1. 表中上方的算符優先於下方的算符，譬如說：( ) 優先於 ** 。

2. 同一區塊內的算符，優先順序相同，譬如說：* 和 / 優先順序相同。

3. 當優先順序相同時，運算式裡的計算順序是從左到右計算。

**表 13.2** Python 算符的優先順序

| 算符 | 表示 |
|---|---|
| () | 括號 |
| ** | 指數運算 |
| * | 乘法運算 |
| / | 除法運算 |
| // | Floor division，除法取商的整數 |
| % | 餘數運算 |
| + | 加法運算 |
| - | 減法運算 |
| == | 比較算符，判斷是否相同 |
| != | 比較算符，是否不同 |
| > | 比較算符，大於 |
| >= | 比較算符，大於等於 |
| < | 比較算符，小於 |
| <= | 比較算符，小於等於 |
| is | 判斷所儲存的物件是否和另一變數儲存的物件相同 |
| is not | 判斷所儲存的物件是否和另一變數儲存的物件不同 |
| in | 判斷所儲存的物件是否在另一個物件裡 |
| not in | 判斷所儲存的物件是否不在另一個物件裡 |
| not | 邏輯算符 not |
| and | 邏輯算符 and |
| or | 邏輯算符 or |

## ✎ 觀念驗證 13.8

參考表 13.2 的算符優先順序計算下列運算式的結果。

- 3 < 2 ** 3 and 3 == 3
- 0 != 4 or (3/3 == 1 and (5 + 1) / 3 == 2)
- "a" in "code" or "b" in "Python" and len ("program") == 7
- 3 + 2 > 5 / 2 and 7 * 8 != 6 + 7
- x = 13

  y = 7

  2 * x**3 * y**2 + 9 * x**2 * y + 3 * x +15

# 結語

本章重點：

- 若 if 程式區塊內有 **4 個空格的縮排**的程式，表示它們是同屬於 if...: 的區塊。
- 可以依照程式邏輯來選擇使用巢狀條件式或非巢狀條件式。
- **串接條件式**指的是一個接一個的 if 條件式由上而下的排列。
- **巢狀條件式**指的是一個條件式（外層）包含另一個條件式（內層），也就是內層條件式屬於外層條件式的一部分。
- **流程圖**可以讓程式的條件判斷及處理步驟圖形化。
- 在執行運算式時，要特別注意算符的優先順序。

# 習題

**Q1** 假設有三個敘述 " 看電影 "、" 有放假 " 和 " 很忙碌 "，請將其中兩個敘述代入以下的語法，寫出適當的句子。

> 如果　＜條件判斷＞　就　＜結果＞

**Q2** 建立一個變數，該變數可以是整數或是字串。如果該變數是整數，則顯示 "I'm a numbers person"，如果該變數是字串，則顯示 "I'm a words person"。

**Q3** 輸入的字串中包含空格，則顯示 "This string has spaces"。

**Q4** 請在程式中指派一個 0~99 之間的整數給變數，當作神秘數字，然後畫面顯示 "Guess my number!(0~99)"，並讓使用者輸入一個數字。如果輸入的數字比神秘數字小，則顯示 "Too low."；如果輸入的數字比這個神秘數字大，則顯示 "Too high."，如果猜中了該數字，則顯示 "You got it!"。

**Q5** 請撰寫程式讓使用者輸入一個整數，然後顯示該整數的絕對值。

## Chapter

# 14 進階條件式判斷

---

## 學習重點

➡ 用 if-elif-else 條件判斷產生不同分支　　➡ 巢狀的 if-elif-else

---

　　有時候我們會用一個變數的值，或是一個運算式的結果來做多重條件的判斷，不同條件就做不同的選擇。例如：商場折扣依照購買數量提供不同優惠，1 件 9 折、3 件 85 折、5 件 7 折等，這時候就可以使用多重選擇的條件式來撰寫。

---

### 💡 想一想 Consider this

高速公路上有車速限制，太快、太慢都不行，最內側為超車道，不得低於最高速限，但也不能超速 10 公里以上，若車速低於最高速限 10 公里以下，則必須行駛最外側車道，車速最慢不得低於高速公路最低速限。試將高速公路車速與車道的規定，整理成容易識別的表格，方便駕駛人參考。

---

#### 參考答案

假設該路段最高速限：時速 110KM、最低速限：時速 80KM，則其車速與車道的規定如下表：

| 車速 | 說明 |
|---|---|
| 車速 < 80 | 低於速限，請加速 |
| 80 ≦ 車速 < 100 | 慢速車，請行駛外側車道 |
| 100 < 車速 < 110 | 可行駛最內側以外車道 |
| 110 ≦ 車速 ≦ 120 | 可行駛所有車道 |
| 120 < 車速 | 已超速，請減速 |

試試看，是否有其他表達方式。

# 14-1 多重選擇條件式 (if-elif-else)

　　單一個 if 條件式只有一個程式區塊，條件成立就執行、不成立就略過，如果希望讓程式依據不同條件執行不同動作，就可以使用 if-else 或 if-elif-else 條件式，會比使用多個 if 條件式來得更簡潔，程式碼也更容易閱讀。

## ▶ if- else 語法

　　if-else 就像是口語的「如果……就……，否則就……」，可以讓 if 條件式多做一點事，除了指定條件成立時要執行的程式區塊，也可以在 else 後指定「條件不成立」時要執行的程式區塊。其語法如下：

> **if 條件式：**
>
> 　　**程式區塊 _A**　　　# 條件為 True 時要執行的程式
>
> **else：**　　　　　　　# 注意 else 最後也要加：(冒號)
>
> 　　**程式區塊 _B**　　　# 條件為 False 時要執行的程式

**程式 14.1** 判斷數字是奇數或偶數

```
Num=int(input("please pick a number："))
if Num%2==0:
   print("Even Number")
else:
   print("Odd Number")
```

　　此程式會請使用者先輸入一個整數，然後在 if 條件式中判斷這個數字是否可以被 2 整除，可以的話就印 "Even Number"(偶數)，否則就印 "Odd Number"(奇數)。在 if 條件式中，我們利用除 2 的餘數運算判斷奇偶數，其運算結果不是 0 就是 1，因此當 Num%2==0 條件式不成立時，餘數一定為

1，可以在 else 的程式區塊中，直接顯示數字為奇數，不用多此一舉判斷餘
數運算的結果是否為 1。

---

#### ✎ 觀念驗證 14.1

請將程式 14.1 改為判斷正負數 (Num > 0 或 Num < 0)，並試著執行看看，
若輸入 0 會發生什麼狀況？

---

### ▶ if-elif-else 語法

如果需要做更多的判斷，可以在 if-else 條件式中再加上 elif，if-elif-else
就像是口語的「如果……就 A，否則如果……就 B，否則就 C」：

```
if 條件 _x：          # 如果 x

    程式區塊 _A

elif 條件 _y：         # 否則如果 y

    程式區塊 _B

else：               # 否則

    程式區塊 _C
```

Python 直譯器會**依序確認** if-elif-else 中的條件是否成立，只要條件一成立
(True)，就執行該條件式的程式區塊，其他條件式就不再進行判斷了。

以下程式 14.2 為一個簡單的 **if-elif-else** 範例，我們先取得輸入的數字，
然後判斷如果該數字大於 0，則顯示為正數 (positive)；如果數字小於 0，則
顯示為負數 (negative)，若都不是上述情況，則顯示該數字為 0(zero)。這個
程式裡，只有其中一個情況會被執行。

**程式 14.2** 判斷數字為正負數或 0

```
num = int(input("Enter a number: "))
if num > 0:
    print("num is positive")
elif num < 0:
    print("num is negative")
else:
    print("num is zero")
```

✎ **觀念驗證 14.2**

執行程式 14.2，輸入不同的 num 值：-3，0，2，1，畫面會分別顯示什麼資訊呢？

✎ **觀念驗證 14.3**

將程式 14.2 畫成流程圖。

### ▶ 多個 elif 的情形

if-elif-else 條件式中的 elif 可以視需要加入更多個，讓 if-elif-else 可以進行更多的條件判斷，而最後的 else 可有可無，但只要有加的話，就一定要放最後。下圖 14.1 將有多個決策點的程式邏輯轉換成具體的流程圖，每一個決策點都是一個條件式 (conditional statements)，可組合成一組 if-elif-else 的程式區塊。

程式會依序確認每個決策點的條件判斷，結果為 True 時，就會執行該條件式的程式區塊，接著會**跳離整個 if-elif-else 條件式**，執行後續的敘述。

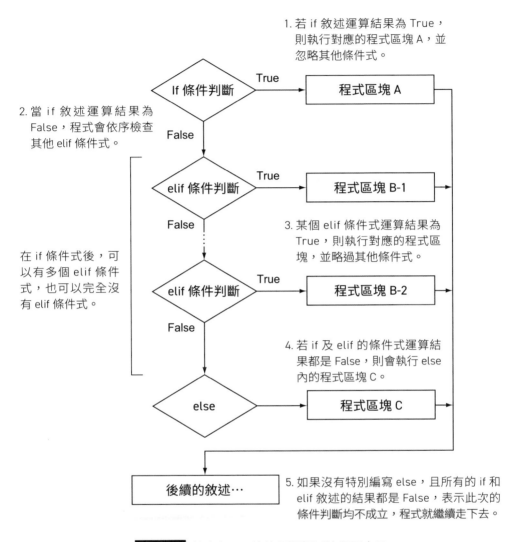

1. 若 if 敘述運算結果為 True，則執行對應的程式區塊 A，並忽略其他條件式。

2. 當 if 敘述運算結果為 False，程式會依序檢查其他 elif 條件式。

3. 某個 elif 條件式運算結果為 True，則執行對應的程式區塊，並略過其他條件式。

在 if 條件式後，可以有多個 elif 條件式，也可以完全沒有 elif 條件式。

4. 若 if 及 elif 的條件式運算結果都是 False，則會執行 else 內的程式區塊 C。

5. 如果沒有特別編寫 else，且所有的 if 和 elif 敘述的結果都是 False，表示此次的條件判斷均不成立，程式就繼續走下去。

**圖 14.1** 將多個 elif 的執行邏輯以流程圖表示

　　程式會依序確認條件式的判斷結果，只要一遇到條件式判斷結果為 True 時，就會執行該條件式的程式區塊，然後就跳離整個 if-elif-else 流程，不會再確認其他條件式。如果所有條件式判斷的結果都是 False，則會執行 else 敘述的程式區塊；如果沒有 else 敘述，程式不做任何事、繼續走下去。

---

✏️ **觀念驗證 14.4**

請確認下列程式碼

**if-elif-else 敘述**

```
if num < 6:
    print("num is less than 6")
elif num < 10:
    print("num is less than 10")
elif num > 3:
    print("num is greater than 3")
else:
    print("No relation found.")
print("Finished.")
```

**if 敘述**

```
if num < 6:
    print("num is less than 6")
if num < 10:
    print("num is less than 10")
if num > 3:
    print("num is greater than 3")
print("Finished.")
```

如果 num 的值如下，請確認兩種條件式架構的運算結果如何？

| num | if-elif-else | if |
|---|---|---|
| 20 | | |
| 9 | | |
| 5 | | |
| 0 | | |

---

# 14-2 巢狀 if-elif-else

在 13 章，我們知道 if 區塊內還可做更多的判斷，我們稱之為巢狀 if。同樣的，在 if-elif-else 的各分支當中，也可以加入巢狀的 if-elif-else。請注意，每層區塊要用更深的縮排，建議使用 4 的倍數來空格，例如空 8、12... 格，而且同一區塊的空格數要一樣。

**程式 14.3** 猜數字與正負數判斷

```
num_a = int(input("pick a number: "))
num_b = int(input("pick another number: "))
lucky_num = 7
```

續下頁 ⇨

```
if num_a == num_b:
    print("You enter the same number")
else:
    if num_a > 0 and num_b > 0:
        print("both numbers are positive")
    elif num_a < 0 and num_b < 0:
        print("both numbers are negative")
    else:
        print("numbers have opposite sign")

if num_a == lucky_num or num_b == lucky_num:
    print("you also guessed my lucky number!")
else:
    print("I have a secret number in mind...")
```

else 內部的
if-elif-else

巢狀條件
式，第 1
組 if-else
內有另一
組 if-elif-
else

第 2 組 if-else

　　程式執行會請使用者輸入兩個整數，若輸出的兩個數字相同，程式會顯示訊息 "You enter the same number"，直接跳離第一組 if-else 條件式，再去執行第二組 if-else 條件式。

　　若輸入不同數字，則會執行第一組 if-else 內的 else 區塊，該區塊內還有另一組 if-elif-else 條件式。程式依序確認內層各條件式，並執行第一個為 **True** 的程式區塊後，再執行第二組的 if-else 來確認有沒有猜中程式設定的幸運數字。

---

**①　像程式設計師一樣思考**

程式設計師要能寫出可讀性高的程式，讓其他人也能了解程式碼的意義，可使用**有意義的變數名稱**把一些較複雜的計算結果儲存下來，這樣會比直接把計算式寫在敘述裡要好很多。例如：if(x ** 2 - x + 1 == 0)or(x + y ** 3 + x ** 2 == 0)，會讓人難以理解，但如果是以下的表示法，則會是較好的編寫方式。

```
x_eq = x ** 2 - x + 1
xy_eq = x + y ** 3 + x ** 2
if x_eq == 0 or xy_eq == 0
```

我們可以試著把程式 14.3，轉換成下列流程圖 (圖 14.2)。

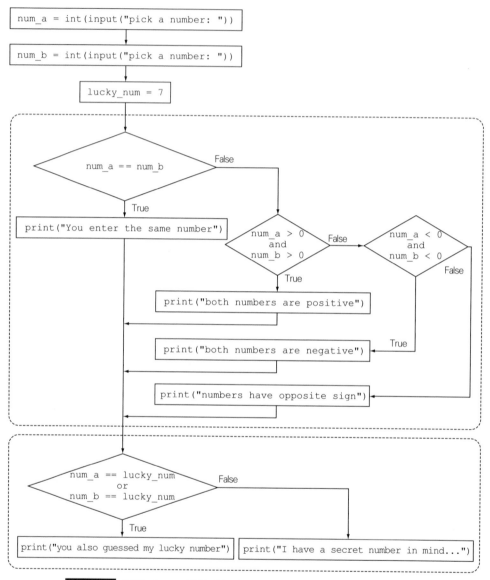

**圖 14.2** 將程式 14.3 轉換成流程圖，可清楚各條件式的階層關係

在同一組條件式裡，程式會執行第一個結果為 True 的條件式，但若**同階層**有多組條件式，則其執行與否互不影響。如圖 14.2，num_a == num_b 和

num_a == lucky_num or num_b == lucky_num 兩個條件式為同一階層，不論前者的結果為 True 或是 False，都不會影響後者是否執行，也就是 13-2 節介紹的串接條件式。

圖 14.2 的第一個階層有兩個主要的條件區塊，一個是確認輸入資訊，另一個是確認是否猜中幸運數字。

我們可以改寫程式 14.3，將第一個 if 條件式的 else 敘述轉換成串接的 elif 敘述，如下列的程式 14.4，執行結果會是相同的。

**程式 14.4** 改寫程式 14.3 轉換 else 為串接的 elif

```
num_a = int(input("pick a number: "))
num_b = int(input("pick another number: "))
lucky_num = 7
if num_a == num_b:
    print("You enter the same number")
elif num_a > 0 and num_b > 0:
    print("both numbers are positive")
elif num_a < 0 and num_b < 0:
    print("both numbers are negative")
else:
    print("numbers have opposite sign")
if num_a == lucky_num or num_b == lucky_num:
    print("you also guessed my lucky number!")
else:
    print("I have a secret number in mind...")
```

程式 14.3 的 else 區塊可轉換成串接的 elif 區塊，而非原來的巢狀結構

接著我們再利用 if-elif-else 條件式設計一個判斷使用者輸入英文或西班牙文的程式，我們會分別將英文和西班牙文問候語分別放入兩個 tuple 內，然後依據輸入的文字從 tuple 中判斷輸入的是英文還是西班牙文，接著依使用者所採用的語言，予以回應。請見以下程式 14.5：

**程式 14.5**　英文或西班牙文的判斷

```
greeting = input("Say hi in English or Spanish! ")
greet_en =("hi", "Hi", "hello", "Hello")
greet_sp =("hola", "Hola")
if greeting not in greet_en and greeting not in greet_sp:
    print("I don't understand your greeting.")
elif greeting in greet_en:
    num = int(input("Enter 1 or 2: "))
    print("You speak English!")
    if num == 1:
        print("one")
    elif num == 2:
        print("two")
elif greeting in greet_sp:
    num = int(input("Enter 1 or 2: "))
    print("You speak Spanish!")
    if num == 1:
        print("uno")
    elif num == 2:
        print("dos")
```

此為同一組 if-elif 的敘述

巢狀程式區塊中內含一組 if-elif

此巢狀程式區塊，包含另一組 if-elif

　　程式在第 1 個 if 會先確認輸入的字串是否在 greet_en 和 greet_sp 這兩個 tuple 內，若成立 (True)，則會進入 print ("I don't understand your greeting.") 程式區塊。若不成立 (False)，則進入其他同階層的兩個 elif，各自又包含了一組巢狀 if-elif 條件式。

　　程式執行時，只會進入下面三個分支 (if-elif-elif) 的其中一個：

● If 區塊：輸入內容不在 greet_en 和 greet_sp 這兩個 tuple 裡

● elif 區塊：輸入內容就在 greet_en 這個 tuple 裡，然後判斷再次輸入的是 1 還是 2。

● elif 區塊：輸入內容就在 greet_sp 這個 tuple 裡，然後判斷再次輸入的是 1 還是 2。

# 結語

本章重點：

- if-elif-else 表示 Python 會依序確認各條件式的結果，並執行第一個結果為 True 的程式區塊。
- 可以把複雜的程式畫成流程圖，這樣便可了解其中的邏輯判斷。

# 習題

**Q1** 編寫一個程式，輸入 2 個數字，程式會依據輸入資訊顯示出這 2 個數字間的關係，例如：

- 這 2 個數字相等
- 第 1 個數字小於第 2 個數字
- 第 1 個數字大於第 2 個數字

**Q2** 試著編寫一個程式，輸入一個字串，如果該字串包含所有的母音字母 (a, e, i, o, u)，則顯示 "You have all the vowels!" 如果字串的開頭為 a，且結尾為 z，則顯示 "And it's sort of alphabetical!"。

## Chapter

# 15

# CAPSTONE 整合專案：
# 文字冒險旅程

**學習重點**

➡ 設計遊戲的規則，
　並引導使用者輸入正確指令。

➡ 運用條件判斷式，建立不同的分支，
　創造不同的冒險旅程。

　　專案說明 (The problem)：在本專案裡，我們要利用文字輸入來玩冒險遊戲，發揮你的想像力，將天馬行空的情節融入程式中，讓本章的遊戲內容變得更加豐富有趣吧！

　　在遊戲一開始時，我們必須把遊戲規則和指令說明清楚，讓使用者先了解遊戲的玩法，一旦輸入非預期的值，則程式將會終止。

● **遊戲情境**：身處在 2D 世界荒島 (deserted island) 的你正等待救援 (rescue) 中……

● **遊戲規則**：遊戲可用的指令會以全大寫字母提示 (例如：LOOK)，輸入非可用的指令或是有小寫字母，則直接跳出遊戲！

# 15-1 建立不同的情境（分支）

遊戲流程大致如下：

- 引導使用者進入遊戲情境，並提示遊戲指令？（第 1 個指令為 "LOOK"）

- 若有多個指令要分別處理不同分支。

- 輸入指令後顯示對應的訊息；若有接下來的分支，應提示可輸入的指令，以此類推。

- 重覆上列步驟，依據輸入資訊，提示接下來可輸入的指令，直到完成遊戲。

在下列程式 15.1，我們先利用簡單的 print() 說明遊戲規則。

**程式 15.1** 輸入遊戲情境的相關資訊

```
print("You are on a deserted island in a 2D world.")
print("Try to survive until rescue arrives!")
print("Available commands are in CAPITAL letters.")
print("Any other command exits the program")
print("First LOOK around...")
```

遊戲規則定義：畫面上出現的**全大寫**關鍵字，就是遊戲的指令

先**看看**周圍，提示使用者輸入指令 "LOOK"

若有非預期的指令，則結束程式

程式 15.1 已經提示使用者輸入 "LOOK"，以下程式 15.2，我們會使用**巢狀條件式**開始建立遊戲流程的分支。在輸入 "LOOK" 後，會再提示輸入 "LEFT" 或 "RIGHT" 指令，不同的輸入，程式會顯示不同的訊息。

**遊戲情境**：被困在沙溝（sand ditch）裡的你只能選擇向左或向右，選擇向左爬出，終於看到了船，有機會獲救了（survived!）!! 選擇向右爬卻很濕滑（slippery），一不小心就會跌入怪異的洞穴中！

**程式 15.2** 只有兩個指令 (LEFT 和 RIGHT) 的冒險旅程

```
do = input(":: ")————————— 本遊戲程式會將使用者輸入的指令指派給變數 do
if do == "LOOK":————————— 使用者輸入 LOOK 後提示後續指令
    print("You are stuck in a sand ditch.")
    print("Crawl out LEFT or RIGHT.")
    do = input(":: ")
    if do == "LEFT":————————— 輸入 "LEFT" 指令的分支
        print("You make it out and see a ship!")
        print("You survived!")
    elif do == "RIGHT":————— 輸入 "RIGHT" 指令的分支
        print("No can do. That side is very slippery.")
    print("You fall very far into some weird cavern.")
    print("You do not survive :(")
else:————————————————— 若輸入提示以外的指令,提醒重新輸入
    print("You can only do actions shown in capital letters.")
    print("Try again!")
```

# 15-2 多層選項 (巢狀條件式)

要讓文字冒險遊戲更好玩,需要設計更多情境和橋段,只要能在程式中加入更多選項,一定會讓遊戲變得更有趣。依照 15-1 節我們已經知道如何處理指令,只要在程式裡加上更多巢狀條件式,建立更多分支流程,可以讓遊戲內容變得更豐富,例如:你可以在程式裡建立 20 條分支,但卻只有其中 1 條分支是可以闖關成功的。

圖 15.1 為一個程式流程圖,依據不同的輸入指令,進到不同的分支,直到最後產生最終的結果。

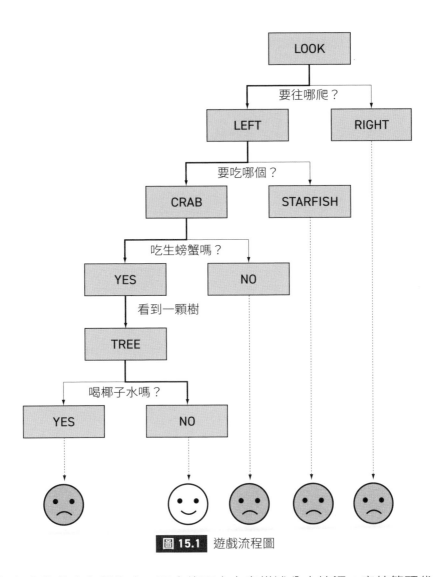

**圖 15.1** 遊戲流程圖

　　每個方塊代表各種指令，而方塊下方文字描述分支情況；實線箭頭代表不同的分支，而虛線箭頭代表其最終的結果是闖關成功（笑臉），或是闖關失敗（哭臉）。最終可以闖關成功的只有一條路徑。

　　我們將圖 15.1 的流程編寫成程式 15.3，唯有一關一關的輸入 "LOOK" → "LEFT" → "CRAB" → "YES" → "TREE" → "NO" 指令，最後才能闖關成功（笑臉），輸入其他指令結果都是失敗（哭臉）的。

**程式 15.3** 文字冒險遊戲程式範例

```
print("You are on a deserted island in a 2D world.")
print("Try to survive until rescue arrives!")
print("Available commands are in CAPITAL letters.")
print("Any other command exits the program")
print("First LOOK around...")
do = input(":: ")
if do == "LOOK":
    print("You are stuck in a sand ditch.")
    print("Crawl out LEFT or RIGHT.")
    do = input(":: ")
    if do == "LEFT":                         ── 要往哪爬？的 "LEFT" 分支
        print("You see a STARFISH and a CRAB on the sand.")
        print("And you're hungry! Which do you eat?")
        do = input(":: ")
        if do == "STARFISH":                 ── 要吃哪個？的 "STARFISH"(海星)分支
            print("Oh no! You immediately don't feel well.")
            print("You do not survive :(")
        elif do == "CRAB":                   ── 要吃哪個？的 "CRAB"(螃蟹)分支
            print("Raw crab should be fine, right? YES or NO.")
            do = input(":: ")
            if do == "YES":                  ── 吃生螃蟹嗎？的 "YES" 分支
                print("Ok, You eat it raw. Fingers crossed.")
                print("Food in your belly helps you see a
                    TREE.")
                do = input(":: ")        在此條件式下，
                if do == "TREE":         ── 只有 1 個 "TREE"(樹)分支
                    print("It's a coconut tree! And you're
                        thirsty!")
                    print("Do you drink the coconut water? YES
                        or NO.")
                    do = input(":: ")
                    if do == "YES":      ── 詢問要不要喝椰子水的 if-elif 分支
                        print("Oh boy. Coconut water and raw
```

續下頁 ⇨

```
                              crab don't mix.")
                print("You do not survive :(")
            elif do == "NO": ── 詢問要不要喝椰子水的 if-elif 分支
                print("Good choice.")
                print("Look! It's a rescue plane! You
                      made it! \o/")
        elif do == "NO": ──────── 吃生螃蟹嗎？的 "NO" 分支
            print("Well, there's nothing else left to eat.")
            print("You do not survive :(")
    elif do == "RIGHT": ──────── 程式開頭要往哪爬？的 "RIGHT" 分支
        print("No can do. That side is very slippery.")
        print("You fall very far into some weird cavern.")
        print("You do not survive :(")
else:
    print("You can only do actions shown in capital letters.")
    print("Try again!")
```

　　本程式由於分支較多看起來很複雜，不過只要對照圖 15.1，各分支的關係就一目了然，這也說明了先畫好流程圖的好處。你可參考本節的做法，自己設計出更有趣的文字冒險遊戲。

# 結語

本章重點：

- 在程式執行時需先定義清楚相關規則，並劃出流程圖。
- 藉由不同的條件判斷，可建立不同的分支流程來設計相關情境。
- 藉由許多不同分支的選擇，讓遊戲有多種不同的變化，最終將會有一個能闖關成功。

# 記事欄 MEMO

# UNIT

# 重複執行的作業

本書作者也在 MIT Open CourseWare 網站上開課，是目前最受歡迎的程式基礎課程之一，在閱讀本書之餘，建議同步觀看線上課程內容。你可掃描下方的 QRCode，或是在 ocw.mit.edu 網站搜尋課程編號 6.0001，即可找到課程連結。

MIT OpenCourseWare
線上課程連結

在此之前我們撰寫的程式都是由上到下執行，每行程式只會被執行一次，若需要執行二次或多次一樣的動作，就得手動加入重複的程式碼，十分麻煩且不易閱讀及維護。

本 Unit 我們就要學習如何撰寫 while 和 for 兩種不同結構的迴圈，來完成需要重複執行的作業。另外還可搭配之前介紹的 if 條件式，讓程式更靈活、更有彈性。

Chapter

# 16 while 迴圈：依條件重複執行

**學習重點**

➡ while 迴圈的語法

➡ 跳出迴圈的時機點

➡ 依據條件判斷,決定跳離或繼續執行迴圈

➡ 如何略過迴圈內某段程式碼的執行?

➡ 什麼情況會導致無窮迴圈?

　　當你在聽音樂時,聽到喜歡的歌曲可以設定同一首歌持續播放,而不用手動重新播放,除此之外也可以選擇讓整張專輯循環播放。

　　像這樣同一件事需要重複執行,就可以利用 while 迴圈 (loop) 來達成,搭配 Unit 4 剛學到的條件式,可以讓迴圈在滿足某個條件後停止執行,讓程式的撰寫更具彈性。本章就要介紹 while 迴圈的各種使用技巧。

---

### 💭 想一想 Consider this

以下是生活中常常需要重複動作的情境,請說明重複的動作為何,什麼條件下會停止動作,條件可能不只 1 項。

**Q1** 登入網站時輸入密碼。

**Q2** 聽音樂時開啟循環播放。

**Q3** 參加球隊訓練,跑操場鍛鍊體能。

**Q4** 上網搶購演唱會門票。

**Q5** 玩數字賓果遊戲。

續下頁 ⇨

---

**參考解答**

**A1** 一直重複輸入帳號和密碼進行登入，直到輸入正確密碼完成登入為止；
若密碼錯誤次數太多，帳號鎖住也會停止。

**A2** 一直聆聽音樂，直到按下停止鈕為止。

**A3** 一直繞著操場跑道跑步，直到達到教練要求的圈數或是教練說停止。

**A4** 一直按購買鍵、選擇場次，直到買到門票或最後門票賣完了才停止。

**A5** 一直消去填寫的數字，直到有人消去的數字連成 5 條水平、垂直或對角
線，遊戲才會結束。

# 16-1 重複執行一樣的動作

之前我們想要重複執行某行敘述 (statement)，唯一的方法就是重複撰寫
這行敘述，例如我們想執行 print("abc") 3 次，就要重複寫 3 行，讓 Python 依
序執行 3 次：

```
print("abc")
print("abc")
print("abc")
```

只有 3 次還可以這麼做，要是需要執行 30 次，就不適合用這種方式了。
在程式裡，我們可以透過迴圈來重複執行特定的動作，本章我們要介紹的是
while 迴圈。

## ▶ while 的語法

以下為 while 迴圈的基本語法。

**while 條件式：** ——— 每次迴圈的起始點，會檢查條件式來決定要繼續或結束迴圈
    **程式區塊** ——— 要重複執行的程式區塊

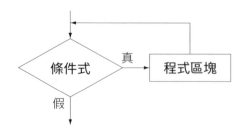

　　while 會先對條件式做判斷，如果條件為真，就執行接下來的程式區塊，然後再回到 while 做判斷，如此一直循環直到條件式不成立時，則結束迴圈，繼續往下執行其他敘述。接著我們就利用 while 迴圈，將本節一開始提到執行 3 次 print("abc") 的程式改寫成程式 16.1。

**程式 16.1** 指定訊息顯示的內容和次數

```
s = input(" 請輸入顯示內容 : ")
n = int(input(" 請輸入顯示次數 : "))
while n > 0:
    print(s)
    n = n-1
```

　　執行程式後，會先讓使用者輸入要顯示的內容和顯示的次數，執行到 while n > 0: 時，會先確認條件式是否成立，只要輸入的次數**不是負數或 0** 就會執行 while 迴圈裡的程式區塊。

　　迴圈裡會先執行 print(s)，然後將變數 n 的值減 1 後再重新指派給 n，每執行完一次迴圈裡的程式區塊，會再重新確認 while 的條件式是否成立，若結果為 True，則會繼續執行 while 迴圈裡的程式區塊，最後當 n 減到 n > 0 不成立時，條件式的判斷結果為 False，則跳離迴圈。

✎ **觀念驗證 16.1**

請修改程式 16.1，讓程式除了顯示字串外，也顯示 n 值的變化。

　　程式 16.1 的 while 迴圈會固定執行 n 次，其實 while 更常用在不定次數的迴圈。先前程式 14.3 我們曾經實作過猜幸運數字，每次使用者只能猜 1 次數字，若沒有猜中必須重新執行程式才能再試 1 次。程式 16.2 我們以 while 迴圈重新改寫程式，讓使用者可以一直輸入數字，直到猜中預設的幸運數字 (77) 為止：

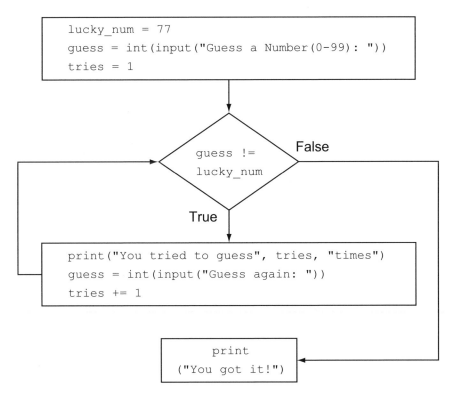

**圖 16.1** 猜數字遊戲的流程圖

**程式 16.2** 使用 while 迴圈實作猜數字遊戲

```
lucky_num = 77
guess = int(input("Guess a Number(0-99): "))
tries = 1
while guess != lucky_num:——————————————— 確認輸入的答案是否正確
    print("You tried to guess", tries, "times")
    guess = int(input("Guess again: "))————— 要求再輸入一次
    tries += 1
print("You got it!")———————————————————————— 答案正確，程式結束
```

　　while 的條件式會判斷輸入的數字是否和程式預設的幸運數字相符，如果相符，則會顯示 "You got it!" 並結束遊戲。若不相符，則會要求再猜一次，程式使用 tries 變數，記錄總共猜了幾次。

　　執行 while 迴圈裡的 3 行程式（即內縮的程式區塊）後，會再確認 while 迴圈的條件是否成立。如果答案仍是錯的，會持續執行迴圈內的程式區塊；若答案正確，表示 while 迴圈的條件式 guest != lucky_num 為 False（也就是猜中幸運數字），則程式會跳離迴圈執行 print("You got it")。

✎ **觀念驗證 16.2**

若將程式 16.2 while 迴圈中的 3 行程式改寫如下，請問是否會影響執行結果？

```
    tries += 1
    print("You tried to guess", tries, "times")
    guess = int(input("Guess again: "))
```

# 16-2 用 break、continue 進一步控制迴圈執行

while 迴圈只有當條件式為 False 時才會跳出迴圈，是否有其他方式可以控制迴圈的執行呢？在 Python 裡可以使用 break 與 continue 這兩個保留字來進一步控制迴圈，break 可用來跳出整個迴圈，而 continue 則可略過其後未執行的敘述，跳到 " 下一圈 " 的開頭。

## ▶ 提早跳離迴圈 (break)

當迴圈內部的程式執行到 break 時，就算 while 的條件式成立，Python 仍然會讓程式跳離整個迴圈。

以下程式 16.3 是猜單字遊戲，除了判斷使用者輸入的單字是否有猜中密語，在迴圈裡有額外的條件式，判斷是否已經猜了 100 次，若已猜了 100 次，則顯示 "You ran out of tries"，並使用 break 跳離迴圈。

**程式 16.3** 使用 break 跳離迴圈

```
secret = "code"
max_tries = 100
guess = input("Guess a word: ")
tries = 1
while guess != secret:
    print("You tried to guess", tries, "times")
    if tries == max_tries:
        print("You ran out of tries.")
        break
    guess = input("Guess again: ")
    tries += 1
if tries <= max_tries and guess == secret:
    print("You got it!")
```

當 tries 的值等於 max_tries 的值時，會跳離迴圈

如果跳離迴圈的原因是猜中單字，則會顯示 "You got it!"

你或許有注意到，在跳出迴圈後還有另一個 if 條件式，這是因為跳離迴圈的情況有兩種：猜中單字或是猜超過 100 次。若是猜中單字，我們希望顯示過關的訊息 "You got it!"，所以我們需要確認猜單字的次數不到 100 次，並且有猜中單字，程式才會顯示對應的訊息。

在迴圈裡使用 break 時要特別注意，假如是巢狀迴圈，若 break 的階層是屬於內層的迴圈，則當程式執行到 break 時，僅會跳出內層的迴圈，外層迴圈仍會繼續執行。

---

### ① 像程式設計師一樣思考

如果在程式裡很多地方，都會重複使用到某個特定的值，建議可以使用變數來儲存該值，以便後續維護和修改。以程式 16.3 為例，我們初始化一個 max_tries 變數，該變數的值表示最多可猜測單字幾次。若之後要修改可猜測的次數，我們只需修改 max_tries = 100 這行，例如：改成 max_tries=200，不必再花費時間檢查程式其他地方是否也需要作修正。

---

### ✎ 觀念驗證 16.3

修改程式 16.3，使用者可以不限次數猜單字，直到不想猜的時候，輸入 "EXIT" 可結束遊戲，若猜中單字則顯示 "You got it!"。

---

### ▶ 返回迴圈的開頭（continue）

在某些情況下，我們會需要跳過某次迴圈內的後面幾行敘述，這時可以使用 continue 保留字，跳回到迴圈的開頭。

程式 16.4 會印出 1 到 10 的整數，其中我們用 continue 來跳過 5 不印，最後再顯示 "END"：

---

**程式 16.4** 用 continue 跳過 5 不印

```
i = 1
while(i < 10):
    if i == 5:
        i += 1
        continue ——————  若 i == 5 會跳到迴圈開頭
    print(i, end=' ')
    i += 1
print("End")
```

print() 在輸出資料後預設會自動換行，我們可用參數 end=' ' 來將換行改成只輸出一個空格，因此每次輸出資料後只會加一空格而不會換行了。（這裡的「end= 值」為指名參數的用法，此用法我們留到 21-1 節再詳說明）

⬇ **執行結果**

```
1 2 3 4 6 7 8 9 End
```

---

✎ **觀念驗證 16.4**

上述程式的 while 迴圈中有兩行 i += 1 的敘述，若刪除了 if 條件式之後的 i += 1 敘述，會發生什麼事？

---

# 16-3 while-else 迴圈

while 也可以有 else，它跟 if 的 else 很像，就是當 while 條件不成立時，就會執行 else 的程式區塊，然後結束迴圈：

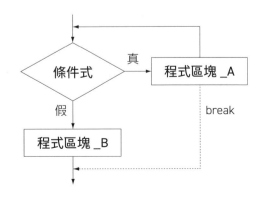

```
while 條件式：
    程式區塊 _A
else：
    程式區塊 _B
```

要特別注意的是，在 while 程式區塊中如果用 break 跳出迴圈，則不會執行 else 區塊 (因為已經直接跳出整個 while-else 區塊)。

程式 16.5 會要求使用者輸入通關密語，迴圈中設定的密語是 "喵喵"，使用者若不知密語，也可輸入 "out" 放棄通關，只有正常結束時才顯示成功訊息：

| 程式 16.5 | 要求輸入通關密語 |
|---|---|

```
s = ""  ──────────── 將 s 初始化為空字串
while s != " 喵喵 ":
    if s != "":  ──────────── 輸入的內容不對要顯示提示訊息 (若為
        print(" 不對喔！")              空字串表示尚未輸入密語，則不顯示)
    s = input(" 請輸入通關密語：")
    if s == "out":
        break  ──────────── 輸入 "out" 則用 break 跳出迴圈
else:
    print(" 恭喜你過關了 ")
print(" 再見！")  ──────────── 正常結束時才顯示成功訊息
```

# 16-4 無窮迴圈

在程式 16.3 裡，我們在迴圈中讓使用者重新猜測單字，並指派給變數 guess，這樣每次迴圈執行時，變數 guess 的值會一直改變，才有可能跳出迴圈。若 guess 的值固定不變，則 guess != secret 的結果就不會改變，迴圈就會一直持續下去，永遠不會停止。

這種永遠無法結束的迴圈稱為**無窮迴圈**，若程式中出現無窮迴圈，程式將不會終止。例如下列程式一執行，就會一直重複顯示訊息不會停止：

```
while True:
    print("when will it end?!")
```

　　剛開始寫程式，容易因為條件式沒控制好導致發生無窮迴圈，這時你可以使用下列 3 種方式之一先停止程式，再回頭修正錯誤。

1. 按下主控台上方的紅色按鈕。

2. 先用滑鼠點選主控台畫面後，按下 `Ctrl` + `C` 鍵。

3. 點選紅色按鈕旁的齒輪，選擇 **Restart kernel**。

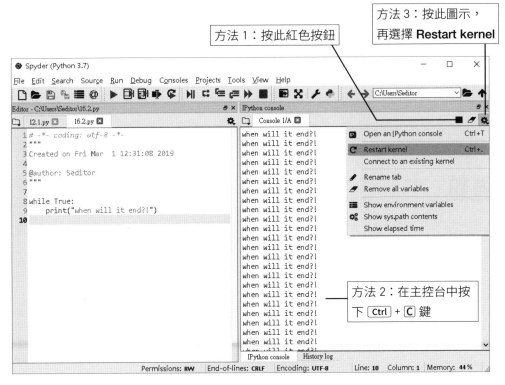

**圖 16.2** 強制停止程式的方法

# 結語

本章重點：

- while 迴圈會先確認條件式是否成立，才決定是否繼續執行所屬的程式區塊。

- break 可用來強制跳離整體迴圈，continue 會跳過當次迴圈後面的程式區塊，直接返回下一次迴圈的開頭。

- while…else… 迴圈會在 while 的條件式不成立時，執行 else 的程式區塊，但若是使用 break 跳離迴圈，則連 else 的部份也不會執行。

- 在設計 while 迴圈的條件式時，要注意迴圈是否有結束或跳離的可能（條件式有不成立的時候），否則會導致無窮迴圈，造成程式持續執行。

# 習題

**Q1** 試著執行下列程式，你會發現它是一個無窮迴圈，請猜測該程式碼想要達成的目標是什麼？並修改該程式為可正確執行的程式。

```
num = 8
guess = int(input("Guess my number: "))
while guess != num:
    guess = input("Guess again: ")
print("Right!")
```

**Q2** 試著寫一個程式：在執行時會先詢問是否要玩猜數字的遊戲？若輸入 y 或是 yes，則開始遊戲。程式中預先設定好 1 個 1~10 的數字做為謎底，然後每次執行讓使用者任意挑選一個數字，並持續詢問，直到猜中數字為止。如果猜中數字，則程式會顯示恭喜的訊息，然後再次詢問是否要繼續此遊戲，若輸入 y 或 yes，則程式會重複上述動作，若輸入其他字元，則結束程式。

# Chapter

# 17 計次執行的 for 迴圈

## 學習重點

➡ 實作 for 迴圈

➡ 控制迴圈的執行次數

➡ 自訂 range() 函式產生的數列範圍

➡ 在 for 迴圈中使用 break、continue、else

迴圈是用來解決重複性的執行動作，而有些重複性作業事先就可以預期要執行的次數，例如：列印文件或報告，我們會先準備好一份原稿，然後依據需求設定份數，按下列印鍵，印表機就會一次次印出一模一樣的文件，直到印好你要的份數就停止。

for 迴圈很適合用在這類已經知道執行次數的場合，除此之外，也能用來將字串、tuple 等容器的元素一一讀取出來。本章我們先說明如何控制 for 迴圈的執行次數，下一章再介紹用 for 迴圈走訪容器的元素。

> ### 💡 想一想 Consider this
>
> 根據以下描述情境，試回答重複執行的次數是可以預期還是無法預期的？
>
> **Q1** 幫全班同學每人拍攝 1 張畢業紀念照。
>
> **Q2** 一片接一片，把整包洋芋片都吃完。
>
> **Q3** 連續擲骰子，擲出的總點數相加超過 20 點。
>
> **Q4** 在 20 公尺跑道折返跑，總共跑 400 公尺。
>
> **Q5** 自行車繞圈競逐賽，限時 30 分鐘。

續下頁 ⇨

**參考解答**

**A1** 可以，全班有幾位同學就拍攝幾次。

**A2** 可以，一包洋芋片有幾片就吃幾次。

**A3** 不可以，每次擲出的點數不同，無法得知要擲幾次。

**A4** 可以，不過去程和回程算 1 趟，總共跑 400 公尺相當於折返跑 10 次。

**A5** 不可以，多輛自行車同時競逐、無法預期車速，所以不知道會繞幾圈。

# 17-1 指定迴圈執行次數

在寫程式時，常會遇到需要重複執行的動作，如果知道要重複的次數，那麼使用 for 迴圈是最方便的。

for 是 Python 的保留字，若要控制迴圈執行次數，可以搭配 range() 函式來使用，基本語法如下：

---

**for 變數 in range(N):**
    **程式區塊**

---

其中 N 是一個整數，range(N) 可以讓 for 迴圈中的程式區塊執行 N 次，程式 17.1 我們要印出 "Hello Python"，然後用 for 迴圈連續印 10 次：

**程式 17.1** 用 for 迴圈連續印出 10 次

| 使用 **for** 迴圈 | 不使用迴圈 |
|---|---|
| ```for i in range(10):    print("Hello Python")``` | ```print("Hello Python")print("Hello Python")print("Hello Python")print("Hello Python")print("Hello Python")``` |

續下頁 ⇨

```
                                        print("Hello Python")
                                        print("Hello Python")
                                        print("Hello Python")
                                        print("Hello Python")
                                        print("Hello Python")
```

　　程式執行後畫面上就會連續印出 10 行的 "Hello Python"，若不用迴圈，print("Hello Python") 這行敘述就必須重複 key 10 次才行（如程式 17.1 右邊），兩相比較改用 for 迴圈的程式碼就簡潔多了，可讀性也高。

　　雖然我們讓 for 迴圈內的 print() 敘述重複執行 10 次，但其實我們並不是直接指定執行次數，而是透過 range() 函式產生一連串的整數，以 range(10) 為例，會從 0 開始，依序產生 0、1、2、…到 9 等 10 個整數（注意！不包括 10），**Python 直譯器是依據 range(10) 所產生的整數個數，讓 for 迴圈執行 10 次。**

　　range() 函式所產生的這串整數稱為數列（sequence of numbers），每次迴圈執行時，會將數列中的整數指派給迴圈變數，接著執行 for 迴圈內的程式區塊，執行完再指派數列中下一個整數，直到數列的整數都指派完成，for 迴圈便會停止。程式 17.2 我們將 range() 函式所產生的整數一一印出來，你就清楚了！

**程式 17.2**　使用 for 迴圈依序顯示數列元素

```
for v in range(3): ─────────────── v 為迴圈變數，迴圈每次執行時會依
    print("var v is", v) ── 顯示 v 的值　序取得 range(3) 產生的整數儲存於 v
```

　　程式執行後，會依序將 range() 函式所產生的整數指派給迴圈變數 v，接著執行 for 迴圈內的程式區塊，將變數 v 的值印出來。因為 range(3) 會產生 3 個整數，所以迴圈會執行 3 次，最後印出 0、1、2。

---

### ⚠ 像程式設計師一樣思考

也許你會問：為何不直接控制 for 迴圈的次數，這樣不是比較簡單嗎？其實在撰寫程式時，程式設計師常常無法明確知道迴圈要執行的次數，透過讀取數列或容器中的元素來控制執行次數，等同是讓程式自己算要執行幾次，反而讓 for 迴圈的使用更具彈性。

就像學校老師要學生繳交作業，只要跟班代說：幫我將**全班**的作業都收回來即可，班代就會一一跟每位同學收作業，而不用先問：班上有多少人？再說：幫我將 XX 份的作業都收回來。而且不管老師在任何班級，「將全班作業收回來」這句話都同樣適用。在第 18 章用 for 迴圈走訪容器時，你就更能體驗到它的方便之處。

---

### ✎ 觀念驗證 17.1

下列程式碼會產生哪些整數？

1. range(1)
2. range(5)
3. range(100)

---

# 17-2 指定 range() 函式產生的數列範圍

前一節使用 range() 函式所產生的數列都是從 0 開始的整數數列，那是因為我們省略了起始值和間隔值參數。range() 函式的完整參數如下：

```
range(起始值,終止值,間隔值)
```

● **起始值**：即 range() 產生序列的第一個整數，若省略則代表起始值為 0。

- **終止值**：即 range() 產生的整數要小於此值，意即數列的最後一個元素必須要在終止值之前停止，此參數不可以省略。
- **間隔值**：即 range() 產生數列時，每個整數遞增的數值，若為負數則為遞減值，產生的數列是由大到小。省略此參數則表示間隔值為 1。

　　range() 函式的規則和字串的索引值十分類似，只要比較一下應該就理解了。range() 函式可以省略部分參數，只輸入 1 個或 2 個參數所代表的意義如下：

- 若 range() 的括號內只有 1 個參數，則此數代表為終止值，而起始值預設為 0，間隔值預設為 1。

**TIP** | 所以前一節我們使用 range(N) 來控制迴圈執行次數，實際上等同是 range(0, N, 1)，會產生 0～N-1 的數列。

- 若 range() 的括號內有 2 個參數，則分別表示為起始值與終止值，間隔值預設為 1。

　　程式 17.3 分別是 10～1 及 0～9 偶數，兩個不同數列範圍的 for 迴圈：

**程式 17.3** 不同數列範圍的 for 迴圈

```
for i in range(10, 1, -1):————— 間隔值為負數，起始值要大於終止值，
    print(i, end=" ")            產生 10～1 由大到小的數列
print()
for i in range(0, 9, 2):—產生 0～9
    print(i, end=" ")       的偶數數列
```

間隔值為負數，起始值要大於終止值，產生 10～1 由大到小的數列

參數 end=" " 可將 print() 最後的換行改成只輸出一個空格（「end= 值」為指名參數的用法，此用法我們留到 21-1 節再詳說明）

### ✎ 觀念驗證 17.2

請使用 for 迴圈，將下列 range() 函式所產生的數列依序顯示出來。

1. range(0, 9)
2. range(3, 8)
3. range(-2, 3, 2)
4. range(5, -5, -3)
5. range(4, 1, 2)

# 17-3 多層 for 迴圈

迴圈中當然還可以有迴圈，其實不管是 if、while、或 for 的程式區塊，都可以再包含下一層的 if、while、或 for，而且層數並無限制。多層的 for 迴圈可以搭配 range() 做多層的數值運算，例如程式 17.4 就是用雙層的 for 迴圈來顯示九九乘法表：

**程式 17.4** 簡易九九乘法表

```
for i in range(1, 10):            外層和內層迴圈都是由 1 到 9 的數列，
    for j in range(1, 10):        會分別指派給迴圈變數 i 和 j
        print(j, "x", i, "=", j*i, end='  ')
    print()
```

當外層 i 為 1 時，內層 j 會由 1 跑到 9，然後外層 i 變成 2，內層 j 再由 1 跑到 9... 以此類推。內層迴圈每跑完 9 次之後，會顯示出九九乘法表的一橫列，接著執行 print() 來換行，然後再回到外層迴圈的開頭，繼續輸出下一橫列的乘法表。

---

✎ **觀念驗證 17.3**

請使用雙層 for 迴圈，讓使用者輸入計時的分鐘數，然後在畫面上模擬倒數計時的分鐘數和秒數 (只需顯示數字，不用考慮實際時間)。

**提示**：外層迴圈處理分鐘數，內層迴圈處理秒數。

---

# 17-4 使用 break、continue 與 for-else

for 和 while 一樣，也可使用 break 來跳出迴圈，或是用 continue 來跳到下一迴圈的開頭。例如底下程式會印出 1~10 但跳過 5：

**程式 17.5** 連續印出 1～10 但跳過 5 不印

```
for i in range(1, 20):
    if i == 5:                        ——— 若 i==5 就略過不印
        continue
    print(i, end=" ")
    if i == 10:                       ——— 若 i==10 就跳出迴圈
        break
print("END")
```

for 也可以搭配 else，當 for 迴圈正常結束後，會接著執行 else 區塊；若是在 for 的程式區塊中用 break 跳出迴圈則不執行 else 後的程式區塊。

```
for 變數 in range(…):
    程式區塊 _A
else:
    程式區塊 _B
```

程式 17.6 可以依照使用者輸入的數字，找出 0 到該數字間的所有質數，我們用雙層 for 迴圈搭配 break 和 else 來尋找質數：

**程式 17.6** 找出指定範圍內的所有質數

```
num = int(input("Please specify the range(0~N): "))
for i in range(2, num+1):             ——— 尋找 2 到指定數字間的數字是否為質數
    for j in range(2, i):            ——— 測試 2 和 i-1 之間是否有數字可以整除
        if(i%j == 0):                ——— 若可以整除就不是質數，跳出內層迴圈，
            break                         不執行 else 的程式區塊
    else:                            ——— 都不可以整除表示是質數，這時會結束內
        print(i)                          層迴圈，然後印出數字
```

質數只能被 1 和自己整除，使用者輸入指定的數字後，我們使用外層迴圈從 2 開始尋找質數 (最小的質數為 2)，內層迴圈測試外層的數字 i 是否會被 2 到 i-1 之間的整數整除，只要一整除就代表不是質數，用 break 跳出內層迴圈，否則表示該數字為質數，結束內層迴圈執行 else 的程式區塊將數字印出來。

## 結語

本章介紹 for 迴圈的基本語法，搭配 range() 函式指定迴圈執行次數，並學習雙層 for 迴圈以及 break、continue、else 的使用方法。本章重點：

● for 迴圈適合用於可預期執行次數的迴圈。
● range(N) 可產生從 0 到 N-1 (不包含 N) 的整數數列，可搭配 for 迴圈使用，控制迴圈執行次數。
● range() 函式也可以自訂傳回的數列範圍，並指定整數間的遞增值，若為負數則會產生遞減的數列。
● for 也可使用 break 來跳出迴圈，或用 continue 來跳到下一迴圈的開頭，或者搭配 else，在迴圈正常結束後執行另一個程式區塊。

## 習題

**Q1** 將 1 到 100 間，所有 3 的倍數印出來，並在最後顯示總共有幾個數字。

**Q2** 請寫一個可以產生任意層數三角形的程式。

```
      *
     * * *
    * * * * *
   * * * * * * *
  * * * * * * * * *
 * * * * * * * * * * *
```

Chapter

# 18 用 for 迴圈<br>走訪容器中的元素

---

**學習重點**

➡ 用 for 迴圈走訪字串中的字元　　➡ 在 for 迴圈中用多變數來走訪二層的 tuple

➡ 用 for 迴圈走訪 tuple 中的元素　　➡ 了解 for 迴圈與 while 迴圈的差異

---

　　我們可以用 for 迴圈來**走訪**各種**容器**，上一章是用它來走訪由 range() 產生的數列 (整數序列) 容器，本章則要繼續走訪其他容器，包括字串及 tuple。

　　所謂**容器**，就是指「內部還可以存放物件的物件」，就跟日常生活中容器的概念一樣，因此數列、字串、tuple、以及後面章節會介紹的串列、字典等都是容器。而所謂**走訪**，則是將容器中的元素一一取出來做處理，其語法及流程圖如下：

```
for 變數 in 容器
    程式區塊
```

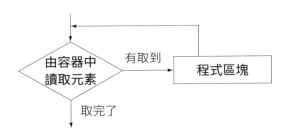

以上一章介紹的 range() 為例,「for i in range(3):」就是走訪 range(3) 所傳回的 (0, 1, 2) 數列容器,因此一共會跑 3 次,每次會由容器中依序取出一個元素,並指派給迴圈變數 i 以供迴圈中的程式使用。所以在第 0、1、2 圈中,i 的值分別為 0、1、2。

---

### 💡 想一想 Consider this

學校將舉辦兩天的迎新活動,新生可以自由選擇要出席哪一天的活動,或兩天都出席。你負責製作邀請卡以提醒每位新生準時出席,想一想要怎麼進行這項工作,其中有哪些工作是屬於重複性的作業。

**參考答案**

1. 先整理好報名的名單,要包含參加者的姓名與出席日期。
2. 製作邀請卡的範本,將參加者的姓名和出席日期留空。
3. 依照報名的人數,印製相同份數的邀請卡。
4. 依照名單,在每份邀請卡中填上每個新生的姓名和出席日期。

上述步驟 3、4 都是屬於重複性的作業,其中步驟 3 是依照固定次數 (報名人數) 來重複相同的作業,步驟 4 則是依照名單來將每一個報名者的姓名和出席日期填到邀請卡中。

---

# 18-1 走訪字串裡的字元

字串是由字元所組成,例如 "abc" 是由 a、b、c 這 3 個字元依序組成,若我們使用 for 迴圈走訪這個字串,則第一次執行時,迴圈變數的值為 a,第二次值為 b,第三次值為 c。迴圈執行的次數即為字串的長度,也就是容器 (字串) 中元素 (字元) 的數量。程式 18.1 用 for 迴圈走訪 "Python is fun!" 中的每一個字元:

**程式 18.1** 使用 for 迴圈走訪字串中的字元

```
for ch in "Python is fun!":  ───────── ch 為迴圈變數
    print("the character is", ch) ───────── 顯示 ch 的值
```

在程式 18.1 中，ch 是迴圈變數 (其命名規則就和一般變數相同)，要走訪的字串 "Python is fun!" 長度是 14(空格及標點符號都算是字元)，因此迴圈會執行 14 次，依序從字串讀取字元並儲存至 ch 變數，再使用 print() 顯示該字元的值。執行結果如下：

```
the character is P
the character is y
the character is t
the character is h
the character is o
the character is n
the character is
the character is i
the character is s
the character is
the character is f
the character is u
the character is n
the character is !
```

### ✎ 觀念驗證 18.1

請寫一支程式讓使用者輸入任意字串，然後用 for 迴圈走訪字串中的字元，當字元為母音 (a, e, i, o, u) 時就將字元顯示出來。

程式 18.1 是用 for 迴圈走訪字串內的每個字元，但其實也可以改用走訪**字串索引值**的方式來讀取字串內的每個字元，由於字串的索引值是從 0 開始，而最後一個字元的索引值是字串長度減 1，因此我們可以改用 for 迴圈走訪一個由 0 到字串長度減 1 的數列，然後在迴圈中用索引來讀取字串中的字元，如程式 18.2 所示。

程式 18.2 首先初始化一個字串變數，然後用 len() 函式取得該字串的長度，接著再用 range() 產生一個由 0 開始的數列，來代表每個字元在字串中的索引值。由於字串的長度為 14，所以 range(len_s) 所產生的數列為 0、1、2…、13。在走訪這個數列時，每次會依據走訪到的數值作為索引來讀取字元，例如第 0 圈會走訪到 0，因此會讀到索引為 0 的字元，其值為 P。

| 程式 18.2 | 使用 for 迴圈走訪字串的索引值 |

```
my_string = "Python is fun!" ─────────────── 將字串儲存於變數中
len_s = len(my_string)─────────────── 取得字串的長度
for i in range(len_s):─────────────── 走訪 0 到 len_s-1 的數列
    print("the character is", my_string[i])── 用索引值讀取字串中的字元
```

雖然程式 18.2 的執行結果與程式 18.1 完全相同，但這個方顯然法比較麻煩而且也不夠直覺。

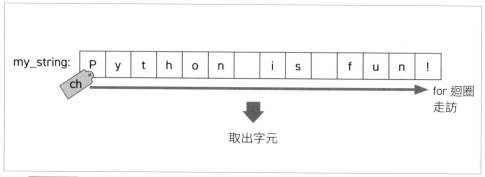

| 圖 18.1 | 程式 18.1 在每次迴圈執行時，都會將走訪到的字元指派給迴圈變數。

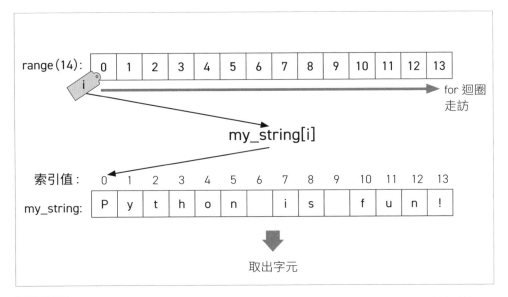

**圖 18.2** 程式 18.2 在每次迴圈執行時，將走訪到的整數指派給迴圈變數，然後將迴圈變數的直當作索引，到字串中讀取對應的字元。

    圖 18.1 為程式 18.1 的走訪過程，圖 18.2 為程式 18.2 的走訪過程。由圖 18.1 可知，當你走訪字串時，每次迴圈變數的值即為由字串中依序取出的字元。而圖 18.2 則是走訪一個由 0 到字串的長度減 1 的數列，因此每次迴圈變數的值為一個代表索引值的整數，然後迴圈中再用此索引值由字串中取出對應的字元。

---

### ① 像程式設計師一樣思考

能寫出很多行或很複雜的程式，並不代表你是很好的程式設計師。Python 最大的特色就是語法簡潔而且可讀性高，因此當你在寫程式時，別忘了這個初衷。

若你發現程式的邏輯不夠直覺，或是必須用較複雜的邏輯來完成某件事時，可以先用紙筆寫出你的想法和步驟，思考是不是有其他更好的方法，或是上網搜尋一下是否有更簡潔的方式來達到你的目的。

# 18-2 走訪 tuple 裡的元素

tuple 也是容器，自然也可以用 for 迴圈來走訪。例如在程式 18.3 中，會先初始化一個 tuple 來儲存由頭獎到三獎的得獎人姓名，然後再用 for 迴圈將得獎人姓名依序顯示出來：

---

**程式 18.3** 使用 for 迴圈走訪 tuple

```
winners =("Peter", "Mark", "Joy") ─────── 初始化得獎人姓名 tuple
print(" 恭喜以下得獎人：")
for name in winners: ─────── name 為迴圈變數，用來走訪每一個得獎人姓名
     print(name) ─────── 顯示得獎人姓名
```

⬇ **執行結果**

```
恭喜以下得獎人：
Peter
Mark
Joy
```

---

以上程式只會顯示出得獎人姓名，如果想連得獎名稱 (頭獎、二獎、三獎) 也一起顯示，那麼可以改用前面程式 18.2「走訪索引值」的方式來處理，如程式 18.4 所示：

---

**程式 18.4** 使用 for 迴圈走訪 tuple 的索引值

```
prizes =(" 頭獎 ", " 二獎 ", " 三獎 ") ─────── 初始化得獎名稱 tuple
winners =("Peter", "Mark", "Joy") ─────── 初始化得獎人姓名 tuple
print(" 恭喜以下得獎人：")
for i in range(3): ─────── 用 i 走訪由 0 到 2 的索引值
    print(prizes[i]+ "：" + winners[i]) ─── 依索引值顯示得獎名稱與姓名
```

⬇ **執行結果**

```
恭喜以下得獎人：
頭獎：Peter
二獎：Mark
三獎：Joy
```

以上程式可以正常運作，也不難理解，但如果想要更簡單直覺一點，則可將得獎名稱和得獎人姓名都放在同一個 tuple 中，成為二層的 tuple：

外層的 tuple 中包含 3 個子 tuple

```
winners =(("頭獎", "Peter"),("二獎", "Mark"),("三獎", "Joy"))
```

每個子 tuple 中都包含 2 個字串

這樣一來，就可以直接用 for 迴圈走訪這個 tuple 中的元素，而不用再透過索引了，如程式 18.5 所示：

初始化包含得獎名稱和得獎人姓名的 tuple

**程式 18.5** 使用 for 迴圈走訪二層的 tuple

```
winners =(("頭獎", "Peter"),("二獎", "Mark"),("三獎", "Joy"))
print("恭喜以下得獎人：")
for e in winners:                  ─── e 為迴圈變數，每次可以取得一個子 tuple
    print(e[0]+ "："+ e[1])        ─── 顯示子 tuple 中索引 0、1 的元素值
```

以上程式的執行結果就和程式 18.4 一樣，但程式碼更為簡單直覺。此程式是走訪二層的 tuple，所以每次會依序由 tuple 中取出一個子 tuple，並指派給迴圈變數 e，而 e 的第 0 個 (索引 0) 元素為得獎名稱，第 1 個元素為得獎人姓名。

> ✎ **觀念驗證 18.2**
>
> 有時候我們會將姓和名分開儲存，例如 ("張", "天才")，以方便未來應用於只需要姓或名的場合。請用此儲存格式，依序將 "張天才"、"王子帥"、"陳美美" 儲存到二層的 tuple 中，並用 for 迴圈依序將他們的全名顯示出來。

# 18-3 用多變數走訪二層的 tuple

前面程式 18.5 在走訪二層的 tuple 時，每次會將走訪到的子 tuple 指派給迴圈變數 e，然後再用 e[0]、e[1] 來依索引取值。這個方法有一點美中不足，就是 e[0]、e[1] 仍然不夠直覺，因為無法直接由 e[0]、e[1] 看出其意義，未來若子 tuple 中有 10 個元素，那麼要記住每個元素 (e[0]、e[1]、…、e[9]) 的意義恐怕很難，也很容易弄錯索引值而造成程式的 bug。

其實「for **迴圈變數** in 容器」的運作，就是每次從容器中取出一個元素並指派給**迴圈變數**，而在走訪二層的 tuple 時，由於每次是取出一個子 tuple，其中又包含多個元素，因此我們也可以用多個**迴圈變數**來一一承接子 tuple 中的元素，此方法就稱為**多變數走訪**，例如：

```
for(a, b)in((1, 2),(3, 4)):   ← 用多變數 a, b 來走訪二層的 tuple
    print(a, b)
```

那麼在執行第一次迴圈時，會由 tuple 中取出 (1, 2) 並指派給 (a, b)，此時就等同於將 1、2 分別指派給迴圈變數 a、b：

```
for(a, b)in((1, 2),(3, 4)):
    print(a, b)   ← 會顯示：1 2
```

而在執行下一次迴圈時，則會將 3、4 分別指派給迴圈變數 a、b：

```
for(a, b)in((1, 2),(3, 4)):
    print(a, b)   ← 會顯示：3 4
```

以上多變數走訪的 (a, b) 也可以省略小括號，而寫成 a, b，例如：

```
for a, b in((1, 2),(3, 4)):
    print(a, b)
```

底下的程式 18.6 將程式 18.5 修改為多變數走訪的寫法：

**程式 18.6** 用多變數走訪二層的 tuple

```
winners =(("頭獎", "Peter"),("二獎", "Mark"),("三獎", "Joy"))
print("恭喜以下獎人：")
for prize, winner in winners: ──────── 用 2 個變數來走訪二層的 tuple
    print(prize+ "：" + winner) ──────── 顯示 2 個迴圈變數的值
```

　　上面程式是用 prize 及 winner 來取代 e[0] 和 e[1]，除了讓程式變得更容易閱讀之外，同時也大幅降低了因弄錯索引值而出錯的機會。

---

### ⓘ 像程式設計師一樣思考

讓程式「簡潔易懂」是許多程式設計師追求的至高境界，也是 Python 的重要理念之一。而 Python 的 **多變數指派** 就具備了這樣的特色：只要「變數的數量和結構」與「要指派資料的數量和結構」相同，就可以同時指派多個變數，例如：

```
a, b = 1, 2 ──────── 將 1 指派給 a、2 指派給 b
a, b = b, a ──────── 將 a、b 互換資料
x,(y, z)= 1,(2, 3) ──────── 將 1、2、3 指派給 x、y、z
```

而 for 迴圈的多變數走訪，其實也是一樣的概念，例如前面的 for a, b in((1, 2),(3,4)):，在第一圈會將 (1, 2) 指派給 a, b，第二圈則將 (3, 4) 指派給 a, b。

---

**TIP** | 最外面的小括號可有可無，例如 a, b = 1, 2 也可寫成 (a, b)= (1, 2)、(a, b)= 1, 2、或 a, b =(1, 2)。其實，多變數走訪 for 迴圈就是一種資料解包 (unpacking) 的過程，所以只要變數的結構和走訪的資料結構相同就可以了。

---

✎ **觀念驗證 18.3**

底下的 tuple 中儲存了 3 位學生的學號及 (姓 , 名)：

```
        學號      (姓 , 名)
         |      |       |
students=((22,('張', '天才')),(23,('王', '子帥')),(24,('陳', '美美')))
```

請寫一程式用多變數 (id,(lastname, firstname)) 來走訪這個三層 tuple，並顯示底下的結果：

22 號 – 張天才
23 號 – 王子帥
24 號 – 陳美美

---

# 18-4 for 迴圈 vs while 迴圈

在第 16 章介紹的 while 迴圈，是以「**條件判斷**」來決定要繼續或結束迴圈，由於這是最基本的迴圈運作機制，因此能夠通用於各種需要迴圈的場合。

for 迴圈則是專門用來「**走訪容器**」，例如走訪數列、字串、tuple、… 等。另外我們也經常會用 for 來走訪由 range() 產生的特定數列，例如走訪 0~9 的數列、或 2~8 的偶數數列等，以執行特定次數的迴圈。

事實上，所有的 for 迴圈都可以改寫成 while 迴圈，例如底下的程式 18.7，左邊為 for 迴圈的寫法，而右邊為 while 迴圈的寫法。

使用 while 迴圈時，必須先初始化 while 條件判斷所需的變數，並在 while 的程式區塊裡自行控制及修改變數的值。若是使用 for 迴圈，Python 會自動幫我們建立迴圈變數，每次迴圈執行時，也會自動修改迴圈變數的值。所以相較於 while 迴圈，for 迴圈的寫法會比較簡潔。

**程式 18.7** for 迴圈 vs. while 迴圈

**for 迴圈**

```
for x in range(3):  ── 迴圈的起始點
    print("var x is", x)
```

**while 迴圈**

```
x = 0  ─────────── 初始化迴圈變數
while x < 3:
    print("var x is", x)
    x += 1 ───────┐
        自行控制並修改迴圈變數
```

圖 18.2 為程式 18.7 的流程圖：

**A. for 迴圈程式**

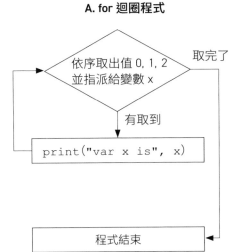

**B. while 迴圈程式**

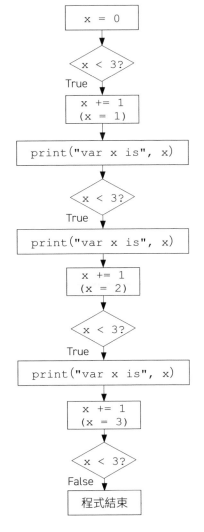

**圖 18.2** A 流程圖為使用 for 迴圈顯示迴圈變數的值，B 流程圖為使用 while 迴圈的情況。使用 while 迴圈時，必須自行初始化並控制迴圈變數的值，另外還必須撰寫條件判斷式，讓 while 知道何時該跳離迴圈。而 for 迴圈則會幫我們處理迴圈變數，並在走訪完成時自動跳離迴圈。

　　雖然所有的 for 迴圈都可以改寫成 while 迴圈，但並非所有的 while 迴圈都可以改寫成 for 迴圈，除非事先知道迴圈的執行次數，或是已確定要走訪容器的內容為何。例如當你想要猜一個數字時，你事先不會知道要猜幾次才能猜到答案，在此情況下，將無法使用 for 迴圈來處理這個問題。

---

### ✏️ 觀念驗證 18.4

請將下列 while 迴圈改寫成 for 迴圈：

```
password = "robot fort flower graph"
space_count = 0
i = 0
while i < len(password):
    if password[i] == " ":
        space_count += 1
    i += 1
print(space_count)
```

---

# 結語

本章重點：

- 可以用 for 迴圈來走訪各種容器，包括由 range() 產生的數列，以及字串、tuple 等。

- 可以用 for 迴圈來依序走訪字串中的每一個字元，而不需再用索引來取得字元。

- 用 for 迴圈走訪二層的 tuple 時，可使用「多變數走訪」讓程式變得更為簡潔易懂。

- while 迴圈可通用於各種需要迴圈的場合，但我們必須自行處理所有的細節。for 迴圈則可方便我們走訪容器物件，或走訪 range() 所產生的特定數列，它會幫我們處理迴圈變數，並在走訪完成時自動跳離迴圈。

# 習題

**Q1** 請寫一程式，可讓使用者輸入一串名字，每個名字使用空白分隔，然後程式會逐行針對每個名字說 Hi。例如使用者輸入 Zoe Xander Young，你的程式就會逐行顯示：

```
Hi Zoe
Hi Xander
Hi Young
```

**Q2** 請寫一程式，先用 while 迴圈讓使用者一一輸入想購買的物品，並將輸入的物品加到 tuple 中，當輸入 " 沒了 " 時就結束迴圈，然後再用 for 迴圈把完整的購物清單列出來。例如：

請輸入要買的商品：牙刷

請輸入要買的商品：牛奶

請輸入要買的商品：衛生紙

請輸入要買的商品：沒了

以下是您的購物清單：

● 牙刷

● 牛奶

● 衛生紙

**Q3** 變數 members 記錄著每位會員的名字與年齡，請用多變數走訪的方式，把 18~22 歲的會員列出來。

```
members =(('Jam', 16),('Sam', 21),('Mark', 17),('Ken', 24),
         ('Ben', 18))
```

**Chapter**

# 19

# CAPSTONE 整合專案：拼字遊戲

## 學習重點

➡ 使用條件判斷式和迴圈
  來撰寫較複雜的程式

➡ 分析問題及思考解決方法的技巧

➡ 將大問題拆成較小的子問題
  來降低複雜度

➡ 撰寫程式來解決複雜問題

　　假設現在要玩拼字遊戲，玩家會拿到一些字母牌，然後要思考手上的字母牌可以拼出單字清單中的哪些單字。

　　本章專案：假設這個拼字遊戲裡的單字都和美術有關，我們要依據手上拿到的字母牌，寫一個程式在指定的單字清單中，找出所有可以拼出的單字。細節如下：

● 單字清單為字串型別，其內的每個單字都會用換行做結束。每個單字只由字母組成，而不會包含空格、連字號或是其他符號。例如右框中的字串：

```
"""
art
hue
ink
oil
pen
wax
clay
draw
film
...
crosshatching
"""
```

**TIP** | 在 Python 中用 3 個雙引號括起來的字串，表示可以在字串內部按 Enter 鍵換行，這些換行會以**換行符號**儲存在字串中。詳見 19-2 頁。

- 玩家每次拿到的字母牌數量都不一定。
- 拿到的字母牌也是一個字串，例如：tiles = "hijklmnop" 表示你有 h, i, j, k, l, m, n, o, p 共 9 張字母牌。
- 依據手上的字母牌，試著組出單字清單中的單字，並使用 tuple 傳回所有可以拼出的單字，例如：('ink', 'oil', 'kiln')。

# 19-1 了解並分析問題

我們先把上述問題切割成兩個較小的子問題，然後再逐一解決，如此可以降低問題的複雜度及困難度。切割出的兩個子問題如下：

1. 如何從單字清單字串中，將所有的單字擷取出來並儲存在 tuple 中，以供後續使用。
2. 試著用手上的字母牌拼出清單裡的單字，並將可以拼出的單字都儲存在另一個 tuple 裡做為答案。

## ▶ 子問題一：從清單字串中擷取單字

首先來看第一個子問題：如何從清單字串中擷取出所有的單字。我們採用底下 3 個步驟來分析問題並擬出解決方案：

### 1. 畫出問題

將問題圖像化，可幫助我們用視覺化的方式來思考問題。以我們要處理的清單字串來說，用眼睛看就很容易了解，因為每一行就是一個單字，就如同下面看到的樣子：

```
"""art
hue
ink
oil
...
Crosshatching
"""
```

不過對電腦而言，它僅是一個由許多字元所組成的字串，實際上在電腦中儲存的是：

```
"""art\nhue\nink\noil\n... \ncrosshatching\n"""
```

在字串中，每個單字的後面都有一個**換行符號** (newline)，此換行符號在 Python 中是以 \n 表示。所以若我們要切分出每個單字，必須先找出換行符號 \n 的位置。

接著我們再用圖 19.1 來思考如何從清單字串中擷取單字：

① 開始搜尋：使用兩個變數 start 和 end (會先指在清單字串的開頭)，來記錄字串索引的位置。

② 找到單字：當 end 移動到 \n 的位置後，表示已經從字串中找到一個單字了，該單字的起始索引為 start，結束索引是 end 的前一個字元。

③ 搜尋下一個單字：將 start 和 end 都移到 \n 的下一個字元，並重複上述步驟，繼續搜尋下一個單字。

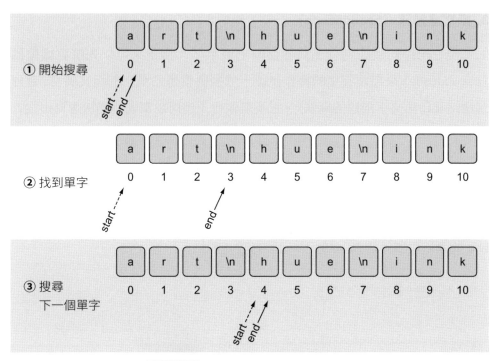

**圖 19.1** 從清單字串中擷取出單字。

透過圖 19.1 可以了解如何處理第一個子問題：一開始先將 start 和 end 設定在字串的開頭，並不斷往後移動 end 尋找 \n。當找到 \n 時，表示已找到一個單字，該單字的起始索引是 start，結束索引是 end 的前一個字元。接下來再將 start 和 end 都移到 \n 的下一個字元，然後重複以上動作來找出下一個單字。

## 2. 假想各種狀況來驗證問題

你可以試著用不同的單字清單來驗證想法，例如：一個簡單的單字 """art"""，或是有多個以換行符號結尾的單字，藉此確認一下目前的想法是否正確。

## 3. 撰寫虛擬碼（pseudocode）

現在已經知道如何從清單裡擷取出單字了，接下來可以先撰寫**虛擬碼**（pseudocode）來描述程式的實作步驟。虛擬碼就是口語化的程式碼（混合程式語法和口語文字描述的寫法），它不能執行，但可以幫助我們快速寫出程式的運算邏輯。

底下的虛擬碼會使用一個迴圈來走訪清單字串裡的所有字元，以找出每一個換行符號 \n 並擷取單字。在迴圈內，會持續往後移動 end 的索引位置，直到發現 \n 為止，然後依 start 和 end 的索引位置擷取單字。接著將 start 和 end 的索引位置設定為 \n 的下一個字元：

```
word_string = """art
hue
ink
"""

將 start 和 end 設為 0（讓它們指到清單字串的開頭）
建立一個空 tuple 來儲存擷取出的單字
for 字元 in 清單字串：
    if 字元 == 換行符號：
        將 start 到 end 之前的字元視為一個單字加到 tuple 中
        將 start 和 end 指到換行字元的下一個字元
    else：
        將 end 加 1（就是將 end 指到下一個字元）
```

## ▶ 子問題二：找出清單中可以用字母牌拼出的每一個單字

現在來思考第二個子問題，我們同樣可以用 3 個步驟來分析並解決問題，找出清單中可以用字母牌拼出的每一個單字。

### 1. 畫出問題

要找出清單中可以用字母牌拼出的每一個單字，可以想到下列兩種解決方法：

1. 依據手上的字母牌，試著排列出所有可能的組合，然後一一比對它們和清單中哪些單字相符。
2. 檢查清單裡的每一個單字，是否可以用手上的字母牌組合出來。

---

### ① 像程式設計師一樣思考

在寫程式之前，先思考並模擬各種可能的處理方法，這樣可以幫助我們了解各種處理方法的優缺點，然後再從中選擇最好的一種。若沒有經過全面思考就直接寫程式，有可能只想到某種處理方法，而這個方法並不是最好的。

---

第一種方法雖然比較直覺，但實作上會相當複雜而且沒效率，因為必須先將手上的字母牌作各種可能的排列組合，而組合出的結果將會非常多。第二種方式則相對單純，可將之圖像化為底下的圖 19.2：

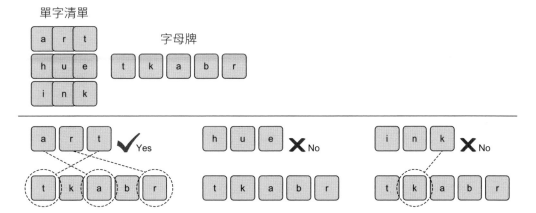

**圖 19.2** 假設有一個單字清單及一組字母牌，我們可以依序檢查清單裡的每一個單字，看看單字中的字元是否都出現在字母牌中，若是則表示可以拼出，否則表示無法拼出。

## 2. 假想各種狀況來驗證問題

我們可以假想各種情況來驗證上述的邏輯，請思考下面的情況：

- 如果手上只有一張字母牌，就表示無法組成任何單字。

- 如果手上的字母牌剛好可以組成一個單字，例如字母牌有 a, r, t，則能組合出 art 這個單字。

- 如果手上的字母牌剛好可以組成二個單字，例如字母牌有 e, u, h, t, a, r，則能組成 art 和 hue。

- 如果手上的字母牌可以組成一個單字，但還會有剩下的字母牌，例如字母牌有 t, k, a, b, r，則能組成 art，並且剩下 k 和 b 兩張字母牌。

- 如果單字裡有相同的字母，例如 color 有 2 個 o，則字母牌中也必須有足夠的數量才行。例如字母牌有 c, o, l, r，就無法組出 color，因為字母牌 o 至少要有 2 張才夠。

## 3. 撰寫虛擬碼 (pseudocode)

首先我們需要一個迴圈來走訪清單裡的每個單字，接著在迴圈內還需要另一個迴圈 (巢狀迴圈)，來檢查該單字的所有字元是否都有字母牌可以用：

- 當手上的字母牌沒有該單字的字元時，就表示無法拼出該單字，所以不必再檢查其他字元，而可以立即跳離內層迴圈。

- 若手上的字母牌有該字元，則繼續檢查下一個字元，直到該單字的所有字元都已檢查完成，則表示該單字可以被拼出。

依照以上邏輯，可撰寫出底下的虛擬碼：

```
for 單字 in 單字清單：
    for 字元 in 單字：
        if 字元沒有在字母牌裡：
            停止檢查下一個字元，並跳出內層迴圈
        else：
```

移除對應的字母牌（以便後續判斷單字有重複字元的狀況）
if 該單字的所有字元都可以在字母牌中找到：
　　　將單字加入結果清單中

以上倒數第 3 行是為了要能處理在單字裡有相同字元的狀況，例如 color 有 2 個 o，因此我們用「移除對應的字母牌」來讓每張字母牌只能使用一次。至於這一行以及倒數第二行的實作細節，在撰寫虛擬碼的現階段可以先不用管，等真正寫程式時再來傷腦筋就好。

當兩個子問題的虛擬碼都完成之後，即可著手將虛擬碼改寫為正式的程式碼了。不過在開始之前，應先思考如何將整個大程式切分成幾個較小的程式區塊，以利後續的程式撰寫、測試、與維護。

---

### ⚠ **像程式設計師一樣思考**

在撰寫程式時，最好能將程式切分成幾個較小的程式區塊來撰寫，原因如下：

- 較小的程式區塊可以聚焦在較小的問題上，因此會比較容易撰寫及偵錯。
- 較小的程式區塊比較容易理解其運作邏輯。
- 藉由將程式切分成幾個較小的區塊，讓每個區塊只負責特定功能，那麼在後續的修改及維護上都會較為容易。

我們可先分別撰寫及測試各程式區塊，待全部完成後，再將各區塊組合成完整的程式。

---

# 19-2 將程式切分成較小的區塊

現在我們就來思考如何將程式切分成較小的區塊，通常第一個區塊都是用來初始化（或輸入）程式需要的資料，因此我們就先初始化底下的資料與變數：

- 初始化單字清單的內容 (包含哪些單字),以及玩家手上有哪些字母牌。這 2 項資料都是字串。
- 初始化 start 變數和 end 變數,用來找出單字清單裡的所有單字。
- 初始化一個空的 tuple,用來存放由單字清單中擷取出的所有單字。
- 初始化一個空的 tuple,用來存放手上字母牌可以拼出的所有單字。

在程式 19.1 中,words 變數是用 3 個雙引號進行初始化。用 3 個雙引號 (或 3 個單引號) 括起來的字串,表示可以在字串內部按 Enter 鍵換行,這些換行會以**換行符號**儲存在字串中。

程式 **19.1** 拼字遊戲區塊 1:初始化變數

```
words = """art ─────────── 將單字清單儲存在一個字串變數內,
hue                        每個單字的結尾均為換行符號 \n
ink
... ─────────── 建立一個空白的 tuple,用來儲
crosshatching            存 words 變數裡的每個單字
"""
tiles = "hijklmnop"
all_valid_words =()─┘
start = 0 ─────────── 初始化 start 變數,代表擷取單字的起始索引值
end = 0 ─────────── 初始化 end 變數,代表擷取單字的結束索引值
found_words =()─────────── 空白的 tuple,用來儲存字母牌可以拼出的單字
```

接著來撰寫第 2 個區塊,如程式 19.2,我們要從 words 變數裡取出每個單字,並存到 all_valid_words 這個 tuple 中。請注意,取出的單字要先放到一個 tuple 裡,然後才能使用第 10 章介紹的加法運算,把此單字加入 all_valid_words 裡。

之前我們將 start 和 end 變數初始化為 0,意思是預設兩者都指向第 0 個字元 (索引值為 0)。接下來程式會持續往後移動 end 的位置,直到發現換行符號 \n:

- 如果有發現 \n，就依 start 和 end 的索引位置擷取單字，並設定 start 和 end 的位置為 \n 的下一個字元。
- 如果若沒發現 \n，則不斷往後移動 end，直到字串的最尾端。

**程式 19.2** 拼字遊戲區塊 2：從清單中擷取單字

> 擷取單字後先放到一個 tuple 中，再用加法把此單字加到 all_valid_words 中

```
for char in words:──────── 走訪字串裡的所有字元
    if char == "\n":──────── 如果該字元是換行符號
        all_valid_words = all_valid_words +(words[start:end], )
        start = end + 1 ┐
                        ├── 將 start 和 end 指到下
        end = end +1   ┘   一個單字的第一個字元
    else:
        end = end + 1──────── 若該字元非換行符號，則將 end 指到下一個字元
```

接著來撰寫第 3 個也是最後一個區塊，如程式 19.3，我們要找出手上的字母牌可以拼出的所有單字。這裡有兩個問題需要特別說明：

1. 當單字內有相同字母時 (例如 color 有 2 個 o)，程式要如何處理？

   要解決這個問題，可以再初始化一個 tiles_left 變數來儲存手上剩下的字母牌，當我們發現單字的字元和 tiles_left 裡的字母牌相符時，則把該字母牌從 tiles_left 中移除。如此可讓每張字母牌只能使用一次，若單字中有 2 個相同的字元，則必須有 2 張字母牌來與之對應。

2. 在檢查完一個單字後，如何判斷是否可以拼出該單字？

   此問題其實只要檢查該單字的長度，是否和我們用掉的字母牌數量相等即可。假設有一個單字 tea，而手上的字母牌為 abet，則在檢查時會用掉 3 張字母牌 t, e, a，因此單字的長度 (3) 會和用掉的字母牌數量 (3) 相等。至於用掉的字母牌數量，則可用「原始的字母牌數量 – 剩下的字母牌數量」來算出。

　　程式 19.3 使用了巢狀迴圈，最外層的迴圈會走訪清單中的每一個單字，而內層迴圈則走訪單字裡的每一個字元，以檢查是否可用手上的字母牌組成該單字。在外層迴圈中，會先重設 tiles_left（剩下的字母牌）為所有的字母牌，然後進入內層迴圈，檢查若單字的字元不在 tiles_left 中，就立即跳出內層迴圈；反之則把對應的字母牌從 tiles_left 中移除，然後繼續走訪內層迴圈的下一個字元。當內層迴圈結束時，會檢查單字的長度是否等於用掉的字母牌數量，若是則將該單字加到 found_words（存放可拼出單字的 tuple）中。

---

**程式 19.3**　拼字遊戲區塊 3：檢查手上的字母牌可以拼出哪些單字

```
for word in all_valid_words: ──────── ①
    tiles_left = tiles ──────── ②
    for letter in word: ──────── ③
        if letter not in tiles_left: ┐
            break                     │──────── ④
        else:                         ┘
            index = tiles_left.find(letter) ──────── ⑤
            tiles_left = tiles_left[:index]+tiles_left[index+1:] ⑥
    if len(word)== len(tiles)-len(tiles_left): ──────── ⑦
        found_words = found_words +(word, ) ──────── ⑧
print(found_words)
```

① 走訪所有單字

② 初始化 tile_left 變數為最初拿到的字母牌。我們透過此變數來儲存手上還剩下哪些字母牌

③ 走訪單字裡的字元

④ 如果該字元不在剩餘的字母牌中，則直接跳出內層迴圈

⑤ 如果該字元有在剩下的字母牌中，則找出其在字母牌中的索引位置

⑥ 將該字母牌從剩下的字母牌中移除。移除方式為截取該字母牌的左半部字串和右半部字串，然後將截取的字串重組成一個新字串

⑦ 如果該字可以由手上的字母牌拼出

⑧ 就將該單字加入 found_words

---

　　程式最後會顯示 found_words 的內容，也就是所有可以拼出的單字。

# 結語

本章重點：

- 將大問題切分成幾個小問題來處理，可以降低問題的複雜度及困難度。
- 藉由將問題圖形化，可幫助我們用視覺的化方式來思考問題。
- 藉由假設各種狀況來測試問題，可以驗證對問題的想法是否周全。
- 當程式較為複雜 (尤其是包含很多條件判斷和迴圈) 時，可先用虛擬碼來擬定程式的處理邏輯，並思考其可行性及正確性。
- 將大程式切分為許多較小的程式區塊，可讓程式更容易撰寫、偵錯、及維護。

# 記事欄 MEMO

# UNIT

# 6

# 建構可重複使用的程式區塊

在前一單元，你已經學習如何讓程式重複執行某段程式碼，而現在我們的程式已經越來越複雜了。

在本單元，你會學到如何用**函式**來將程式抽象化及結構化。**函式**（function）就是一個**可重複使用**的程式區塊，我們可以在程式裡呼叫特定函式執行對應的動作。函式通常會有參數，當我們呼叫函式並傳入參數後，函式內的程式就會依據參數執行特定的工作，然後將處理的結果傳回給我們。使用函式可以讓你的程式更加簡潔，並且可讀性更高。

Chapter

# 20 建構大型程式

## 學習重點

➡ 了解如何將大型程式切分成幾個小模組　　➡ 了解模組之間的依存關係
➡ 了解為何需要將模組內部的運作細節隱藏起來

　　本章我們要學習如何將一個大程式切分成多個小程式，每個小程式都只負責一個特定的功能。如此可讓我們在撰寫大型程式時，變得更輕鬆而且有效率。

　　例如組裝汽車是一項很複雜的工作，通常組裝的生產線會用到許多不同機器，每個機器各司其職：有的負責組裝汽車的底座，有的負責烤漆，有的負責安裝車用電腦。反之，如果要設計一個機器來完成所有的工作，那麼這個機器一定會變得很複雜而難以設計，未來在使用時也會比較容易發生問題。

---

### 想一想 Consider this

你要準備結婚了！但你沒有時間親自打理每項細節，所以你想外包給婚禮顧問來幫你處理。請列出有哪些可以切分出來的工作，可以交給婚禮顧問幫你規劃或處理。

---

### 參考答案

預訂及布置婚禮場地、喜宴菜單、安排賓客座位、建議與提供婚紗禮服。

# 20-1 將大程式切分成多個小模組

將一個大程式切分成多個小模組,可以讓編寫程式更有效率,這是因為小模組比大程式更容易撰寫及偵錯。當每個小模組都寫好並通過測試之後,即可輕鬆將它們組合成一支完整的程式。

## ▶ 網路購物範例

以網路購物的出貨流程為例,首先公司的操作員會依據訂單準備商品,檢查無誤後進行包裝,接著列印出貨標籤,最後交給物流公司將物品寄送到指定的地址。這整個流程可以拆分為下列步驟:

- 操作員由訂單中取出資訊,包括:商品種類、數量、收件者名稱及地址。
- 依據訂單由倉庫裡取出商品,並交給出貨部門。
- 出貨部門檢查商品無誤後進行包裝。
- 依照訂單的收件人姓名和地址,列印出貨標籤,黏貼於包裹上。
- 將包裹送至郵局,郵局依出貨標籤將包裹寄送至指定地址。

圖 20.1 將出貨流程切分成 5 個子工作 (灰色方塊),每個子工作都有其意義及必要性 (這些子工作可能是由人員或機器來執行)。

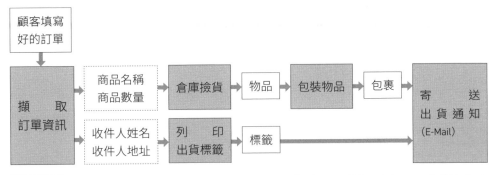

**圖 20.1** 將出貨購物流程切分成 5 個較小的子工作 (見灰色方塊),每個子工作都有各自的功能,並可重複執行。每個灰色方塊的左側為該子工作的輸入,右側為完成後的輸出。

圖 20.1 所列出的出貨流程隱含了以下 3 個概念：

**概念1** **工作間的依存關係與獨立關係**(task dependence/independence)

從上圖可知，有些作業需等待其他作業完成後才能開始，而有些作業則可獨立運作，例如：

1. 「擷取訂單資訊」為「倉庫撿貨」與「列印出貨標籤」的前置作業，故前者與後兩者有依存關係。

2. 「倉庫撿貨」與「列印出貨標籤」為各自獨立的作業，它們不用等待彼此完成才能開始。

3. 「包裝物品」和「倉庫撿貨」有依存關係。

4. 寄送出貨通知 (E-Mail) 要等到「包裝物品」和「列印出貨標籤」結束後才能開始，因此它們有依存關係。

**名詞解釋** 如果有一項作業在另一項作業尚未完成前是無法執行的，則表示這兩項作業有**依存** (dependence) 關係。反之，若作業之間無先後順序關係，則表示這些作業可各自**獨立** (independent) 運作。

> ✏️ **觀念驗證 20.1**
>
> 請判斷下列的 A 與 B 是各自獨立還是有依存關係？
>
> 1. A. 享用一塊派　　B. 在一張紙上寫下 3.1415927
> 2. A. 你無法連上網　　B. 你不能檢查 Email
> 3. A. 今天是 1 月 1 日　　B. 今天是晴天

**概念2** **工作的抽象化**（Abstraction）

想要了解網購的出貨流程，你不用知道所有細節，只要將其轉換成大家可輕易了解的名詞或概念，並保存該作業的必要資訊即可。以上圖的「倉庫撿貨」為例，你不用知道商家是人工撿貨或機器撿貨，只要知道這項作業需要輸入「商品名稱」和「商品數量」，而輸出則是依照輸入資訊從倉庫挑出的商品。

因此當我們想要了解一項工作時，通常只需知道該工作的必要資訊（例如商品名稱和數量），以及該工作會完成什麼樣的動作（例如挑出指定的商品），而不用去了解工作的每一個詳細步驟。

名詞解釋 工作的**抽象化**（Abstraction）就是用最簡短的摘要資訊來描述這項工作，而將非必要的工作細節隱藏起來，只讓外界知道最少量的必要資訊。

---

### ✎ 觀念驗證 20.2

下列動作的輸入及輸出為何（也許有的動作沒有實際輸出）？想一想在做這些動作之前，有哪些資訊是必備的？動作完成後可能會有什麼輸出呢？

1. 親手製作婚禮邀請卡
2. 打電話
3. 丟一枚銅板
4. 買一件衣服

---

概念3 **工作的重複使用性（reusable subtasks）**

以倉庫撿貨為例，假設是使用機器人撿貨，有時要撿出的物品是書，有時要撿出的是腳踏車、或其他物品。通常我們不會讓機器人只負責撿出一種物品，以免當商品數量眾多時，還要準備許多的機器人而增加成本。

比較好的方式，是讓一個機器人就能撿出所有的物品，或是準備 2 個機器人，一個撿較大的物品，而另一個撿較小的物品。要使用哪種方式並沒有一定的準則，完全看實際的情況而定，在後面的幾個練習中，你會漸漸熟悉如何在各種狀況下作取捨，並找出最佳解法。

名詞解釋 工作的**重複使用性**（reusable subtasks）指的是同樣的一段程式可以重複使用，並可依照輸入的資訊來執行並產生正確的結果。

> ✎ **觀念驗證 20.3**
>
> 請將「研究一下粉筆的由來,寫出 5 頁報告後上台簡報」的情境切分為不同的子項目,並畫出如圖 20.1 的流程圖。

## ▶ 了解黑盒子 (black box) 的概念

當你在面對某項作業時,可以先把該作業視為一個**黑盒子** (black box)。所謂**黑盒子** (black box) 指的是你只要知道該作業的主要功能 (盒子的輸入與輸出),而不用清楚該作業的詳細步驟 (盒子的內容)。

當你在分析系統流程時,只需先將流程拆分為不同的作業,而不用去了解各項作業的細節。

以「倉庫撿貨」作業為例,圖 20.2 的上半圖使用黑盒子隱藏了作業的細節,而下半圖則畫出了此作業的詳細步驟。從下半圖我們可以了解「倉庫撿貨」的作業細節,但是在目前的系統分析階段,作業細節並不重要,太多的細節有時反而會模糊焦點。現在的重點,是要了解作業的輸入及輸出為何。

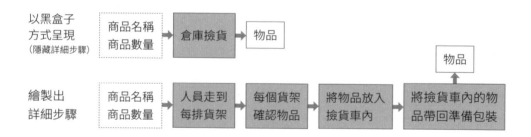

**圖 20.2** 就算把「倉庫撿貨」的詳細步驟畫出,也無助於我們對該作業的了解。

每項作業內部都有一連串的步驟,這些步驟會依照輸入的資料來產生正確的結果。但使用這項作業的人並不用知道細節,每次只要依照使用說明輸入正確的資訊,即可重複執行該作業,並得到與預期相符的結果。

# 20-2 將程式切分為不同的黑盒子 (blackbox)

之前的範例程式，大都只執行了下列幾個步驟 (1) 要求輸入資訊 (2) 針對輸入進行運算 (3) 顯示結果。但當程式變得更複雜時，若能將程式依功能切分為不同的子程式，那麼無論在撰寫、偵錯、及後續維護上都會更加容易。每個子程式有各自負責的功能，我們只要依功能將所需的子程式組合起來，就可變成一個完整的程式。

我們可將上述的子程式視為一個黑盒子，然後將每個黑盒子都撰寫成一個獨立的**模組** (module)。任何人在使用這個模組時，都不用知道該模組的詳細執行步驟，只要知道該模組必須輸入什麼資訊？以及輸入不同的資訊時，模組的輸出結果是什麼？

名詞解釋 **模組** (module) 就是可完成特定工作的一段程式碼。模組通常會包含 3 個重點：要輸入什麼、會做什麼、及會輸出什麼。

## ▶ 將程式模組化 (Modularity)

**模組化** (Modularity) 就是將一個大型的程式切分為許多較小的模組，因為模組僅是一小部份的程式碼，所以在撰寫、除錯或是後續維護上都會比較容易。切分模組的概念就像是把一個大問題拆解成若干個小問題之後，藉由逐一解決這些小問題，來解決整個大問題。

## ▶ 將程式抽象化 (Abstraction)

以使用遙控器來切換電視頻道為例，如果只給你電視和遙控器的零件，你知道如何組裝嗎？當然沒辦法。但如果將電視和遙控器組裝好，你應該就知道如何使用它了。圖 20.3 和表 20.1 說明操作電視和搖控器所需要的輸入資訊、行為、以及可能的產出為何。

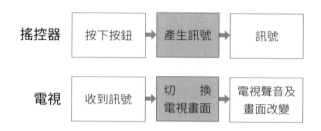

**圖 20.3** 遙控器和電視的操作方式
(此圖以黑盒子的方式呈現，不說明方框內的詳細步驟)

**表 20.1** 當使用遙控器切換電視頻道及調整音量時，這 2 項物品的輸入、行為、和輸出

| 物品 | 輸入 | 行為 | 輸出 |
|------|------|------|------|
| 遙控器 | 按下按鈕 | 依據按下的按鈕<br>產出對應的訊號 | 訊號 |
| 電視 | 接收從遙控器發出的訊號 | 電視上的影像或聲音改變 | 你看到的畫面或<br>聽到的聲音不同 |

在程式語言裡，**抽象化**指的是隱藏作業的細節，只提供必要的使用說明：要輸入什麼、會做什麼事、與會輸出什麼。例如圖 20.3 中的灰色方塊(黑盒子)，就是將模組抽象化的結果。

將模組抽象化(隱藏模組的實作細節)之後，任何人在使用該模組前，只需閱讀該模組的使用文件，而不用閱讀模組的程式碼。在 Python 裡，我們可以使用 docstring(文件字串，詳見 21-3 節) 來說明模組的使用方法，docstring 應該要包含下列資訊：

● 需要輸入什麼：包括需要輸入哪些參數以及其型別為何。

● 此模組會做什麼事：意即此模組的功能為何。

● 最後會輸出什麼：該模組可能會傳回一個新的物件，或是在畫面上顯示處理後的資訊。

## ▶ 讓程式可以重複使用 (reusing)

假設有人給你兩個數字,你想要對這兩個數字進行加、減、乘、除的運算。這段程式如下:

---
**程式 20.1** 對兩個數字進行加減乘除
---

```
a = 1 ⎤
b = 2 ⎦ ——— 建立 a, b 變數來進行加減乘除運算
print(a+b)
print(a-b)
print(a*b)
print(a/b)
```

你很有可能也會想要對其他的數字進行運算,所以你會複製程式 20.1 的程式碼,並改變 a 變數和 b 變數的值,如程式 20.2。但這種方式非常沒效率,並且會讓程式碼過於冗長及難以維護。下面 3 段程式除了 a 和 b 的值不同外,其他的操作其實都相同。

---
**程式 20.2** 對三組數字進行加減乘除
---

```
a = 1 ⎤
b = 2 ⎥
print(a+b) ⎥
print(a-b) ⎥ ——— 對 1 和 2 進行加減乘除運算
print(a*b) ⎥
print(a/b) ⎦
a = 3 ⎤
b = 4 ⎥
print(a+b) ⎥
print(a-b) ⎥ ——— 對 3 和 4 進行加減乘除運算
print(a*b) ⎥
print(a/b) ⎦
```

續下頁 ⇨

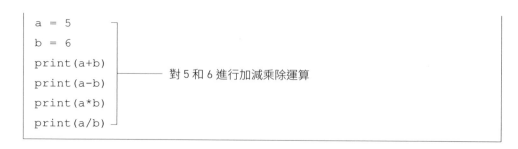

```
a = 5
b = 6
print(a+b)
print(a-b)          對 5 和 6 進行加減乘除運算
print(a*b)
print(a/b)
```

我們可以從這個例子來了解什麼是程式的**重複使用** (reusing)。無論 a、b 的值為何,其處理邏輯都相同,每次都複製一樣的程式碼是非常沒效率的。如果我們把這些邏輯封裝成一個模組,當我們需要執行加減乘除運算時,只要呼叫此模組並輸入兩個數字,即可得到預期的結果,這樣就會很有效率。圖 20.4 為此概念的示意圖,該模組會依據接收到的參數 a 和 b,執行加減乘除運算。

**圖 20.4** 針對此模組輸入兩個數字,該模組就會對輸入的數字進行加、減、乘、除運算,並輸出結果

當我們把程式包裝成像黑盒子一樣的模組時,這段程式就可以不斷地重複使用!每當需要執行相同的操作時,就不用再重寫程式了,只要呼叫該模組並輸入相關參數,即可得到想要的結果。未來我們可以透過這種方式,撰寫更多模組來完成各種功能,藉此組合出功能複雜的大型應用程式。

底下我們將程式 20.2 改為程式 20.3,此程式將加減乘除的運算封裝在一個模組裡,然後藉由呼叫模組的方式取得結果。

> **程式 20.3** 對三組數字進行加減乘除

```
a = 1
b = 2
<呼叫模組取得 a 和 b 加減乘除運算的結果>
a = 3
b = 4
<呼叫模組取得 a 和 b 加減乘除運算的結果>
a = 5
b = 6
<呼叫模組取得 a 和 b 加減乘除運算的結果>
```

**這並非是真實的程式碼**

此 3 行表示將加減乘除的運算封裝在一個模組裡,並呼叫該模組取得結果。

在下一章,我們會學到如何編寫一個模組,也會知道如何呼叫這些模組,這些模組在 Python 中稱為**函式** (function)。

# 20-3 模組就是一項獨立執行的工作

假設你和另外兩個人正在進行一項專案,此次專案的內容是研究「電話」的歷史並上台簡報。你是專案負責人,只需將研究工作分配給其他兩個人去做,然後彙整他們的研究結果,並上台簡報。

這個情況和使用模組有點類似,如果把這兩位成員看成獨立的模組,你將工作交予模組,模組會執行交付的任務並產出執行的結果。對專案負責人來說,不用知道各項研究工作的細節,不用知道他們到底是使用網路搜尋,還是到圖書館查閱相關書籍,或是詢問其他專家。只要告訴他們研究的方向,最後就可以得到他們的研究結果。

不過就算都是研究電話,兩個成員的研究結果也不會完全相同。例如同樣是查閱名為「電話」的書,可能其中一人是查閱青少年百科全書,而另一人是查閱電機工程學會的文獻,除非這兩個人互相交換資訊,否則他們不會知道彼此的研究情況及參考哪些資料。

所以你可以想像模組就好像一支完成特定工作的小型程式，每個模組各自獨立，任何模組內所建立的物件或變數，都只屬於該模組專用，其他模組無法存取。除非模組之間刻意交換資訊，否則彼此不會有任何關連。

從上述的例子可知，在專案裡，每個人都像是一個獨立的模組，負責特定的工作，有些工作可能需要彼此溝通，而有些工作可以各自獨立完成。但是不管如何，所有的成員都需要將結果回報給專案負責人。

---

✎ **觀念驗證 20.4**

依據本小節的例子「研究電話的歷史」，將此情境中描述的專案成員視為不同的獨立模組，請畫出每個模組可能的輸入及輸出為何。

---

# 結語

本章說明了**黑盒子**（black box）及**模組**（module）的概念，並進一步說明**抽象化**、**模組化**以及讓程式可**重複使用**的優點。每個模組都會在獨立的環境中執行，模組內所建立的物件或變數也只屬於該模組專用，其他模組無法存取。另外，模組間也可以刻意交換資訊，以協同合作來完成某項工作。在使用模組時，不用知道模組的內部運作細節，只需輸入必要的資訊，執行後即可取得對應的輸出結果。本章重點：

● 隱藏模組的實作細節（抽象化），可讓我們更專注於如何使用這些模組，並將它們組合起來完成複雜的工作。

● 我們可將需要重複使用的程式碼封裝成一個模組，然後在每次需要使用時，即可藉由呼叫該模組並輸入相關資訊，來執行其功能並取得想要的結果。

● 每個模組各自獨立，任何模組內建立的物件或變數，都只供該模組專用。

# 習題

**Q1** 假設一個情境：「一對夫婦在餐廳點餐，最後拿到了餐點以及飲料。」請參考本章網路購物流程的例子，將上述點餐的流程拆分為不同步驟並畫出流程圖。

**Chapter**

# 21 使用函式將程式模組化和抽象化

---

## 學習重點

➡ 如何撰寫函式（function）

➡ 函式的參數

➡ 函式的傳回值

➡ 呼叫函式及傳入參數的運作流程

---

在第 20 章，你已經知道如何用**模組化**方式把一項大工作拆解成幾個小模組，並用**抽象化**方式將模組內部的執行細節隱藏起來，讓模組更容易給自己或其他人**重複使用**。而這些可獨立執行的模組，在 Python 中就稱為**函式**（function）。

---

### 💡 想一想 Consider this

請思考下列流程可以拆分出哪些步驟？這些步驟對應的模組為何？

**Q1** 老師在教室發考卷，點到名字的同學答有，然後走到講桌前領考卷，再回到座位。

**Q2** 汽車工廠一天要組裝 100 台汽車，假設汽車零件大致分為：車架、引擎、車內電子裝置，然後車輛出廠時要有不同顏色，25 台紅色，25 台黑色，25 台白色，25 台藍色。

---

#### 參考答案

**A1** 模組：回答　　　　　模組：走動到定位　　　模組：領取物品

**A2** 模組：組裝車架　　　模組：安裝引擎

　　　模組：安裝車內電子裝置　　模組：烤漆

# 21-1 撰寫函式

在許多程式語言裡，函式 (function) 就是用來撰寫模組的程式語法。當你撰寫函式時，要先思考下列 3 件事：

- 函式要輸入什麼資料
- 函式要做什麼事情
- 函式要傳回什麼資料

在 Python 裡，實作一個函式需要使用 def 保留字，語法如下：

```
def 函式名稱 (參數 1, 參數 2, ... ):
    ......
    程式區塊
    ......
```

底下以「教室點名」為例來示範如何實作一個函式，如程式 21.1。在函式內部，最前面是函式的說明 (要用 3 個雙引號括起來)，包括：函式要輸入什麼、會做什麼、以及會傳回什麼。接著開始撰寫程式，先使用 for 迴圈確認名單裡的學生是否都在教室內，若是則將學生姓名顯示出來。程式最後傳回 "finished taking attendance"。

**程式 21.1** 實作「教室點名」的函式

```
def take_attendance(classroom, who_is_here): ————— 定義函式
    """
    classroom, tuple                              ┐ 說明函式的
    who_is_here, tuple                            │ 相關資訊
    Checks if every item in classroom is in who_is_here
    And prints their name if so.
    Returns "finished taking attendance"
    """
```

續下頁 ⇨

```
                          逐一對教室內的學生點名              who_is_here 是一個 tuple，
                                                         用來儲存在場的學生名單，
    for kid in classroom:                                此判斷式檢查學生姓名是否
        if kid in who_is_here:                            在名單內。
            print(kid)     顯示在場的學生姓名
    return "finished taking attendance"     傳回結果
```

程式 21.1 為一個 Python 函式的簡單範例，你可以使用 def 來定義
Python 函式，def 之後為函式名稱，此例的函式名稱為 take_attendance，函
式的命名規則就和變數一樣。函式名稱之後的小括號內，為呼叫函式的參
數，若有多個參數則以逗號分隔，若無參數則小括號內留白即可，小括號之
後要以冒號結尾。由函式定義的下一行開始，即為函式的內容，函式的內容
要往右縮排。

---

### ✏️ 觀念驗證 21.1

請依下列說明定義對應的函式。

1. 有一函式名稱為 set_color，需輸入兩個參數，第一個參數名稱為
   name，型別為字串，代表某個物品的名稱。另一個參數為 color，型別
   也是字串，其值代表該物品的顏色。
2. 有一個函式名稱為 get_inverse，需輸入一個參數，參數名稱為 num，
   型別為整數。
3. 有一個函式名稱為 print_my_name，此函式不需要任何參數。

---

## ▶ 函式的命名

為了提高程式的可讀性，並讓程式更容易維護和修改，函式的命名也很
重要。通常會使用 get_something，set_something，do_something 的方式來
命名函式，something 表示該函式的行為，例如 do_paintOnTheWall 表示會
將牆壁漆成指定的顏色。你也可以取其他合適的名字，只要能提高程式可讀
性，並讓後續修改程式的人容易了解函式的功能即可。

---

✎ **觀念驗證 21.2**

依據下列說明，定義出合適的函式名稱：

1. 該函式可傳回樹木的年齡。
2. 該函式可以翻譯你的狗想說什麼。
3. 該函式可以辨識天上的雲最像哪種動物。
4. 該函式可以顯示 50 年後的你是什麼樣子。

---

▶ **函式的參數 (parameter)**

定義好函式之後，就可以不斷重複使用這個函式，而不必一再重複撰寫（或複製）功能雷同的程式碼了。我們只要呼叫函式並傳入不同的參數，就可令函式依參數進行運算並傳回結果。

函式**參數** (parameter) 的命名規則也和變數相同，其在函式內的使用方式也和變數一樣，事實上，函式的參數也是一種變數。底下是沒參數和有參數的函式範例：

**程式 21.2** 實作「沒參數」和「有參數」的函式

```
def hello():                    ──────── 定義沒有參數的函式，最後別忘了加 ":"
    print('Hello!')             ──────── 函式的內容

hello()                         ──────── 實際呼叫函式，此時函式會輸出：Hello!

def sayHi(name, title):         ──────── 此函式有 2 個參數 (代表姓名和頭銜)
    print(name + title +' 你好！')── 函式的內容

sayHi('王小明', '同學')          ──────── 實際呼叫函式並傳入 2 個實際參數，此
                                         時函式會輸出：王小明同學你好！
```

由於在定義函式時，其參數還沒有實際的資料（例如上例 sayHi 函式的 name、title 參數），因此也稱為**形式參數**（formal parameter，或稱 parameter），而當我們呼叫函式並傳入資料做為**實際參數**（actual parameter，或稱 argument）時，所傳入的資料（例如上例的 ' 王小明 '、' 同學 '）會自動指派給函式的形式參數，並可由函式內的程式所存取。

---

### ✎ 觀念驗證 21.3

依據下列函式定義，請問每個函式需要幾個參數？

1. def func_1 (one, two, three):
2. def func_2 ():
3. def func_3 (head, shoulders, knees, toes):

---

### ▶ 位置參數與指名參數

在呼叫函式時的傳遞參數方式，一般是依照參數定義的順序來傳遞，例如上例中呼叫 sayHi(' 王小明 ',' 同學 ') 時是先傳 name 的值再傳 title 的值，像這種依照位置順序傳遞參數值的方式，我們稱為**位置參數法**（using positional parameter）。

不過我們也可以直接用參數的名稱來指定參數值，這樣就不用依照順序了，此方式稱為**指名參數法**（using named parameter）或**關鍵字參數法**（using keyword parameters），例如底下的程式：

---

**程 21.3** 呼叫函式時的 2 種參數傳遞方式

```
sayHi(' 王小明 ', title=' 同學 ')──────第 2 個參數值用名稱指定
sayHi(title=' 同學 ', name=' 王小明 ')──全部參數值都用名稱指定，
sayHi(title=' 同學 ', ' 王小明 ')──────  可以不照順序

                                    錯誤了！因為 ' 王小明 ' 並未指定參數名，所以 不是指名參數
                                    而是位置參數，要放在前面才行
```

---

請注意，我們可以把位置參數和指名參數混著用，但這時位置參數必須在指名參數的前面，這樣 Python 才有辦法計算位置，因此上例第 3 行會發生「SyntaxError: positional argument follows keyword argument（語法錯誤：位置參數放在指名參數的後面）」的錯誤。

---

✎ **觀念驗證 21.4**

依據下列函式定義，哪幾行在呼叫函式時會發生錯誤：

```
def add(num1, num2, num3):
    print(num1 + num2 + num3)

add(1, 2, 3)
add(1, 2, num3=3)
add(num3=3, num2=2, num1=1)
add(num3=3, 1, 2)
add(num1=1, 2, 3)
add(1, num3=3, num2=2)
add(1, num2=2, 3)
```

---

## ▶ 函式的內容

如前所說，在函式定義之後的縮排程式碼即為此函式的內容，函式的內容和一般 Python 程式碼並沒有不同。Python 在執行程式時，會依順序先看到程式中 def 所定義的函式，此時它會將函式定義及內容（內縮的程式區塊）當成物件儲存在記憶體中、並用函式名稱綁定，然後繼續往下執行，直到主程式呼叫函式時，才會真正執行函式（執行儲存在記憶體中的函式內容）。

---

✎ **觀念驗證 21.5**

請確認下列函式的內容是否正確？

1. def func_1 (one, two, three):
    if one == two + three:
        print ("equal")

續下頁 ⇨

2. def func_2():

    return (True and True)

3. def func_3 (head, shoulders, knees):

   return "and toes"

## ▶ 函式的傳回值

外部程式無法存取在函式中建立的物件或變數,唯一能取得函式相關資訊的方式,就是接收函式的傳回值。在 Python 裡是用 return 來傳回函式的結果,當執行到 return 這一行程式時,表示該函式已處理完畢,接著要傳回執行後的結果。

程式 21.4 的函式可接收 2 個字串參數,然後計算並傳回它們的總長度。函式中會先將 2 個參數串接起來並儲存到 word 變數,然後用 len (word) 計算並傳回串接後的字串長度。如之前所提,return 表示該函式已處理完畢,並準備要傳回執行後的結果,所以在 return 之後的程式碼是不會被執行的。

**程式 21.4** 實作函式來計算 2 個字串的總長度

```
def get_word_length(word1, word2):————— 定義函式,包含函式名稱
    word = word1+word2 ————— 串接兩個字串       及需要什麼參數
    return len(word) ————— 傳回串接字串的長度
    print("this never gets printed")—— 在 return 之後的程式碼不會被執行
```

### ✎ 觀念驗證 21.6

下列函式會傳回什麼結果?傳回結果的型別為何?

1. def func_1 (sign):

    return len (sign)

2. def func_2 ():

    return (True and True)

3. def func_3 (head, shoulders, knees):

    return ("and toes")

請注意，程式 21.2 的 get_word_length() 顧名思義就是取得字串的長度，但函式內部是如何計算 2 個字串參數的總長度，例如是將 word1+word2 之後再取長度，或是個別取長度再把長度相加，這都是由設計函式的人決定就好。而使用函式的人，則完全不用知道函式內是如何計算長度，只要知道怎麼用就好。這就是抽象化 (abstraction) 的精神。

# 21-2 呼叫函式

現在你已經知道如何用 def 來定義函式的名稱、參數、及撰寫函式內容了，但定義好的函式不會自動執行，只有當其他程式呼叫這個函式時，函式才會開始執行 (也就是將參數傳入函式中，然後執行函式內的程式碼)。

以前面程式 21.4 的 word_length() 函式為例，現在我們要呼叫它來計算 2 個字串的總長度。程式 21.5 會用函式的名稱來呼叫該函式，並依據函式定義的參數傳入對應的值，這些值就稱為**實際參數** (actual parameter，或稱 argument)，它們會自動指派給函式中定義的**形式參數** (formal parameter，或稱 parameter)，以供函式內的程式使用。

**程式 21.5** 如何呼叫函式

```
def word_length(word1, word2):
    word = word1+word2
    return len(word)
    print("this never gets printed")
```
└─ 函式 word_length 的函式定義及內容

```
length1 = word_length("Rob", "Banks")
length2 = word_length("Barbie", "Kenn")
length3 = word_length("Holly", "Jolley")
```
└─ 呼叫函式並帶入不同的參數，將傳回結果指派給不同的變數

```
print("One name is", length1, "letters long.")
print("Another name is", length2, "letters long.")
print("The final name is", length3, "letters long.")
```
└─ 顯示結果

　　圖 21.1 為程式 21.3 呼叫函式的示意圖,該圖使用 word_length("Rob", "Banks") 來說明呼叫函式時的運作流程。你可以把函式想成是一支小型的程式,在函式內建立的變數和物件,以及函式所定義的參數,都只能在函式內部使用,而不能被外部存取。而當函式結束時,這些變數及參數也會跟著消失。

**圖 21.1** 呼叫函式時 Python 內部的運作流程

❶ 呼叫函式,❷和❸表示接收第一個參數值,並將值指派給 word1,❹和❺表示接收第二個參數值,並將值指派給 word2,❻表示在函式裡建立一個變數來儲存串接兩個字串的結果,❼表示傳回最終的處理結果。

　　如圖 21.1 所示,word_length("Rob", "Banks") 帶入的第一個實際參數值 "Rob" 會指派給形式參數 word1,帶入的第二個實際參數值 "Banks" 會指派給形式參數 word2。word1、word2、word 等變數的有效範圍只在函式內,外部無法取得函式內部建立的變數,因此我們通常是透過傳回值來取得函式最終的處理結果。

### ▶ 多個傳回值

　　Python 規定函式只能傳回一個值 (物件),如果想要傳回多個值,則可使用 tuple。因為 tuple 內可以包含多個不同的值,所以透過傳回一個 tuple 物件,就能達成傳回多個值的目的。例如我們可以寫一個查詢國家地理中心經緯度的函式,只要輸入一個國名,即可傳回一個 tuple,此 tuple 中包含了該國家地理中心的經度和緯度,例如:( '東經 120 度 58 分 25.975 秒', '北緯 23 度 58 分 32.34 秒' )。

在程式 21.6 中，函式 add_sub 會將輸入參數相加和相減的結果，放入 tuple 裡傳回。當外部的主程式呼叫函式時，是使用 (a, b) 這個 tuple 變數來取得函式傳回的 tuple。所以外部程式可透過 a 來取得傳回 tuple 的第一個值，透過 b 來取得傳回 tuple 的第二個值。

**程式 21.6** 傳回 tuple

```
def add_sub(n1, n2):
    add = n1 + n2
    sub = n1 - n2
    return(add, sub)────── 將輸入參數相加和相減的結果放入 tuple 並傳回
(a, b)= add_sub(3, 4)────── 將函式的傳回結果指派給另一個 tuple
```

### ✎ 觀念驗證 21.7

1. 請完成下列函式，讓函式可傳回使用者是否有猜對程式設定的 number 和 suit 值，以及贏了多少錢？

```
def guessed_card(number, suit, bet):
    money_won = 0
    guessed = False
    if number == 8 and suit == "hearts":
        money_won = 10*bet
        guessed = True
    else:
        money_won = bet/10
    # 使用 return 傳回下列兩項資訊：
    # 1. 贏了多少錢
    # 2. 是否有猜對程式設定的 number 和 suit 值
```

2. 使用上述的函式，確認下列程式碼顯示的資訊為何？
   - print (guessed_card(8, "hearts", 10))
   - print (guessed_card("8", "hearts", 10))
   - guessed_card (10, "spades", 5)

續下頁 ⇨

- （amount, did_win）= guessed_card（"eight", "hearts", 80）
  print（did_win）
  print（amount）

## ▶ 沒有傳回值的函式

在函式內，有時你只想要執行某項功能，例如使用 print 顯示特定的資訊，但不需要傳回任何結果。Python 允許函式不使用 return 來傳回值，此時 Python 會傳回 None，其型別為 NoneType。若你忘記什麼是 NoneType，可再回頭閱讀第 5 章。

程式 21.7 定義了兩個函式，其中一個僅會顯示輸入的參數，因此其傳回值為 None，另一個函式會直接傳回輸入的參數。底下說明該程式最後 4 行的執行狀況：

- say_name（"Dora"）這行程式會顯示 Dora，因為該函式只會顯示輸入參數的值。
- show_kid（"Ellie"）這行程式不會顯示任何值。
- print（say_name（"Frank"））這行程式會顯示兩行資訊，第一行為 Frank，因為呼叫 say_name 這個函式時，函式會顯示輸入的參數 "Frank"。第二行會顯示 None，因為該函式沒有傳回值，所以預設會傳回 None，意即 say_name（"Frank"）的傳回值是 None，所以此行程式碼會變成 print（None）。
- print（show_kid（"Gus"））這行程式碼會顯示 Gus，因為 show_kid 函式並沒有顯示輸入參數的值，而是直接傳回輸入的參數，意即 show_kid（"Gus"）傳回的結果為 "Gus"，所以此行程式會變成 print（"Gus"）。

程式 **21.7** 有傳回值和沒有傳回值的函式

```
def say_name(kid):  ───────── 輸入的參數為孩子的名字
    print(kid)  ───────────── 沒有傳回值，所以該函式預設會傳回 None
def show_kid(kid):  ───────── 輸入的參數為孩子的名字
    return kid  ───────────── 直接傳回輸入的參數
```

續下頁 ⇨

```
say_name("Dora") ──────────── 會顯示 Dora
show_kid("Ellie") ──────────── 不會顯示任何資訊
print(say_name("Frank")) ───── 會顯示 Frank 和 None
print(show_kid("Gus")) ─────── 會顯示 Gus
```

要特別注意的是 print(say_name("Frank")) 這行程式，在呼叫 say_name 函式時會顯示輸入的參數，但因為該函式沒有使用 return 傳回任何值，所以預設的傳回值為 None，因此該行程式會變成 print(None)。另外要留意，None 並非是字串物件，None 的型別為 NoneType，圖 21.2 說明了上述 4 行程式碼的執行情況。

下圖左邊為呼叫函式的程式碼，右邊為函式的執行情況。如果沒有使用 return 傳回結果，則該函式預設會傳回 None(等同於執行 return None)。箭頭表示當函式結束時，其傳回值會取代左圖中虛線框的部份，例如最後一行的傳回值 "Gus" 會取代左圖的 show_kid("Gus")，而變成 print("Gus")，所以會再顯示 Gus。

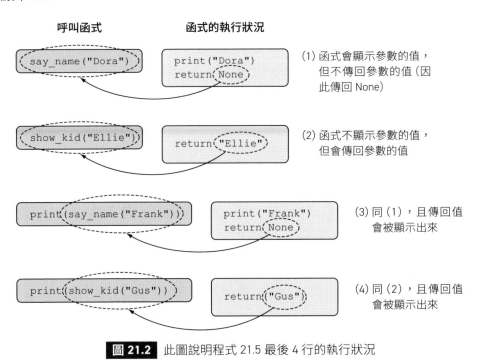

**圖 21.2** 此圖說明程式 21.5 最後 4 行的執行狀況

✏️ **觀念驗證 21.8**

下列程式碼定義了兩個函式及初始化了 4 個變數：

```
def make_sentence(who, what):
    doing = who + " is " + what
    return doing
def show_story(person, action, number, thing):
    what = make_sentence(person, action)
    num_times = str(number)+ " " + thing
    my_story = what + " " + num_times
    print(my_story)

who = "Hector"
what = "eating"
thing = "bananas"
number = 8
```

若我們依序執行下列程式，則畫面會顯示什麼訊息？

1. sentence = make_sentence(who, thing)

2. print(make_sentence(who, what))

3. your_story = show_story(who, what, number, thing)

4. my_story = show_story(sentence, what, number, thing)

5. print(your_story)

# 21-3 幫函式加上文件字串（docstring）

　　當我們用函式將程式碼抽象化之後，還可以再用**文件字串**（docstring）來說明函式的**規格**（specification），包括函式需要輸入什麼資料、會執行什麼動作，以及會傳回什麼結果。那麼未來無論是自己或其他人要使用這個函式時，只需透過文件字串即可清楚了解函式的用法。下面是程式 21.1 加上 docstring 的範例：

```
def take_attendance(classroom, who_is_here):
    """
    classroom, tuple of strings
    who_is_here, tuple of strings
    Prints the names of all kids in class who are also in who_is_here
    Returns a string, "finished taking attendance"
    """
```

　　文件字串必須緊接在函式定義之下，並且也要縮排。我們通常會用 3 個雙 (單) 引號來標示文件字串，以方便撰寫多行的說明文字 (這是因為字串除了可用單、雙引號來括住之外，也可以改用 3 個引號 """ 或 ''' 括住，此時字串中就可以含有單、雙引號，並且還可在字串中任意換行，因此特別適合用來表達多行的文字)。文件字串應包含下列 3 項重要資訊：

① 參數的名稱及型別、② 函式的功能簡介、③ 傳回的物件以及型別

## ▶ 使用 help() 查看函式的 docstring

　　那麼使用函式的人要如何查看其 docstring 呢？除了直接觀看函式的程式碼之外，也可利用 Python 內建的 help() 函式來查看，例如執行以下程式：

**程式 21.8**　使用 help() 查看函式的 docstring

```
def take_attendance(classroom, who_is_here):
    """
    classroom, tuple of strings
    who_is_here, tuple of strings
    Prints the names of all kids in class who are also in who_is_here
    Returns a string, "finished taking attendance"
    """
    for kid in classroom:
        if kid in who_is_here:
            print(kid)
    return "finished taking attendance"
```

續下頁 ⇨

```
help(take_attendance) ————————— 用 help (函式名稱) 來查看函式的 docstring
```

結果會顯示函式的定義 (名稱和參數) 及 docstring：

```
Help on function take_attendance in module __main__:
take_attendance(classroom, who_is_here) ————————— 函式的定義
    classroom, tuple of strings
    who_is_here, tuple of strings
    Prints the names of all kids in class who are
also in who_is_here
    Returns a string, "finished taking attendance"
```
———— 函式的 docstring

**TIP** | 要使用的函式很可能是放在別的檔案中，例如使用內建函式或匯入別人寫好的函式，這時文件字串就很有用，只要在 Spyder 的主控台中鍵入 help (函式名稱)，不必看函式的原始碼內容，就可查看函式的使用說明了。

# 結語

本章介紹了如何撰寫函式，包括如何設計函式的輸入參數、要執行的動作、以及傳回值，設計好之後即可供自己或他人重複使用。在執行函式時，可依照需求傳入不同的參數，並經由其傳回值取得執行的結果。本章重點：

- 只有在呼叫函式時，函式內的程式才會被執行。
- show("abc") 表示呼叫 show 函式，並傳入參數 "abc"，若執行函式後會傳回 "def"，則表示執行 print(show("abc")) 的結果等同於 print("def")。
- 函式只能有一個傳回值，若想要傳回多個值，則可將要傳回的值都放在一個 tuple 物件中傳回。
- 可以使用函式的 **文件字串** (docstring) 來說明函式的用法，包括函式需要輸入什麼參數、會執行什麼動作，以及會傳回什麼資料。
- 可以用 help (函式名稱) 來查看函式的 docstring。

# 習題

**Q1** 撰寫一個函式，其名稱為 calculate_total，該函式有兩個參數：第一個參數名稱為 price，型別為浮點數，第二個參數名稱為 percent，型別為整數。這個函式會計算包含小費的應付金額並傳回，其公式為 total = price + percent% * price。

**Q2** 呼叫上述函式，並帶入參數 price = 20 , percent=15。

**Q3** 使用 calculate_total 函式來完成下列程式：

```
my_price = 78.55
my_tip = 20
# 用以上 2 個變數來呼叫函式，並用一個新變數來儲存其傳回值
# 將傳回值顯示在畫面上
```

# Chapter

# 22 函式的進階技巧

## 學習重點

➡ 定義好的函式也是一個物件 （稱為函式物件）

➡ 如何將函式物件做為 呼叫另一個函式時的參數

➡ 如何將函式物件 做為另一個函式的傳回值

➡ 了解變數的有效範圍

目前我們已經使用過下列函式，請試著用它們來回答下面**想一想**的問題：

- len() —例如 len("coffee")
- range() —例如 range(4)
- print() —例如 print("Witty message")
- abs(), sum(), max(), min(), round(), pow() —例如 max(3, 7, 1)
- str(), int(), float(), bool() —例如 int(4.5)

---

### 🔍 想一想 Consider this

思考下列程式碼，每一項函式需帶入幾個參數？呼叫函式後的傳回值為何？

**Q1** len("How are you doing today?")

**Q2** max(len("please"), len("pass"), len("the"), len("salt"))

**Q3** str(525600)

**Q4** sum((24, 7, 365))

續下頁 ➪

---

**參考答案**

**A1** 帶入 1 個參數，傳回 24

**A2** 帶入 4 個參數，傳回 6

**A3** 帶入 1 個參數，傳回 "525600"

**A4** 帶入 1 個參數，傳回 396

---

# 22-1 函式可分為撰寫及使用二個階段

　　函式的撰寫及使用是二個不同的階段，這點和汽車的組裝及駕駛很像，車商會先在車廠裡把汽車組裝好，然後送到展示場銷售，對這台車有興趣的人不需要知道如何組裝這台汽車，只要將汽車買回家，即可每天開著它到處跑。

　　底下我們就先來回顧一下函式在這 2 個階段的相關重點。

## ▶ 撰寫函式

　　在撰寫函式時，我們會在函式的開頭定義可接收外部資料的變數，這些變數就叫作**參數**（或**形式參數**）。當呼叫函式時，會將傳入的值依序指派給對應的參數，然後再交給函式內的程式進行後續處理。

　　函式所定義的參數，以及在函式內建立的變數和物件，其**有效範圍**僅限函式內部可以存取。至於它們存在的時間（稱為**生命周期**），也僅限於「從呼叫函式到函式結束」這段期間，也就是說，在呼叫函式時它們才逐一被建立，而當函式結束時它們也會跟著消失。

　　**文件字串**（docstring）可用來說明函式的使用方法，此字串必須放在函式內部的最前面並縮排，並且通常會使用 3 個雙（單）引號來標示字串，以方便撰寫多行的說明文字。文件字串中應說明：(1) 函式的參數及型別 (2) 函式的功能 (3) 函式的傳回值。任何人只要依據 docstring 中的規格傳入正確的參數，函式就能正常運作，並傳回正確的結果。

## ▶ 使用函式

在呼叫函式時所傳入的資料稱為**實際參數**。Python 會將傳入的實際參數，依序指派給已經定義好的**形式參數**，然後函式內的程式就可依照這些參數的值進行運算，並將結果傳回。

# <u>22-2</u> 變數的有效範圍（Scope）

英文裡有一句諺語：「what happens in Vegas stays in Vegas」，意思就是讓拉斯維加斯所發生的一切，永遠只停留在拉斯維加斯！在函式裡也是類似的概念，函式開頭定義的參數，以及在函式內建立的變數和物件，其**有效範圍**僅在函式的內部，而不能在函式之外存取。

在不同函式內建立的變數名稱可以相同，在主程式裡的變數名稱也可以和函式內建立的變數相同，但是因為它們的有效範圍不同，Python 仍可分辨出它們是不同的物件。

程式 22.1 在主程式和函式中使用了相同的變數名稱 peter，程式執行時，第一行會顯示 5，第二行會顯示 30，雖然變數名稱相同，但這兩個變數的有效範圍不同，其中一個是在 fairy_tale 函式中，另一個是在主程式。

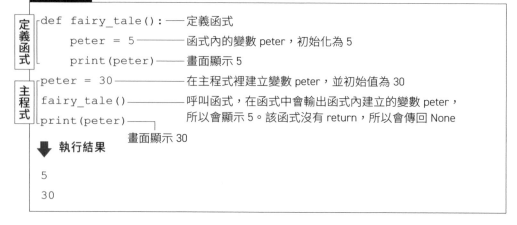

**程式 22.1** 在主程式和函式中定義相同名稱的變數

```
def fairy_tale():────定義函式
    peter = 5─────────函式內的變數 peter，初始化為 5
    print(peter)──────畫面顯示 5
peter = 30────────────在主程式裡建立變數 peter，並初始值為 30
fairy_tale()──────────呼叫函式，在函式中會輸出函式內建立的變數 peter，
                      所以會顯示 5。該函式沒有 return，所以會傳回 None
print(peter)──────
              畫面顯示 30
```

定義函式 主程式

▼ 執行結果

```
5
30
```

### ▶ 變數有效範圍的規則

變數有效範圍的規則如下：

● 在函式中要存取某個變數時，會先在函式的範圍中尋找此變數，如果有找到就使用它。如果沒有，就往外層的範圍尋找。這裡說的外層，通常是主程式，但也可能是巢狀函式 (稍後會介紹) 的外層函式。

● 如果在外層範圍中有找到，就使用該變數，否則繼續往更外層尋找。

● 如果在最外層的主程式中也沒找到，就會發生變數找不到的錯誤。

由於主程式是最外層的範圍，因此稱為**全域範圍** (global scope)，在主程式中建立的變數則稱為**全域變數** (global variable)，所有的程式都可以存取全域變數。在函式內宣告的變數則稱為**區域變數**，只有在函式範圍內可以存取它的區域變數。

另外有一點要特別注意，雖然在函式內可以讀取函式外的變數，但卻無法直接將值指派給函式外的變數，因為 Python 會認為你是在建立 (初始化) 函式內的區域變數。例如程式 22.2，在主程式中已建立了一個變數 v，而在函式 e() 中執行 v = 5 時，並不會更改到主程式的變數 v，而是在函式中另外初始化了一個新的區域變數 v，因此下一行 print(v) 時，會優先讀取到區域變數 v，而顯示出 5。

---

**程式 22.2** 在函式內初始化變數

```
def e():
    v = 5 ───────── 初始化區域變數 v
    print(v) ──────── 使用函式裡的區域變數 v
v = 1
e() ──────────── 可成功呼叫函式，print 使用的是在函式裡的變數 v
```

▼ 執行結果

```
5
```

在程式 22.3 中，函式 f() 可以**讀取**外部主程式的**全域變數** v，這是因為在 f() 中並沒有建立這個變數，因此往外尋找，而在主程式中有找到。

**程式 22.3**　函式內部可存取外部主程式的變數

```
def f():
    print(v) ———— 使用主程式的變數 v
v = 1
f() ———————————— 可成功呼叫函式，函式中的 print 使用的是在主程式裡的變數 v
```
⬇ 執行結果
```
1
```

在程式 22.4 中，函式 g() 可以**讀取**外部主程式的**全域變數** v 和 x 並作運算，這是因為在 g() 中沒有建立這兩個變數，因此往外尋找，而在主程式中有找到。

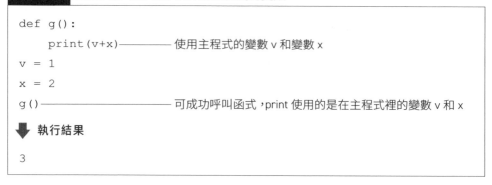

**程式 22.4**　函式內部可存取多個外部主程式的變數

```
def g():
    print(v+x) ———— 使用主程式的變數 v 和變數 x
v = 1
x = 2
g() ———————————— 可成功呼叫函式，print 使用的是在主程式裡的變數 v 和 x
```
⬇ 執行結果
```
3
```

在程式 22.5 中，函式 h() 會先讀取變數 v 的值、並將其值加 5 再指派給變數 v。此時因為有**指派**的動作，所以 v 會被視要初始化一個名稱為 v 的**區域變數**，但在初始化之前卻要先讀取 v 的值來加 5，因此發生「區域變數在初始化之前就先參照（讀取）」的錯誤。

程式 22.5　函式內部修改外部主程式的變數值

```
def h():
    v += 5 ──────── v會被視為區域變數，但尚未初始化就先讀取其值
v = 1
h() ──────── 程式會有錯誤
```

⬇ **執行結果**

```
Traceback(most recent call last):
  File "<ipython-input-1-143054fb7ad0>", line 1, in <module>
    runfile('D:/PyBook/F9751/test.py', wdir='D:/PyBook/F9751')

  .....(略)
  File "D:/PyBook/F9751/test.py", line 5, in <module>
    h()
  File "D:/PyBook/F9751/test.py", line 2, in h
    v += 5
UnboundLocalError: local variable 'v' referenced before
assignment
```

　　由以上的例子可知，在使用函式時需特別注意變數的**有效範圍**，因為可以在函式裡建立和主程式相同名稱的變數，所以必須注意目前的變數是屬於主程式的全域變數，還是函式裡的區域變數。

### ⚠ 像程式設計師一樣思考

從現在開始你需要學習如何閱讀程式碼，當你逐行閱讀程式時，要非常了解目前變數的有效範圍，以及該變數的值為何。

　　接下來我們用程式 22.6 進一步說明變數的有效範圍。在此程式裡有一個函式 odd_or_even()，當傳入的參數為奇數時會傳回 "odd"，當參數為偶數時會傳回 "even"，該函式不會顯示任何資訊，只會傳回處理結果。主程式中的

num=4 表示該變數為全域變數，呼叫函式帶入的參數值為 4，因為 4 除以 2 的餘數為 0，所以程式會傳回 "even"，print (odd_or_even (num)) 會在畫面上顯示 even。接下來再呼叫函式並傳入 5，但因為主程式並沒有使用任何變數來接收傳回的結果，所以沒有對傳回的結果作進一步處理，因此畫面不會顯示任何資訊。

---

**程式 22.6**　同樣變數名稱，不同的有效範圍

```
def odd_or_even(num):  ──────── 定義函式，該函式有一個參數為 num
    num = num%2  ──────────── 計算 num 除以 2 的餘數
    if num == 1:
        return "odd"
    else:
        return "even"
num = 4  ────────────────── 此處的 num 為全域變數
print(odd_or_even(num))  ──── 顯示函式傳回的結果
odd_or_even(5)  ───────────── 沒有針對傳回值作任何處理
```

---

圖 22.1 為當你在閱讀程式時，可以使用類似的圖來了解各變數的情況。需要注意的是，下圖有兩個變數的名稱都叫 num，但因為他們的有效範圍不同，所以並不會互相影響。

我們從 ❶ 開始閱讀程式碼，然後逐行確認程式的執行狀況，並了解每個變數的有效範圍。程式啟動點為 ❶ 箭頭處 num=4 這行程式碼，接著程式會呼叫 odd_or_even()，該函式有一個參數為 num。

續下頁 ⇨

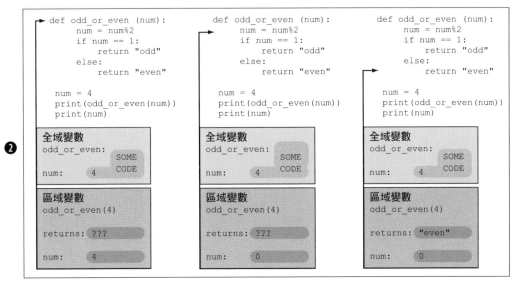

**圖 22.1** 函式 odd_or_even() 會判斷輸入的參數是奇數還是偶數

在❷這個部份,當主程式執行 print(odd_or_even(num)) 時,程式會開始執行 odd_or_even() 函式內部的程式碼,注意此時函式外部的全域變數依然存在,但我們先專注了解函式內部變數的變化:請看❷最左邊的程式區塊,有一個參數 num(參數也是一種區域變數),其值為 4。在❷中間的程式區塊,num=num%2 的意思,是將 num%2 的結果重新指派給 num,這個操作只會影響到函式內的 num 參數,其值會變成 0。在❷最右邊的程式區塊,依據條件判斷會傳回 "even"。

❸表示我們已經完成函式呼叫並返回主程式,在這裡我們執行兩個 print,第一個 print 會顯示函式傳回的結果 even,第二個 print 顯示了全域變數 num 的值,其值為 4。

---

✎ **觀念驗證 22.1**

```
def f(a, b):
    x = a+b
    y = a-b
    print(x*y)
    return x/y
a = 1
b = 2
x = 5
y = 6
```

依據上列函式，請問下列程式碼在畫面上顯示的值為何？

1. print(f(x, y))
2. print(f(a, b))
3. print(f(x, a))
4. print(f(y, b))

---

# 22-3 巢狀函式

**巢狀函式**（Nested functions）就是某個函式內又使用 def 定義了另一個函式。在程式執行時，必須先呼叫巢狀函式的外層函式，然後內層函式才會被建立，這就像建立函式內的區域變數一樣。

程式 22.7 為巢狀函式的範例，在 sing() 函式內部又使用 def 定義了一個 stop() 函式，由於 stop() 函式的有效範圍只在 sing() 函式內部，因此只能在 sing() 函數的內部來呼叫它。主程式無法直接呼叫 stop() 函式，若呼叫將會發生錯誤。

**程式 22.7** 巢狀函式

```
def sing():
    def stop(line):————————————————— 在 sing() 函式裡定義一個新函式
        print("STOP", line)
    stop("it's hammer time")┐
    stop("in the name of love")├———— 在 sing() 函式裡呼叫 stop() 函式
    stop("hey, what's that sound")┘
sing()                                此行會出現錯誤，因為主程式無
stop()————————————————————————————— 法直接呼叫巢狀函式的內層函式
```

## ✎ 觀念驗證 22.2

```
def add_one(a, b):
    x = a+1
    y = b+1
    def mult(a, b):
        return a*b
    return mult(x, y)
a = 1
b = 2
x = 5
y = 6
```

依據上列函式，請問下列程式碼在畫面上顯示的值為何

1. print(add_one(x, y))

2. print(add_one(a, b))

3. print(add_one(x, a))

4. print(add_one(y, b))

# 22-4 函式也可以做為參數

在 Python 裡的任何東西都是物件，所以函式 (function) 也是一個物件，只要是物件，就可以當作函式的參數，因此我們可以把某個函式當作參數，傳入另一個函式裡。

假設你現在想要撰寫製作三明治的程式，此程式可以製作兩種三明治，其中一種是培根生菜蕃茄三明治 (BLT sandwich)，配菜有培根、萵苣和蕃茄；另一種是早餐三明治 (breakfast sandwich)，配菜有蛋和起司。程式 22.8 有 blt() 和 breakfast() 兩個函式，外部可呼叫這兩個函式來製作對應的三明治，函式的傳回值為字串。

程式 22.8 裡還有另一個函式 sandwich()，該函式有一個參數 kind_of_sandwich，其型別為函式物件，因此在函式中可以用 kind_of_sandwich() 來呼叫這個函式物件。

當外部要呼叫 sandwich() 函式時，會傳入一個函式物件作為參數，此時只需傳入該函式的名稱，不用加上小括號。例如，當我們要呼叫 sandwith() 函式，並傳入 blt() 函式或是 breakfast() 函式作為參數時，其呼叫方式為 sandwich(blt) 或 sandwich(breakfast)。

> **TIP** 將函式名稱加上小括號的意思是呼叫函式。由於呼叫 blt() 或 breakfast() 都會傳回字串，所以若是呼叫 sandwich(**blt()**)，會導致傳入 sandwich 的參數是字串物件，而非函式物件！簡言之，blt 就代表函式物件本身，而 blt() 則是執行函式並會得到一個傳回值或 None。

程式 22.8 中的 kind_of_sandwich 和一般參數一樣，只是一個形式參數，也就是佔位置用的，事實上並沒有這個物件，而必須等到函式被呼叫時，傳入實際的參數，例如 blt 或 freakfast，才會知道要用哪個函式。

**程式 22.8** 將函式物件作為參數傳入另一個函式

```
def sandwich(kind_of_sandwich):────────── kind_of_sandwich 為此函式的參數
    print("--------")
    print(kind_of_sandwich())────────── kind_of_sandwich 後面加上小括號
    print("--------")                   代表要進行函式呼叫
def blt():
    my_blt = " bacon\n lettuce\n tomato"
    return my_blt
def breakfast():
    my_ec = " eggegg\n cheese"        呼叫 sandwich 時,將 blt 函式當
    return my_ec                       作參數傳入,只需傳入函式物件
print(sandwich(blt))────────────────── 的名稱,不可加小括號
```

✎ **觀念驗證 22.3**

請閱讀程式 22.8 的程式碼,畫出或寫出每個變數的值和有效範圍、函式的傳回值為何,以及該程式會在畫面顯示什麼資訊。

# **22-5** 函式也可以做為傳回值

即然函式物件可以做為參數,當然也可以做為傳回值,藉由傳回函式物件,可以讓程式更有彈性。在用 return 傳回函式物件時,同樣只需要指明函式的名稱,而不可在函式名稱後加小括號(函式名稱是代表函式物件,若加括號則代表要執行函式物件)。

通常我們會在巢狀函式內傳回「內層函式」的函式物件,程式 22.9 示範如何在巢狀函式內部傳回函式物件:

● 有一個 grumpy() 函式,該函式會在畫面顯示一段訊息,並在其內部定義了另一個函式 no_n_times(n)。

- no_n_times(n) 函式會顯示另一段訊息，並在其內部定義了另一個函式 no_m_more_times(m)。

- no_m_more_times(m) 函式會顯示另一段訊息，並使用迴圈執行 print ("no") 共 n+m 次。

　　no_m_more_times 函式定義在 no_n_times 函式內部，對它來講，no_n_times 函式的參數 n 就是它的上一層變數，它可以往上一層找到，所以不必將變數 n 當作參數傳入 no_m_more_times 函式就可以存取變數 n，如此可以減少呼叫函式時參數的傳遞。

　　no_n_times(n) 會把 no_m_more_times 函式當作傳回值；grumpy 會把 no_n_times 函式當作傳回值。

　　所以當你執行 grumpy()(4)(2) 時，程式會依傳回的函式物件帶入參數繼續執行，其詳細步驟如下：

- 我們在函式內部已經使用 print 指令在畫面顯示相關資訊，所以不需要再將 grumpy() 函式的傳回值顯示於畫面上。

- grumpy() 的傳回值為 no_n_times 函式，所以 grumpy()(4)(2) 等同於 no_n_times(4)(2)。

- no_n_times(4) 的傳回值為 no_m_more_times 函式，所以 no_n_times(4)(2) 等同於 no_m_more_times(2)。

- 最後我們執行的程式為 no_m_more_times(2)，該函式會依其處理邏輯在畫面顯示對應的資訊。

| 程式 22.9 | 傳回函式物件 |
|---|---|

```
def grumpy():                              ──────── 定義函式
    print("I am a grumpy cat:")
    def no_n_times(n):                     ──────── 巢狀函式
        print("No", n, "times...")
        def no_m_more_times(m):            ──────── 巢狀函式
            print("...and no", m, "more times")
            for i in range(n+m):                   使用迴圈顯示 "no"，
                print("no")                ──────── 執行次數為 n+m 次
        return no_m_more_times             ──────── 以 no_m_more_times 函式
    return no_n_times                              作為 no_n_times 的傳回值
grumpy()(4)(2)                             ──────── 以 no_n_times 函式作為 grumpy 函式的傳回值
                                                   主程式呼叫 grumpy() 函式，並連續呼叫其傳回的函式
```

**⬇ 執行結果**

```
I am a grumpy cat:
No 4 times...
...and no 2 more times
no
no
no
no
no
no
```

上列程式說明了函式連續呼叫的方式是從左到右，依據傳回的函式物件再進行下一步呼叫，所以當你使用 f()()()()，代表你有一個 4 層的巢狀函式。

---

### ✎ 觀念驗證 22.4

請閱讀程式 22.9 的程式碼，畫出或寫出每個變數的值和有效範圍、函式的傳回值為何？

# 結語

本章的目的是介紹函式的細節以及進階用法，我們先初步說明函式的一般使用方式，接著說明變數有效範圍，因為主程式和函式的有效範圍不同，所以在這兩個範圍內的變數名稱就算相同也不會互相影響。另外由於函式也是一個物件，所以我們可以把函式當作參數傳入另一個函式，或是把函式當作傳回值。本章重點：

- 在函式中建立的變數稱為**區域變數**，其有效範圍只在函式中，因此也只能在函式中存取。在主程式中建立的變數則稱為**全域變數**，其有效範圍涵蓋所有的程式，因此可以被所有的程式存取。

- 在函式內部可使用 def 再定義另一個函式，我們稱為**巢狀函式**，主程式無法直接呼叫巢狀函式的內層函式。

- 函式也是一個物件，所以函式可以當作參數傳入另一個函式，也可以把函式當作某個函式的傳回值。

# 習題

**Q1** 完成下列程式

```
def area(shape, n):
    # 依據傳入的圖形函式及參數 n 寫出程式碼
    # 計算出該圖形的面積並傳回結果
def circle(radius):
    return 3.14*radius**2
def square(length):
    return length*length
```

接著請寫程式呼叫 area() 函式，以取得並顯示底下 3 個結果：

1. 取得半徑為 10 的圓形面積

2. 取得邊長為 5 的正方形面積

3. 取得直徑為 4 的圓形面積

※ 提示：可寫成類似 print(area(circle, 5)) 的寫法。

**Q2** 請完成下列程式：

```
def person(age):
    print("I am a person")
    def student(major):
        print("I like learning")
        def vacation(place):
            print("But I need to take breaks")
            print(age, "|", major, "|", place)
        # 撰寫程式碼傳回合適的函式物件
    # 撰寫程式碼傳回合適的函式物件
```

完成上述程式後，若我們執行 person(12)("Math")("beach") 要能顯示：

```
I am a person
I like learning
But I need to take breaks
12 | Math | beach
```

**Q3** 請比照上面呼叫 person() 函式的方式，依照說明寫出對應的程式碼：

- 1. 呼叫 person() 函式，其參數為 age = 29, major="CS", place="Japan"
- 2. 呼叫 person() 函式，使其顯示結果為 23 | Law | Florida

Chapter

# 23

# CAPSTONE 整合專案：
# 分析好友資訊

## 學習重點

➡ 如何逐行讀取檔案內容

➡ 如何分析儲存在多個 tuple 中的資料

➡ 如何將讀取的資料儲存到多個 tuple 中

到目前為止，我們處理過的資料來源有兩種：

1. 在程式裡預先建立好的變數資料。

2. 在執行程式時要求使用者輸入的資料。

但是如果需要的資料非常多，則上述兩種方式都不方便，更好的方式是先將資料儲存到檔案中，然後再用程式讀取檔案以取得所需的資料。

專案說明 (The problem)：本專案程式會從檔案中讀取好友資訊，包括姓名和電話號碼，然後進行後續分析，包括好友的人數、以及他們都住在哪些地區。

讀取所有好友資料後，會顯示以下訊息：

```
You have 4 friends!
They live in('New Jersey', 'Connecticut', Washington D.C.')
```

# 23-1 讀取檔案

接下來我們會撰寫 read_file() 函式，該函式會逐行讀取檔案內容，並將讀到的每行資料都儲存在變數裡。

## ▶ 檔案格式

假設檔案格式如下，每一行分別代表好友的姓名和電話號碼：

好友 A 姓名
好友 A 電話號碼
好友 B 姓名
好友 B 電話號碼
…

從上述可知，在檔案裡的每一行都代表一項資訊，我們可以逐行讀取檔案內容，將第一行、第三行、第五行…的內容為好友姓名，可彙總存在一個 tuple 裡，而第二行、第四行、第六行…的內容為好友電話號碼，可彙總存在另一個 tuple 裡。如下列所示：

(好友 A 姓名 , 好友 B 姓名 , …)
(好友 A 電話號碼 , 好友 B 電話號碼 , …)

你會發現，這兩個 tuple 索引值為 0 的元素，都是和好友 A 有關的資訊，而索引值為 1 的元素，都是和好友 B 有關的資訊…以此類推。

## ▶ 換行符號

接著來認識換行符號，首先我們試著在 Spyder 裡輸入下列程式碼：

```
print("no newline")
```

執行程式後，主控台會顯示 no newline，下一行緊接著出現的是主控台的提示輸入文字。接著將程式修改為：

```
print("yes newline\n")
```

執行程式後，主控台會顯示 yes newline 並在後面多顯示一空白行。這是因為我們在文字的尾端加上了**換行符號** \n，這個換行符號告訴 Python 應在此換行，其後若有文字則會顯示在下一行，若無文字則顯示空白行。

## ▶ 移除換行符號

從檔案讀取的每一行資料中，都會包含最尾端的換行符號，因此必須先將之移除，以方便後續的資料處理及分析。由於程式會將讀到的資料儲存在字串裡，所以我們可以使用字串的方法來移除換行符號，最簡單的方式就是將換行符號 \n 置換為空字串 ""。

程式 23.1 會將換行符號 \n 置換為空字串，並將置換完畢後的資料儲存在 word 變數。

**程式 23.1**　移除換行符號

```
word = "bird\n"————— 初始化變數，其值為含有換行符號的字串
print(word)————— 顯示含有換行符號的字串
word = word.replace("\n", "")—————————將換行符號置換為空字串，
print(word)————— 顯示沒有換行符號的字串        並將結果再指派給 word 變數
```

### ⓘ 像程式設計師一樣思考

每個程式設計師的思考方式都不一樣，即使同樣的功能，每個人的實作方式都有可能不同。以程式 23.1 為例，我們是用 replace() 把換行符號置換為空字串，但其實還有另一個方法可以做到：strip()。strip() 會檢查字串頭尾兩端是否含有指定的字元，若有則刪除該字元。下列兩行都可移除字串尾端的換行符號：

```
word = word.replace("\n", "")
word = word.strip("\n")
```

## ▶ 使用 tuple 儲存資訊

我們利用迴圈就可以逐行讀取檔案的內容，讀出來的每一行均為字串，要先移除換行符號，然後再依據其為好友姓名或電話號碼，分別放入不同的 tuple 裡。圖 23.1 說明了每次讀取資料時，是如何把資料存放到對應的 tuple 裡。

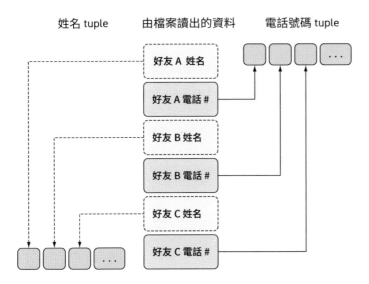

**圖 23.1** 檔案裡的第一行是好友 A 姓名，第二行是好友 A 電話號碼；第三行是好友 B 姓名，第四行是好友 B 電話號碼…以此類推。所以我們逐一將第一行、第三行、第五行…的資料存到姓名 tuple 裡，而第二行、第四行、第六行…的內容存到另一個電話號碼 tuple 裡。

每次迴圈讀取一行資料時，會把該行資料加到對應 tuple 的尾端，隨著迴圈不斷執行，tuple 裡會持續增加新的元素。

## ▶ 讓函式傳回多個 tuple

由於函式只能傳回單一的值（參見 21-2 節），若要傳回多個值，則可將這些值都放在單一個 tuple 中傳回。如圖 23.1，我們已經將好友的姓名和電話號碼分別儲存在兩個 tuple 內，接下來則可將它們放到另一個 tuple 中做為函式的傳回值，其格式如下：

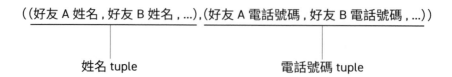

((好友 A 姓名, 好友 B 姓名, …), (好友 A 電話號碼, 好友 B 電話號碼, …))

姓名 tuple          電話號碼 tuple

程式 23.2 的 read_file() 函式實作了前述的各項功能：從檔案讀取資料並傳回包含好友姓名及電話的 tuple。該函式的參數為一個檔案物件，函式中使用迴圈走訪檔案裡的每一行資料，並移除尾端的換行符號。如果是奇數行，就把資料加入姓名 tuple，如果是偶數行，則把資料放入電話號碼 tuple。最後再把姓名 tuple 及電話號碼 tuple 都放到另一個 tuple 裡做為傳回值。

**程式 23.2** 從檔案裡讀取好友姓名及電話

```
def read_file(file):
    """
    file, a file object
    Starting from the first line, it reads every
    2 lines and stores them in a tuple.
    Starting from the second line, it reads every
    2 lines and stores them in a tuple.
    Returns a tuple of the two tuples.
    """
    first_every_2 =()
    second_every_2 =()
    line_count = 1
    for line in file:
        stripped_line = line.replace("\n","")
        if line_count%2 == 1:
            first_every_2 +=(stripped_line,)
        elif line_count%2 == 0:
            second_every_2 +=(stripped_line,)
        line_count += 1
    return(first_every_2, second_every_2)
```

文件字串 (docstring)

初始化兩個空的 tuple，用來儲存姓名和電話號碼

使用此變數計算行號

使用迴圈依序讀取檔案裡的每一行

移除每一行的換行符號

如果是奇數行 (line_count 為 1,3,5,… 時)

將資料存入姓名 tuple

如果是偶數行 (line_count 為 2,4,6,… 時)

將資料存入電話號碼 tuple

增加行號

傳回包含 2 個 tuple 的 tuple

# 23-2 清理讀取到的資料

由於電話號碼有很多種寫法，所以讀到的電話號碼可能會包含連字號、小括號、或空格，想讓分析工作順利，必須先將這些資料進行清理，讓電話號碼能有一致的格式，也就是移除所有符號、只留下數字即可。

程式 23.3 的 sanitize() 函式，會用一個迴圈將參數 some_tuple 裡的所有電話號碼，都使用字串的 replace() 方法把可能出現的符號都置換為空字串，然後將置換的結果放入另一個新 tuple 中。最後再將此新 tuple 傳回，其內容即為格式一致的電話號碼。

**程式 23.3** 移除電話號碼裡的空格、連字號、括號

```python
def sanitize(some_tuple):
    """
    phones, a tuple of strings
    Removes all spaces, dashes, and open/closed parentheses
    in each string
    Returns a tuple with cleaned up string elements
    """
    clean_string =()                      ──── 初始化一個新 tuple 來儲存移除
    for st in some_tuple:                       符號後的電話號碼
        st = st.replace(" ", "")
        st = st.replace("-", "")
        st = st.replace("(", "")          ──── 移除特殊符號
        st = st.replace(")", "")
        clean_string +=(st, )             ──── 將處理後的結果放入新 tuple
    return clean_string                   ──── 傳回新 tuple
```

# 23-3 程式的測試和除錯

在開始分析資料之前，我們應該先測試一下已經完成的兩個函式，以確定可以正確執行。如前面章節所述，只有當外部呼叫函式時，函式才會被執行，所以底下就來寫程式呼叫這兩個函式，以測試其輸出結果是否符合預期。

## ▶ 建立測試用的檔案物件

當你操作檔案時，需要先在程式裡建立**檔案物件** (file object)，然後再用它來存取檔案內容。在程式 23.2 中，read_file 函式使用迴圈 for line in file 來走訪檔案裡的每一行資料，其中的 file 即為檔案物件。

我們可以依據 23-1 節提到的檔案格式，在 Spyder 裡新建一個檔案，逐行輸入好友姓名及電話號碼，如下所示：

```
Ana
201-456-789
Ben
203 4567890
Cory
(202)-345-2619
Danny
2035648765
```

輸入完畢後，請將檔案儲存成 friends.txt，並確認 friends.txt 的儲存位置和你的 Python 程式是在同一個資料夾中。

## ▶ 開啟並讀取檔案

我們可以使用 open () 函式來開啟檔案並傳回一個檔案物件。請特別注意，要開啟的檔案必須和執行的程式檔放在同一個資料夾中 (否則必須在檔案名稱中加上路徑，例如 "C:\test\friends.txt"，較為麻煩)。

　　程式 23.4 示範如何建立檔案物件，並用前面撰寫好的函式進行測試。程式中會先呼叫 open() 函式開啟 friends.txt，然後再將 open() 傳回的檔案物件指派給 friends_file 變數。接著將此變數傳入 read_file() 函式裡，此函式會傳回一個 tuple，其中包含了 2 個子 tuple：姓名 tuple 及電話號碼 tuple。最後再把電話號碼 tuple 傳入 sanitize() 函式以清除電話號碼中可能出現的特殊符號。

　　另外，程式會用 print 來輸出每一個步驟的結果，以確認是否符合預期。最後還會在程式結束前，將開啟的檔案關閉。

**程式 23.4** 從檔案裡讀取好友姓名和電話號碼

```
friends_file = open('friends.txt') ———— 開啟檔案
(names, phones)= read_file(friends_file) ——呼叫 read_file() 函式讀取檔案內容
print(names) ┐
print(phones) ┘ ———————————————— 顯示 read_file() 的傳回值
clean_phones = sanitize(phones)—— 呼叫 sanitize() 函式清除電話號碼裡的符號
print(clean_phones)———————————— 顯示 sanitize() 的傳回值
friends_file.close() ———————————— 關閉檔案
```

　　上述程式執行後，即可在主控台查看顯示結果，可以確認程式是否如預期處理資料：

```
('Ana', 'Ben', 'Cory', 'Danny')———————— 好友姓名        原始的電話號碼
('201-456-789', '203 4567890', '(202)-345-2619', '2035648765')┘
('201456789', '2034567890', '2023452619', '2035648765')————
                                              清理過的電話號碼
```

　　當我們在開發一個較大的程式時，可以先對已經完成的函式進行測試，確保到目前為止的程式都能正確執行。若某個函式的傳回值會作為另一個函式的參數，那麼也要測試這兩個函式間是否能正確互動。

# <u>23-4</u> 重複使用函式

使用函式最大的好處，就是每當需要執行類似的操作時，只要呼叫函式即可，而不用複製及修改原本的程式。現在我們已經寫好一個函式，該函式可以讀取某個檔案的資料，並將姓名與電話號碼分別儲存在不同的 tuple。如果有其他格式相同的檔案，那麼也可以透過此函式來讀取其內容。例如底下的電話號碼區碼和州別的檔案結構：

區碼 1
州別 1
區碼 2
州別 2
……

此結構和之前的 friends.txt 相同，因此同樣可以藉由讀取奇數行和偶數行的資料來獲得對應的資訊。接著我們就來試著讀取包含區碼和州別資料的檔案 map_areacodes_states.txt，其內容如下：

201
New Jersey
202
Washington D.C.
203
Connecticut
204
……

針對這個檔案，我們可以重複使用 read_file() 函式來取得其中的區碼和州別資料。撰寫的程式碼如下：

```
map_file = open('map_areacodes_states.txt')
(areacodes, places)= read_file(map_file)
```

# 23-5 分析好友資訊

我們的程式已經可以從檔案中讀取所需的資料並存入變數了，接著就可以利用這些資料來作進一步的分析。目前已讀取到的資料包括：

- 好友的姓名
- 好友的電話號碼
- 區碼
- 州別

## ▶ 撰寫分析好友的函式

現在我們要撰寫分析好友的 analyze_friends() 函式，該函式需傳入 4 個 tuple 型別的參數，依序為：好友姓名、好友電話號碼、區碼、及州別。假設有一份好友姓名和電話號碼的檔案如下 (同 23-3 節建立的 friends.txt)：

Ana
201-456-789
Ben
203 4567890
Cory
(202)-345-2619
Danny
2035648765

而我們希望 analyze_friends() 會在畫面顯示：

```
You have 4 friends!
They live in('New Jersey', 'Connecticut', 'Washington D.C.')
```

雖然檔案中有 4 筆好友資料，但其中有兩個人住在同一個州，而程式不會顯示重複的州別，所以只會顯示 3 筆州別。

首先來撰寫 analyze_friends() 的參數定義及文件字串 (docstring)：

```
def analyze_friends(names, phones, all_areacodes, all_places):
    """
    names, a tuple of friend names
    phones, a tuple of phone numbers without special symbols
    all_areacodes, a tuple of strings for the area codes
    all_places, a tuple of strings for the US states
    Prints out how many friends you have and every unique
    state that is represented by their phone numbers.
    """
```

## ▶ 撰寫函式內的輔助函式 (helper function)

由於 analyze_friends() 的功能有點複雜，所以我們先撰寫 2 支**輔助函式** (helper function) 來將函式的功能模組化。所謂輔助函式，是指該函式可以用來幫助某個函式完成特定功能。

### 傳回不重複的區碼

get_unique_area_codes() 是第一個要寫的輔助函式，該函式沒有參數，只會將不重複的區碼儲存到 tuple 裡並傳回。

程式 23.5 為 get_unique_area_codes() 的範例程式，該函式是寫在 analyze_friends() 的內部，所以它可直接存取 analyze_friends() 的變數，而

不需使用參數來傳遞。get_unique_area_codes() 會擷取電話號碼的前三碼做為區碼，並將不重複的區碼儲存到另一個新 tuple 中。在走訪每一個電話號碼時，只有當區碼不存在於新 tuple 時，才將此區碼放入 tuple 裡。

---

**程式 23.5** 函式會依據電話號碼 tuple，傳回不重複的區碼 tuple

```
def get_unique_area_codes():
    """
    Returns a tuple of all unique area codes in phones
    """
    area_codes =()                          初始化一個新 tuple，用來儲存不重複的區碼
    for ph in phones:                       走訪檔案裡的每一個電話號碼
        if ph[0:3] not in area_codes:       當 tuple 裡不存在該區碼時
            area_codes +=(ph[0:3], )        擷取電話號碼的前 3 碼，
    return area_codes                       並放入 area_codes 中
```

### 從區碼找出對應的州別

由於傳入 analyze_friends() 的參數中包括了區碼和州別，因此可以使用這些資訊來從區碼找出對應的州別。接著我們要撰寫第二個輔助函式 get_states()，該函式的參數為內含區碼的 tuple，函式會依 tuple 中的區碼找出對應的州別並存入另一個新 tuple 中傳回。get_states() 同樣是寫在 analyze_friends() 的內部，因此可以存取 analyze_friends() 內的所有變數。

程式 23.6 為 get_states() 的範例程式，程式會用到之前呼叫 read_file() 讀取 map_areacodes_states.txt 所傳回的 tuple，該 tuple 裡包含了區碼和州別 2 個 tuple：

((201, 202, 203, …),(New Jersey, Washington D.C., Connecticut, …))

區碼 tuple                州別 tuple

由此可知，201 區碼代表的是 New Jersey，202 代表的是 Washington D.C…. 以此類推。這表示我們可藉 index() 來取得某個元素在區碼 tuple 裡的索引值，並用此索引值到州別 tuple 裡取得對應的州別。例如：201 在區碼 tuple 的索引值為 0，而州別 tuple 裡索引值 0 的元素為 New Jersey，因此區碼 201 的州別即是 New Jersey。

另外，一個好的程式設計師會預想可能發生的錯誤，並在錯誤發生時作適當的處理。例如，使用者可能會輸入一筆錯誤的區碼，而導致無法找出對應的州別，此時程式會將此區碼的州別設為 BAD AREACODE，代表該區碼找不到對應的州別資訊。

**程式 23.6** 函式會依據區碼 tuple，傳回對應的州別 tuple

```
def get_states(some_areacodes):
    """

    some_areacodes, a tuple of area codes
    Returns a tuple of the states associated with those area
    codes
    """
    states =()
    for ac in some_areacodes:
        if ac not in all_areacodes:
            states +=("BAD AREACODE", )
        else:
            index = all_areacodes.index(ac)
            states +=(all_places[index], )
    return states
```

若區碼沒有對應的州別，則將此區碼的州別設為 "BAD AREACODE"

找出區碼在 all_areacodes 裡的索引值

使用該索引值找到對應的州別

我們將以上 2 個輔助函式都寫在 analyze_friends() 函式內，這樣的好處是可以讓 analyze_friends() 的邏輯比較單純，可讀性高且便於日後維護。在 analyze_friends() 中，可以很輕易地呼叫輔助函式來完成特定工作。

analyze_friends() 的完整內容

```
def analyze_friends(names, phones, all_areacodes, all_places):
    """
    names, a tuple of friend names
    phones, a tuple of phone numbers without special symbols
    all_areacodes, a tuple of strings for the area codes
    all_places, a tuple of strings for the US states
    Prints out how many friends you have and every unique
    state that is represented by their phone numbers.
    """
    def get_unique_area_codes():
        """
        Returns a tuple of all unique area codes in phones
        """
        area_codes =()
        for ph in phones:
            if ph[0:3] not in area_codes:
                area_codes +=(ph[0:3], )
        return area_codes

    def get_states(some_areacodes):
        """
        some_area_codes, a tuple of area codes
        Returns a tuple of the states associated with those
        area codes
        """
        states =()
        for ac in some_areacodes:
            if ac not in all_areacodes:
                states +=("BAD AREACODE", )
            else:
                index = all_areacodes.index(ac)
                states +=(all_places[index], )
        return states
```

續下頁 ⇨

```
num_friends = len(names)────────────────①
unique_area_codes = get_unique_area_codes()────②
unique_states = get_states(unique_area_codes)────③
print("You have", num_friends, "friends!")────④
print("They live in", unique_states)────────⑤
─────────────────── 此函式不傳回其他結果
```

① 由參數 names 計算有多少個好友
② 將不重複的區碼儲存到 unique_area_codes 變數
③ 依據區碼取得對應的州別
④ 顯示有多少個好友
⑤ 顯示不重複的州別

程式 23.8 為在主程式中讀取檔案並進行分析的範例：

**程式 23.8** 在主程式中讀取檔案並進行分析

```
─── 開啟檔案                                使用相同的函式分別
friends_file = open('friends.txt')            讀取兩個不同的檔案
(names, phones)= read_file(friends_file) ───────
areacodes_file = open('map_areacodes_states.txt')
(areacodes, states)= read_file(areacodes_file)
clean_phones = sanitize(phones) ─────── 移除電話號碼裡的特殊符號
analyze_friends(names, clean_phones, areacodes, states) ───
friends_file.close() ───┐
                        ├── 關閉開啟的檔案     呼叫 analyze_friends()
areacodes_file.close() ─┘                    來分析資料
```

# 結語

　　本章做了一個專案，可以從檔案讀取好友的姓名和電話號碼、以及區碼和州別來分析好友資訊。我們撰寫了以下幾個函式：

1. 撰寫 read_file() 來讀取特定格式的檔案，並傳回讀取的結果。主程式會用此函式來讀取 2 個檔案：包含好友姓名和電話號碼的 friends.txt、以及包含區碼和州別資訊的 map_areacodes_states.txt。

2. 撰寫 sanitize() 來移除在電話號碼裡的特殊符號。

3. 撰寫 analyze_friends() 來分析從檔案讀取出的資料，並在畫面顯示結果。此函式內部又定義了兩個輔助函式：

   (1) get_unique_area_codes() 會依據電話號碼 tuple，傳回不重複的區碼 tuple。

   (2) get_states() 會依據區碼 tuple，傳回對應的州別 tuple。

　　從這個專案我們學到如何將大型程式分拆成較小的函式模組，以簡化程式的複雜度，並提升函式的可重複使用性。本章重點：

● 可以用 open() 來開啟檔案，並用 for 迴圈逐行讀取檔案的內容。

● 可以用函式將程式模組化，並讓函式可以重複使用。每次呼叫函式時只要傳入適當的參數 (例如要開啟的檔案名稱)，即可取得想要的結果 (例如讀取到的檔案內容)。

● 當你完成了一、二個函式時，應馬上測試其正確性。如果函式之間有關連，那麼也要測試它們之間是否能正確互動。

● 如果 A 函式只是用來幫助 B 函式完成某項工作，而與主程式或其他函式無關，那麼就可將 A 函式定義在 B 函式的內部。此時內層 A 函式可視為外層 B 函式的輔助函式。

# U N I T

# 7

# 使用可變物件

**可變** (mutable) 物件就是**可以更改內容**的物件，
而**不可變** (immutable) 物件則是**不可更改內容**的
物件。

之前介紹的整數、浮點數、布林、字串、tuple
等，都是**不可變物件**，它們在建立好之後就不能
再更改內容了，例如字串是不可變物件，所以不

本書作者也在 MIT OpenCourseWare 網站上開課，是目前最受歡迎的程式基礎課程之一，在閱讀本書之餘，建議同步觀看線上課程內容。你可掃描右邊的 QRCode，或是在 ocw.mit.edu 網站搜尋課程編號 6.0001，即可找到課程連結。

MIT OpenCourseWare
線上課程連結

能把 'good' 字串直接改為 'food'，而只能在需要時另建一個 'food' 字串來使用。

本 Unit 將介紹 2 種新的**可變物件**：**串列**（list）和**字典**（dictionary）。這 2 種物件都是容器，因此有時也稱它們為**可變容器**。所謂容器就是內部還可以存放物件的物件，就像日常生活中容器的概念一樣，字串和 tuple 是內容不可更改的容器，而串列和字典則是內容可以更改的容器。容器也是物件，只不過其內部還可以存放許多其他的物件。

可變容器非常實用，因為在許多場合都經常需要更改容器的內容。例如你有一份公司的產品庫存清單，這時就應該使用可變容器來儲存這些資料，以便當產品庫存有異動時，能夠直接更新其內容。

本 Unit 最後的 CAPSTONE 專案，會寫程式來比較兩篇文章的相似度。程式會先用串列（list）來儲存文章中的所有單字，然後再用字典（dictionary）來記錄每個單字的出現次數，最後比較兩篇文章的單字出現次數，以評估其相似度。

# Chapter

# 24 可變（mutable）物件與不可變（immutable）物件

## 學習重點

➡ 什麼是不可變物件

➡ 什麼是可變物件

➡ 物件是以何種方式儲存在電腦記憶體裡

請思考下列情境：

去大賣場購物，會發現生鮮蔬果區的水果有兩種不同的銷售方式：一種是已經包裝好的水果禮盒，另一種是要自己裝袋的散裝水果。如果水果是要送人的，直接購買禮盒比較省事，店員可以直接刷條碼結帳；若是自己要吃的，就拿塑膠袋裝幾顆都可以，還可以任意混搭，結帳前要先給店員秤重或看一下幾顆才能算錢，太貴了還可以隨時拿幾顆出來。

在程式裡，資料常會放在容器（Container）內，選擇容器時就像上述購買水果的情境，要考慮資料是否會異動，再做適當的選擇，有時也需要考量不同容器對執行效能的影響。若存放的是有可能會改變的資料，通常會選擇比較有彈性的容器，方便可以隨時更改資料。

Python 的容器也像禮盒及塑膠袋一樣，分成「內容**不可變**」（immutable）和「內容**可變**」（mutable）兩種。

# 24-1 不可變 (immutable) 物件

目前為止，你看到的 Python 物件，包括整數、浮點數、布林、字串和 tuple 都是**不可變物件** (immutable object)，也就是當我們對此物件賦予特定值後，此值就無法改變了。

當我們建立一個物件時，電腦會把該物件放在記憶體的某個位址 (address) 裡。如第 4 章所說，變數是物件的名稱，使用變數就可參照 (reference) 到在記憶體中的物件。以圖 24.1 為例，該圖說明了物件在記憶體裡的位址，一開始 (左邊的圖) 用 a=1 令變數 a 做為物件 1 的名稱，這時 print (a) 看到的是 1，也就是透過 a 我們可以存取到物件 1。當我們又用 a = 2 指派新的值 2 給變數 a 時 (其實是用變數 a 當成物件 2 的名稱)，這時原本的 1 仍存在於記憶體內，只是現在沒有變數指向此值 (變成沒有名稱的物件)。

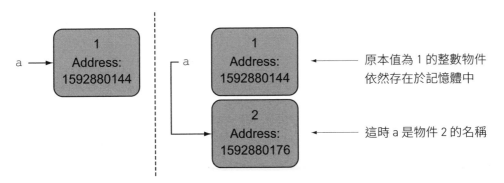

**圖 24.1** 原本的變數 a 是指向在某個記憶體位置的整數物件，其值為 1。當我們把變數 a 指派到另一個值為 2 的整數物件時，原本值為 1 的整數物件依然存在於記憶體，只是沒有任何變數指向它了。

**TIP** 再次強調：所謂「把變數 a 的值設為 2」、「把 2 指派 (或指定) 給變數 a」、「把 2 儲存到變數 a」、「把變數 a 指向 (或參照／連結) 物件 2」……指的都是同一件事，就是用變數 a 做為物件 2 的名字 (name)。至於說把變數初始化為 2，也是一樣，只不過初始化指的是變數 a 第一次出現 (初登場)，如此而已。

### ▶ 使用 id() 函式

你可以使用 id() 函式來確認物件在記憶體的位置，請試著在 Spyder 的主控台輸入如下資訊：

```
In [1]: id(1)
Out[1]: 1592880144
In [2]: a = 1
In [3]: id(a)
Out[3]: 1592880144
```

你執行得到的數值可能會不一樣，因為不同機器的執行環境會不一樣，但 id(1) 和 id(a) 的值肯定是會相同的

結果我們看到 id(1) 和 id(a) 的值都一樣，表示 1 這個物件的記憶體位置和變數 a 所代表的物件是在同一個位置的，也就是說目前變數 a 指向的是 1 這個整數物件。接下來，試著在主控台輸入下列程式碼：

```
In [4]: a = 2                    把 a 指向整數 2
In [5]: id(a)
Out[5]: 1592880176               a 的位置改變了！
In [6]: id(1)
Out[6]: 1592880144               變數 a 和物件 1 的位置不相同了
```

為什麼同樣是帶入變數 a，但 id() 顯示出來的值卻不相同？這是因為變數 a 連結的物件已經改變（從連結到物件 1 改變成連結到物件 2），所以顯示出來的值也不會相同。

如之前所提，到目前為止我們看到的 Python 物件，都是建立並賦予特定值後，此值就無法修改（請別誤解 !!! 這裡指的是如 1、2 這種整數物件，而不是變數 a）。你看物件 1 它不管 a 是否已改變，物件 1 還一直在那裡，id(1) 的值一直都是 1592880144。假設我們依序執行下列程式碼，一開始先將 a、b 兩個變數分別指派給 1 和 2，接著再將 a 指派給 3：

```
a = 1
b = 2
a = 3
```

圖 24.2 說明了當我們依序執行上述程式碼時，其物件在記憶體中的變化為：

- 建立一個值為 1 的整數物件，並將變數 a 連結到此物件
- 建立一個值為 2 的整數物件，並將變數 b 連結到此物件
- 建立一個值為 3 的整數物件，並將變數 a 連結到此物件

執行上述 3 行程式碼後，值為 1 的整數物件實際上還存在於記憶體中，但是已經沒有任何變數連結到此物件了。

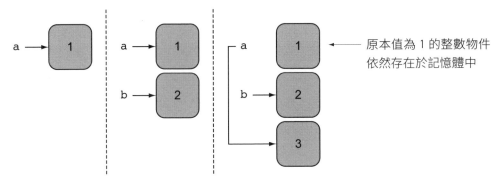

**圖 24.2** 變數連結到對應物件的轉換過程。一開始我們將變數 a 指向值為 1 的整數物件，接著將變數 b 指向值為 2 的整數物件，1 和 2 這兩個整數物件存在於記憶體裡的不同位置。最後，我們修改變數 a，使其指向值為 3 的整數物件，但是原本值為 1 的整數物件依然存在於記憶體中。

## ▶ 記憶體回收

假設現在有一個不可變物件，目前已經沒有任何變數指向它，則經過適當的時間或過程後，Python 直譯器會刪除該物件，以便電腦可釋放記憶體空間。我們不需費心處理不再使用的物件，Python 直譯器會依據目前物件在記憶體的狀況判斷是否需要刪除該物件，這個動作叫作**記憶體回收**（garbage collection)。因此,如果原本 a=1,然後 a 指向其他物件,後來再執行 a=1,則這時的 1 可能是原來的 1(若未被回收),也可能是另一個物件 1(如果原來的 1 已被回收)。

---

### ✎ 觀念驗證 24.1

若我們依序執行下列程式,請畫出類似圖 24.2 的轉換過程,確認變數和其指向物件的變化關係為何。

```
sq = 2 * 2
ci = 3.14
ci = 22 / 7
ci = 3
```

---

以上這節的內容到底在講什麼呢?它是在說,對於不可變物件,你不能更改其值,你只能把變數參照到另一個物件。例如:指定 a=2 之後,你不能更改那個 2,因為 2 是不可更改的物件,你只能用 a=3 把 a 參照到物件 3,但這並未更改到 2,2 仍然存在,必須由 Python 進行回收才會消失。以上原則對於字串、tuple、浮點數、布林值都相同。

## ▶ 不可變物件的特性

不可變物件的特性有:

1. 它們因為不可變所以比較安全,其值不會不小心被更動。注意!我們指的是物件本身,而非變數,例如:a = '1234',則 '1234' 是不會被更動的,而變數 a 當然可以改為別的值(改指到別的物件)。

2. 它們操作的效率比可變物件高。因為不用考慮更動內容的一些因素,所以實作上不管時間或空間的效率都比較高。

3. 只能用一個新物件來存放處理後的結果，例如：把 '1234' 倒過來排序，則排序結果 '4321' 必須放到記憶體的另一個地方，而不能直接把 '1234' 改成 '4321'，因為 '1234' 是字串，而字串是不可變物件，不能更改內容。

## 24-2 可變（mutable）物件

如之前所提，不可變物件指的是當我們對此物件賦予特定值後，此值就無法改變。而**可變**（mutable）**物件**則是，當我們對此物件賦予特定值後，此值依然可被修改。可變物件通常是一個可以儲存多個物件的容器，例如後面章節會介紹的**串列**（list）及**字典**（dict）。

我們先舉一個例子來說明什麼是可變物件。當你想去超市購買生活用品前，會先把需要購買的東西列入採買清單，若要增加購買的品項，則將此品項加入到清單中。需注意的是，你是修改**同一份清單**，而不是每次都把修改後的清單再抄到另一張紙上。

圖 24.3 說明了當我們修改可變物件的值時，指向該物件的變數並沒有改變。

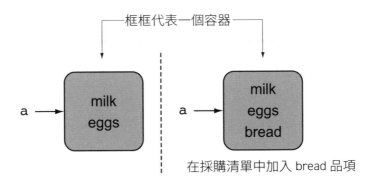

**圖 24.3** 上圖左側為原本的採買清單，右側為修改後的採買清單。該物件修改前後都是在同樣的記憶體位置。而變數 a 並未改變，一直都指向同一個容器。

相較於不可變物件，可變物件在修改物件值 (容器的內容) 後，仍然會保留變數和原物件 (容器) 之間的連結。如下列程式，我們加入新的品項到串列 (list，下一章會詳細介紹) 裡，但變數 a 仍然指向同一個串列，其執行狀況如上圖 24.3：

```
a = ["milk", "eggs"]
print(id(a)) ──────── 顯示出 2798157727944
a.append("bread") ──── 用 append() 方法加入新品項
print(id(a)) ──────── 顯示出 2798157727944，表示 a 的連結並未改變
```

可變物件非常實用，例如我們可以把多個好友姓名及電話號碼存在某個可變物件裡，當好友電話改變時，我們只要直接更改就可以了。但如果是放在不可變物件中，例如字串或 tuple，那就無法直接更改了，而必須將物件的內容一一搬出來，加以處理後，再用一個新物件 (容器) 把處理過的內容裝起來。

由此可見，如果容器的內容經常需要更改，那麼使用可變物件來儲存，會比使用不可變物件要有效率多了。但如果容器內容不需更改，那使用不可變物件效率會好一點。

---

### ✎ 觀念驗證 24.2

思考一下你會使用可變物件或是不可變物件儲存下列資訊？

1. 某個縣市內的所有行政區
2. 你的年齡
3. 超市裡販售的商品以及其價格
4. 某部車子的顏色

# 結語

本章重點：

● 物件是儲存在電腦記憶體裡。

● **不可變物件**（immutable object）就是此物件在初始化之後，其值就無法更改，例如整數、浮點數、布林、字串、tuple。

● **可變物件**（mutable object）則是此物件在初始化之後，其值依然可以更改。

● 不可變物件的優點：安全、空間使用效率高。

● 可變物件的優點：可以直接更改容器內容，不用另外建立一個新容器來存放更改後的內容。

# 習題

**Q1** 下圖以虛線分隔程式執行的每個步驟，請問哪個變數是連結到可變物件？哪個變數是連結到不可變物件？

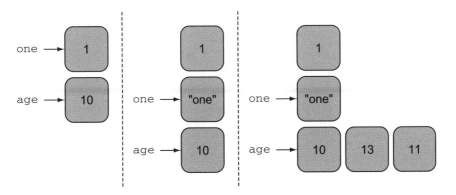

上圖為在程式裡操作 one 和 age 這兩個變數的執行過程，右下的方框為一個串列

# Chapter

# 25 串列 (list) 物件

## 學習重點

➡ 認識與建立串列 (list)

➡ 更改串列的內容

➡ 讀取與搜尋串列的內容

上一章介紹了**可變物件** (mutable object) 的特性及優點，而常用的可變物件有以下 2 種，它們都是**容器** (Container)：

● **串列** (list)：有序的可變容器，可用索引 (index) 編號來存取容器中的元素，有關索引，請參考圖 7.1。

● **字典** (dict)：無序的可變容器，不能用索引編號來存取容器元素，只能「以鍵取值」(參見第 27 章)。

**TIP** | 複習一下：**容器** (container) 就是可以儲存多個物件的資料結構 (型別)，之前介紹過的字串 (str) 及 tuple 也都是容器，但它們是不可變的。儲存在容器中的一個個物件，則稱為**元素** (element)。

---

### 想一想 Consider this

假設有一份儲存著全公司員工名單的檔案，你可以用文字編輯器修改。當發生下列哪個情況時，需要把修改後的名單重新儲存成另一個新檔案？

● 有新員工加入

● 某個員工換了姓名

● 某個員工離職

● 清單需要以員工姓名進行排序

#### 參考答案

以上情況都可以直接修改原檔案，不需另外建立新檔案。

# **25-1** 認識串列 (list)

　　**串列** (list) 就是有儲存順序的可變容器，它和 tuple 非常類似，只除了 tuple 是**不**可變物件，其元素不可更改，但串列的元素是可更改的。串列的格式如下：

```
a = [ 元素 0, 元素 1, 元素 2, 元素 3, .....]
    └─ 串列以中括號開頭          └─ 以中括號結束
```

　　再以上一章提到的超市購物清單為例，如果清單的內容都確定不會再改了，就可用 tuple 來儲存這個清單。但如果可能還會修改，則應改用串列來儲存。底下分別示範 tuple 及 list 在修改資料時的差異，假設要將清單的第 2 個 "egg" 改為 "apple"：

```
a =("milk", "eggs", "bread")──── 以 tuple 建立清單
b =(a[0], "apple", a[2])──────── 必須另建一個新 tuple 來儲存修改後的結果
print(a, b)──────────────────── 會輸出：('milk', 'eggs', 'bread')
                                        ('milk', 'apple', 'bread')
```

　　以上程式需要新增一個 tuple 物件 b 來儲存修改後的結果，因此會佔用雙倍空間。如果改用串列來建立清單，那麼可以**就地修改**串列的內容，而不用另建新串列，例如：

```
a = ["milk", "eggs", "bread"] ─────── 以 list 建立清單
a[1] = "apple" ────────────────────── 直接就地修改第 1 個 (索引 1) 元素，
print(a) ──── 會輸出 [milk', 'apple', 'bread']   既快速又省空間
```

## ▶ **tuple 與串列的使用時機**

　　那麼到底什麼時候該用 tuple、什麼時候該用串列呢？關於這 2 種容器的特性，已經在上一章介紹過了，下表再來複習一下：

| 特性＼容器 | tuple | list |
|---|:---:|:---:|
| 容器內的元素永遠不會改變 | O | X |
| 佔用空間較小、讀取速度較快 | O | X |
| 可就地修改資料、快速又不浪費空間 | X | O |

**TIP** | 請注意！如果只儲存不修改，則 tuple 佔用空間較小。但若後續需要修改資料，則 tuple 反而會耗用空間，這時使用 list 才不會浪費空間。

　　一般來說，tuple 適合用來儲存元素數量固定且內容不需更改的資料，例如在 2D 平面上的某些座標、或某個字出現在書裡的第幾頁第幾行。而串列比較適合用來儲存需要變動資料，例如學生的成績，或是家裡冰箱內有哪些物品。

> ✎ **觀念驗證 25.1**
>
> 在儲存下列資訊時，你會選擇使用 tuple 或是串列 (list) 來儲存？
>
> 1. 字母及其在字母表出現的順序
> 2. 鞋子的尺寸
> 3. 從 1950～2015 年，每個城市的名稱以及降雪量
> 4. 所有美國居民的姓名
> 5. 你手機或電腦裡有哪些應用程式

# 25-2 建立串列 (list) 並以索引 (index) 取值

　　我們可以用中括號 [ ] 來建立串列，L = [] 表示要建立一個空串列，並指派給變數 L。你可以使用其他的變數名稱，只要符合 Python 的變數命名規則即可。

當然也可以建立含有元素的串列，例如：

```
grocery = ["milk", "eggs", "bread"]
```

就可以建立一個 grocery 串列，並且存放了 "milk"、"eggs"、"bread" 3 個元素。串列和字串、tuple 一樣，都可以用 len() 來取得容器的長度，也就是容器內有多少個元素。以上例來說，len(L) 會傳回 0，而 len(grocery) 會傳回 3。

串列索引的用法也和字串、tuple 一樣，都是由 0 開始，索引 0 代表第 0 個元素，索引 1 代表第 1 個元素，以此類推，而最後一個元素在串列裡的索引為串列的長度減 1。

我們可以用中括號 [ ] 來指定索引，以取得串列內該索引位置的元素，例如：

```
grocery = ["milk", "eggs", "bread"]
print(grocery[0])    # 會顯示 milk
print(grocery[1])    # 會顯示 eggs
print(grocery[2])    # 會顯示 bread
```

如果指定的索引值超過了串列的最大索引時，程式會發生錯誤，例如：

```
grocery = ["milk", "eggs", "bread"]
print(grocery[3])
```

執行時會顯示：

```
Traceback(most recent call last):
File "<ipython-input-14-c90317837012>", line 2, in <module>
    print(grocery[3])
IndexError: list index out of range ———— 哦！發生錯誤了
```

依據錯誤訊息可得知是「IndexError: 指定的索引超出了串列的索引範圍 (IndexError: list index out of range)」(見上面錯誤訊息的最後一行)。

✎ **觀念驗證 25.2**

```
desk_items = ["stapler", "tape", "keyboard", "monitor",
              "mouse"]
```

依據上述串列，請問下列各程式會在畫面顯示的值為何？

1. print(desk_items[1])　　　　3. print(desk_items[5])

2. print(desk_items[4])　　　　4. print(desk_items[0])

# 25-3 串列內元素的尋找與計數

## ▶ count() 與 index() 方法

除了使用 len() 來計算串列裡有多少個元素外，還可使用 count() 來計算物件在串列裡出現的次數，例如 L.count(e) 可取得 e 這個物件在串列 L 裡出現了幾次。

index() 則可以找出物件在串列裡第一次出現的索引位置（由 0 算起），例如 L.index(e) 會傳回物件 e 第一次出現在 L 串列中的索引。下列是 count() 和 index() 的使用範例：

**程式 25.1** 使用串列的 count() 和 index()

```
years = [1984, 1986, 1988, 1988]
print(len(years))————————————————顯示 4，因為此串列有 4 個元素
print(years.count(1988))————————顯示 2，因為 1988 出現了 2 次
print(years.count(2017))————————顯示 0，因為 2017 沒有在此串列
print(years.index(1986))————————顯示 1，因為 1986 是第 1 個元素
print(years.index(1988))————┐     （串列的索引值從 0 開始）
                            因為第一個 1988 出現在索引值 2 的位置，所以會顯示 2
```

在使用 index() 時，如果尋找的物件不存在串列裡，則會發生錯誤，例如：

```
L = []
L.index(0)
```

從錯誤訊息可得知是哪一行程式發生了錯誤，以及發生了哪種錯誤：

```
Traceback(most recent call last):
  File "<ipython-input-15-b3f3f6d671a3>", line 2, in <module>
    L.index(0)
ValueError: 0 is not in list ————— 0不存在於串列中
```

### ✎ 觀念驗證 25.3

下列程式會輸出什麼？如果會發生錯誤，也請寫出是哪種錯誤。

```
L = ["one", "three", "two", "three", "four", "three",
     "three", "five"]
print(L.count("one"))
print(L.count("three"))
print(L.count("zero"))
print(len(L))
print(L.index("two"))
print(L.index("zero"))
```

# <u>25-4</u> 將物件加到串列中

有 3 種方法可以將物件加到串列中：append ()、insert ()、和 extend ()，底下分別說明：

## ▶ 用 **append ()** 將物件加到串列尾端

L.append (e) 會將 e 加到 L 串列的尾端，假設 L 串列的長度為 2 (也就是有索引 0 和索引 1 兩個元素)，那麼 e 會加到索引 2 的位置 (請記得，索引是從 0 開始算起)，也就是最後一個元素的位置，而 L 的長度會變成 3。使用 append () 只能一次加入一個元素。假設你建立了一個串列：

```
grocery = ["bread "]
```

你可以使用下列方式將物件加到串列的尾端：

```
grocery.append("milk")
```

此時 grocery 中會有 2 個字串，依序為：" bread " 及 " milk "。

## ▶ 用 **insert ()** 將物件加到串列的指定位置

L.insert (i, e) 可以把 e 加到串列中索引 i 的位置，而原來由 i 位置開始的物件都會往後順移。使用 insert () 一次只能加入一個元素，另外也別忘了串列的索引是從 0 開始算起。假設有一個串列，目前有兩個元素：

```
grocery = ["bread", "milk"]
```

我們執行下列程式，把 "eggs" 加到索引 1 的位置：

```
grocery.insert(1, "eggs")
```

現在串列總共有 3 個元素了，而原本在索引 1 的 "milk" 會往後移，變成索引 2 了：

```
"bread", "eggs", "milk"
```

## ▶ 用 extend() 將另一個串列的元素全部加到串列尾端

若 M 為一個串列，則 L.extend(M) 會將 M 中所有的元素依序加到 L 的尾端。這種方式可以一次加入多個物件。假設已建立了 2 個串列：

```
grocery = ["bread", "eggs", "milk"]
for_fun = ["drone", "glasses", "game "]
```

現在我們想將 for_fun 內的物件依序放入 grocery 的尾端：

```
grocery.extend(for_fun)
```
└── 原來的串列  └── 要新加入的串列

結果 grocery 的內容如下：

```
"bread", "eggs", "milk", "drone", "glasses", "game"
```

**程式 25.2** 將物件加入串列

```
                        建立一個空的串列        將 "a" 加入串列的尾端
first3letters = []   ─┘                    │
first3letters.append("a") ─────────────────┘
first3letters.append("c") ──────────── 將 "c" 加入串列的尾端
first3letters.insert(1, "b") ───────── 將 "b" 插入串列索引 1 的位置
print(first3letters) ───────────────── 顯示 ['a', 'b', 'c']
last3letters = ["x", "y", "z"] ─────── 建立含有 3 個元素的串列
first3letters.extend(last3letters) ─── 將 last3letters 內所有的元素
                                        依序放入 first3letters
```

續下頁 ⇨

```
print(first3letters) ───────────── 顯示 ['a', 'b', 'c', 'x', 'y', 'z']
last3letters.extend(first3letters) ── 將 first3letters 內所有的元素依
print(last3letters)                    序放入 last3letters，注意此時
                                       first3letters 的內容為 'a', 'b', 'c', 'x',
                                       'y', 'z'
          顯示 ['x', 'y', 'z', 'a', 'b', 'c', 'x', 'y', 'z']
```

### ✎ 觀念驗證 25.4

執行下列程式碼的輸出結果為何？

1. one = [1]

   one.append("1")

   print(one)

2. zero = []

   zero.append(0)

   zero.append(["zero"])

   print(zero)

3. two = []

   three = []

   three.extend(two)

   print(three)

4. four = [1, 2, 3, 4]

   four.insert(len(four), 5)

   print(four)

   four.insert(0, 0)

   print(four)

# 25-5 刪除串列中的元素：使用 pop()

使用 pop() 可將某個元素從串列中刪除，並且會傳回被刪除的元素。L.pop() 表示刪除串列最尾端的元素，而 L.pop(i) 表示要刪除索引 i 的元素，此時索引 i 之後的元素則會往前遞補。

**程式 25.3** 刪除串列裡的元素

```
polite = ["please", "and", "thank", "you"]
print(polite.pop())
print(polite)
print(polite.pop(1))
print(polite)
```

此串列含有 4 個元素

輸出 you，因為 pop() 會傳回被刪除的物件，若沒指定索引值，則會刪除串列尾端的物件

刪除 you 後，此串列只剩下 3 個元素，所以會輸出 ['please', 'and', 'thank']

刪除索引 1 的元素，畫面會顯示 and

因為前一行已刪除索引 1 的元素，所以此時串列只剩下兩個元素，其內容為 ['please', 'thank']

---

### ✏️ 觀念驗證 25.5

執行下列程式碼後，畫面顯示的值為何？

```
pi = [3, ".", 1, 4, 1, 5, 9]
pi.pop(1)
print(pi)
pi.pop()
print(pi)
pi.pop()
print(pi)
```

注意！串列元素可以是不同型別，pi 串列中有整數也有字串

---

**TIP** 除了使用 pop() 之外，也可使用 del 來刪除串列索引或切片的元素，例如：del L[1] 可刪除索引 1 的元素、del L[1: 4] 則可刪除索引 1~3 的元素 (不含 4)。

# 25-6 修改串列中的元素

我們可以利用索引來修改串列中的元素，例如 L[1] = 2 就是將 L 中索引 1 的元素修改為 2。底下來看範例：

**程式 25.4** 修改串列中的元素

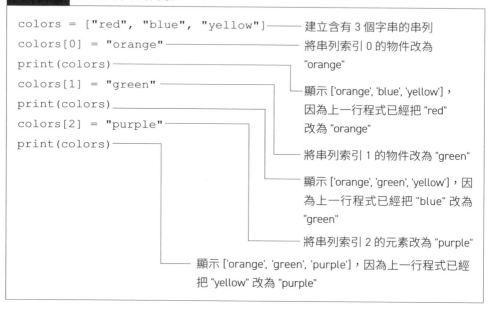

```
colors = ["red", "blue", "yellow"]———— 建立含有 3 個字串的串列
colors[0] = "orange"———————————— 將串列索引 0 的物件改為
print(colors)———————————————————        "orange"
colors[1] = "green"——————————— 顯示 ['orange', 'blue', 'yellow']，
print(colors)————————————————     因為上一行程式已經把 "red"
colors[2] = "purple"——————————    改為 "orange"
print(colors)————————————————— 將串列索引 1 的物件改為 "green"

                                — 顯示 ['orange', 'green', 'yellow']，因
                                  為上一行程式已經把 "blue" 改為
                                  "green"

                                — 將串列索引 2 的元素改為 "purple"

                                — 顯示 ['orange', 'green', 'purple']，因為上一行程式已經
                                  把 "yellow" 改為 "purple"
```

✎ **觀念驗證 25.6**

假設我們建立一個含有多個整數的串列如下：

```
L = [1, 2, 3, 5, 7, 11, 13, 17]
```

若我們依序執行下列各程式碼，請問 L 串列的內容會如何變化？

1. L[3] = 4

2. L[4] = 6

3. L[-1] = L[0] （串列的索引概念和字串相同，有關負索引的用法可參閱第 7 章）

4. L[0] = L[1] + 1

# 結語

本章重點：

- 串列可以包含多個元素，也可以是空的。
- 可用 append() 將新元素加到串列的尾端，或是用 insert() 將元素加入到指定索引的位置，或是用 extend() 在串列尾端一次加入多個元素 (加入另一個串列中的元素)。
- 可用 pop() 刪除串列尾端或指定索引的元素
- 可用索引來修改串列中的元素
- 串列是一個可變物件，所以可以直接增刪或修改串列的內容，而不用另建新串列來儲存更改後的結果。

# 習題

**Q1** 你建立了一個空的串列，並希望將餐廳菜單上的品項放入此串列中

```
menu = []
```

1. 用 append() 使串列的內容變成：["pizza", "wings"]
2. 繼續用 insert() 使串列的內容變成：["pizza", "beer", "fries", "wings"]
3. 繼續用 pop() 使串列的內容變成：["pizza", "fries"]
4. 繼續用 extend() 使串列的內容變成：["pizza", "fries", "beer", "salad"]
5. 繼續將串列中的 "beer" 修為 "wings"，使串列的內容變成：["pizza", "fries", " wings ", "salad"]

**Q2** 撰寫一個名為 unique 的函式，它有一個型別為串列的參數 L。此函式不會修改 L 的內容，但會傳回一個新串列，其內容為所有 L 裡不重複的元素。

**Q3** 撰寫一個名為 common 的函式,它有兩個參數 L1 及 L2,型別皆為串列。如果所有在 L1 裡不重複的元素,都存在於 L2,而且所有在 L2 裡不重複的元素,也都存在於 L1,則傳回 True,否則傳回 False。例如:

- common ([1, 2, 3], [3, 1, 2]) returns True
- common ([1, 1, 1], [1]) returns True
- common ([1], [1, 2]) returns False

※ 提示:你可以重複用 Q2 的函式來完成本問題。

# Chapter

# 26

# 串列的進階操作

## 學習重點

➡ 將串列排序或反轉

➡ 建立二層的串列
　（串列中的元素也是串列）

➡ 切割字串，並將切割結果儲存為串列

➡ 認識堆疊（stack）和佇列（queue）

在串列中可以儲存任何的物件，包括串列在內，因此串列內也可以再有串列，而本章稍後要介紹的**二層的串列**，就是串列中又有串列的資料結構。儲存在串列內的串列，我們一般稱為**子串列**。

例如我們想用串列來記錄家中有哪些物品，但因為物品實在太多了，所以改成依房間分類，先將每個房間的物品分別記錄在不同的**子串列**裡，最後再用一個串列來儲存這些**子串列**。

如同上一章所述，串列是可變物件，因此本章所介紹的各種串列操作，例如排序或反轉，都會**就地更改**串列內容（就是直接更改串列內的元素值）。

---

> ### 🔍 **想一想** Consider this
>
> 假設某天玩遊戲使用了好幾副相同樣式的撲克牌，遊戲結束後發現所有撲克牌都混在一起了，這時要怎麼將撲克牌整理好，放回原先的包裝盒中？
>
> ---
>
> #### 參考答案
>
> 將所有撲克牌依照點數排成 13 堆，先將點數 A 的排堆取出依照不同花色排列，每種花色會有數張牌分別收進撲克牌盒中，依照相同方式處理其他點數的排堆即可。

# **26-1** 串列的排序與反轉

## ▶ 用 sort() 方法排序串列元素

使用 sort() 方法可將串列就地排序，L.sort() 就是將 L 串列裡的元素，以遞增方式 (如果元素是數字) 或字母順序 (如果元素是字串) 排序。

> **TIP** 串列中的元素必須是「可互相比較大小」的，否則無法進行排序。例如要將 ['a', 5] 排序時，由於 'a' 和 5 不能比較大小，因此會發生錯誤。

## ▶ 用 reverse() 方法反轉串列元素

使用 L.reverse() 則可將串列 L 就地反轉，原本串列中的索引 0 的元素會變成最後一個元素，而原本的索引 1 的元素會變成倒數第二個元素，依此類推。例如有一份學生名單，我們可先將名單以字母順序排序，然後再將此名單反轉，就可變成依字母順序反向排序了。

---

**程式 26.1** 排序和反轉串列

```
heights = [1.4, 1.3, 1.5, 2, 1.4, 1.5, 1]

heights.reverse() ——— 將串列反轉
print(heights) ——————— 會顯示 [1, 1.5, 1.4, 2, 1.5, 1.3, 1.4]，因為上一行程式將串列
                        反轉，所以原本索引 0 的元素會變成最後一個元素，而
                        原本索引 1 的元素會變成倒數第二個元素，依此類推
heights.sort() ——————— 將串列作遞增排序
print(heights) ——————— 顯示 [1, 1.3, 1.4, 1.4, 1.5, 1.5, 2]，
                        因為上一行程式將串列作遞增排序
heights.reverse()————— 將串列反轉
print(heights)———————— 顯示 [2, 1.5, 1.5, 1.4, 1.4, 1.3, 1]，
                        因為上一行程式將串列反轉，變遞減排序了
```

請問串列 L 依序執行下列每項操作後，串列內元素的排列順序為何？

```
L = ["p", "r", "o", "g", "r", "a", "m", "m", "i", "n", "g"]
L.reverse()
L.sort()
L.reverse()
L.sort()
```

# 26-2 二層的串列

如果你想設計一款遊戲，該遊戲需要記錄多個玩家在 2D 平面上的 [x, y] 座標，這時就可以利用二層的串列來記錄每個玩家的 [x, y] 座標。二層的串列是指串列裡又包含了其他串列 (稱為子串列)，例如底下的程式，一開始 L 串列中包含了 3 個空的子串列，然後分別針對子串列進行操作：

**程式 26.2** 建立二層的串列

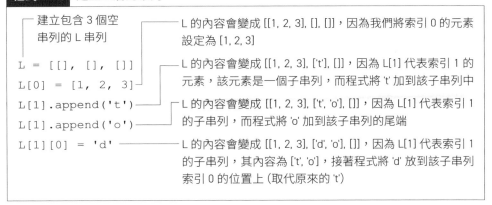

```
─ 建立包含 3 個空        ┌─ L 的內容會變成 [[1, 2, 3], [], []]，因為我們將索引 0 的元素
  串列的 L 串列          │   設定為 [1, 2, 3]

L = [[], [], []]       ┌─ L 的內容會變成 [[1, 2, 3], ['t'], []]，因為 L[1] 代表索引 1 的
L[0] = [1, 2, 3]─      │   元素，該元素是一個子串列，而程式將 't' 加到該子串列中
L[1].append('t')─      ┌─ L 的內容會變成 [[1, 2, 3], ['t', 'o'], []]，因為 L[1] 代表索引 1
L[1].append('o')─      │   的子串列，而程式將 'o' 加到該子串列的尾端
L[1][0] = 'd'─────     ┌─ L 的內容會變成 [[1, 2, 3], ['d', 'o'], []]，因為 L[1] 代表索引 1
                        │   的子串列，其內容為 ['t', 'o']，接著程式將 'd' 放到該子串列
                        │   索引 0 的位置上 (取代原來的 't')
```

從上述程式可知，存取二層串列的方式，就是先由外層串列的索引來取得子串列，接著即可對子串列做處理，或是再用子串列的索引來取得子串列內的元素，例如上面程式最後一行的 L[1][0]。

我們可以延伸這個概念，建立出三層或四層的串列，並利用連續多個索引，例如 S[1][0][2]，來取得內部各層的子串列、或子串列中的元素。

二層串列也可用來實作井字遊戲的棋盤，在下面的程式 26.3 中，串列內的每一個子串列都代表棋盤的一橫排，而子串列中的每一個元素則為橫排中的一格：

---

**程式 26.3** 井字遊戲範例程式

```
x = 'x' ——————— 變數 x
o = 'o' ——————— 變數 o
e = '_' ——————— 空格
board = [[x, e, o], [e, x, o], [x, e, e]]

          第 1 橫排   第 2 橫排   第 3 橫排
```

---

以上 board 所代表的棋盤狀態如下：

```
x _ o
_ x o
x _ _
```

只要調整子串列的個數、或每個子串列中的元素個數，就可以呈現出任意大小的井字遊戲棋盤：

---

✎ **觀念驗證 26.2**

請修改程式 26.3，以呈現下面的井字遊戲棋盤。

1. 3 x 3 的井字遊戲

   ```
   _ _ _
   x x x
   o o o
   ```

續下頁 ⇨

---

2. 3 x 4 的井字遊戲

   x o x o

   o o x x

   o _ x x

3. 4 x 4 的井字遊戲

   x o x o

   o o x x

   o _ x x

   o x _ x

# 26-3 切割字串並儲存為串列

假設有一個字串，內容為用逗號分隔的多個 E-Mail。現在想依逗號切割出每個 E-Mail，並依序存入串列裡。字串的內容如下：

```
emails = 'zebra@zoo.com,red@colors.com,tom.sawyer@book.
com,pea@veg.com'
```

此時雖然可用之前介紹過的字串處理方式，先找到第一個逗號的位置，然後將逗號之前的 E-Mail 存入串列中，接著再找下一個逗號的位置，如此一直反覆執行，直到字串結束為止，但是這個方法比較麻煩，需要使用迴圈及許多變數來執行相關動作。

## ▶ 用 split() 方法切割字串

其實串列提供了一個更方便的 split() 方法，，可以將字串依照指定的分隔字元 (或字串) 做切割，然後將結果儲存到一個**新串列**中傳回，例如：

```
emails_list = emails.split(',')
```

以上就是用逗號 (",") 來切割 emails 字串，並用 emails_list 變數來取得 split() 傳回的結果，結果如下：

```
['zebra@zoo.com', 'red@colors.com', 'tom.sawyer@book.com',
 'pea@veg.com']
```

切割好之後，每個 E-Mail 都是串列中的一個字串，可以很方便地做後續處理了。

---

✎ **觀念驗證 26.3**

請依據下列敘述，撰寫出對應的程式

1. 依據空格 (" ") 切割 " abcdefghijklmnopqrstuvwxyz"
2. 切割出 "spaces and more spaces" 中的每個單字
3. 依據字母 "s" 切割 "the secret of life is 42"

---

# 26-4 串列的應用：堆疊和佇列

我們可以用串列來實作**堆疊** (stack) 和**佇列** (queue)。堆疊的特性是**先進後出** (first-in-last-out)，意即最先放入堆疊的資料會最後才被取出；而佇列的特性則是**先進先出** (first-in-first-out)，意即最先放入佇列的資料會最先被取出。

## ▶ 用串列來實作堆疊 (stack)

以麵包店為例，當有鬆餅出爐時，會依序往架上擺放，而當客人需要時，擺放在最上層的鬆餅會先被拿走。我們可以用串列來模擬此行為：堆疊的頂端就是串列的尾端，每當要加入一個新物件時，就使用 append() 將物件加到串列的尾端，若要從串列拿走一個物件時，則使用 pop() 從串列尾端取走物件。

程式 26.4 為堆疊的範例，假設有藍莓和巧克力兩種鬆餅，藍莓鬆餅以 'b' 表示，而巧克力鬆餅以 'c' 表示。堆疊一開始是一個空串列，代表沒有任何的鬆餅。cook 變數中會儲存剛出爐的多個鬆餅，當有鬆餅出爐時，就使用 extend() 將出爐的多個鬆餅加到串列尾端，而當客人要購買時，則使用 pop() 取出堆疊最上層 (就是串列尾端) 的鬆餅。

**程式 26.4**　使用串列來實作堆疊

```
stack = []                  ———— 空的串列
cook = ['b', 'b', 'b']      ———— cook 串列中包含剛出爐的 3 個藍莓鬆餅
stack.extend(cook)          ———— 將剛出爐的鬆餅加到串列尾端
stack.pop()                 ┐
stack.pop()                 ┘    移除串列尾端的鬆餅，表示客人買走 2 個鬆餅
cook = ['c', 'c']           ┐
stack.extend(cook)          ———— 將剛出爐的鬆餅加到串列尾端        剛出爐的 2 個鬆餅
stack.pop()                 ———— 移除串列尾端的鬆餅
cook = ['b', 'b']
stack.extend(cook)          ———— 將剛出爐的鬆餅加到串列尾端
stack.pop()                 ┐
stack.pop()                 ├—— 移除串列尾端的鬆餅
stack.pop()                 ┘
```

如前所述，**堆疊**是一個**先進後出** (first-in-last-out) 的資料結構，所以最先被放入堆疊裡的物件，會最後才被取出。而底下要介紹的**佇列**，則是**先進先出** (first-in-first-out) 的資料結構，也就是最先被放入佇列的物件，會最先被取出。

## ▶ 用串列來實作佇列 (queue)

想像一下在超市排隊結帳的情況，顧客會一個接一個在收銀機前排隊等待，先來排隊的顧客會優先進行結帳。這種先來先結帳的狀況，就適合用**先進先出**的**佇列**來處理。

　　我們同樣可用串列來模擬佇列，當有一個新物件要加入時，可把它加到串列的尾端，當要取出一個物件時，則以可從串列的開頭取出。

　　程式 26.5 為佇列的範例，我們用串列來代表超市裡排隊結帳的人潮。當有一個顧客要排隊結帳時，就使用 append() 將顧客加到串列的尾端，當收銀台人員要服務下一位顧客時，則執行 pop(0) 從串列的最前面 (索引 0) 取出一個元素。

---

**程式 26.5**　使用串列來實作佇列

```
line = []                    ── 空的串列
line.append('Ana')           ── 加入一個顧客到隊伍的尾端
line.append('Bob')           ── 加入一個顧客到隊伍的尾端
line.pop(0)                  ── 服務隊伍裡最前面的顧客 (索引 0)，
                                並將此顧客從隊伍中移除
line.append('Claire')┐
line.append('Dave')  ┘       ── 加入兩個顧客到隊伍的尾端
line.pop(0)┐
line.pop(0)├── 服務隊伍裡的最前面的顧客，並此顧客從隊伍中移除
line.pop(0)┘
```

---

### ✎ 觀念驗證 26.4

依據下面所列的情境描述，請思考該使用堆疊還是佇列比較合適？ 還是都不適合？

1. 文字編輯器的「回上一步」功能
2. 將網球依序放入空筒，每次取出筒子最上面的球
3. 汽車在保養廠排隊準備檢查
4. 旅客在機場行李輸送帶領取各自的行李

---

**TIP**　要從 list 尾端取走一個元素就用 pop()，要從 list 前端取走一個元素就用 pop (0)。要從 list 尾端加入一個元素就用 append()，要從 list 尾端加入多個元素則用 extend()。

# 結語

本章重點：

- 可用 sort() 將串列就地排序。
- 可用 reverse() 將串列就地反轉。
- 二層的串列就是串列裡又包含了子串列。
- 可用 split() 來切割字串, 切割的結果會存入新串列中傳回。
- 可用串列的 append()、pop() 來實作堆疊 (stack) 和佇列 (queue)。

# 習題

**Q1** 下面字串中包含以逗號分隔的多個城市名稱，請將字串中的城市名稱存入串列後排序，並顯示排序後的結果：

```
cities = "san francisco,boston,chicago,indianapolis"
```

**Q2** 撰寫一個名為 is_permutation 的函式，可接收 2 個參數：L1 和 L2，型別都是串列。在不考慮元素順序的情況下，若 L1 和 L2 的元素內容是相同的，就傳回 True，若不同則傳回 False。例如：

- is_permutation ([1, 2, 3], [3, 1, 2]) 會回傳 True.
- is_permutation ([1, 1, 1, 2], [1, 2, 1, 1]) 會回傳 True.
- is_permutation ([1, 2, 3, 1], [1, 2, 3]) 會回傳 False.

**Chapter**

# 27

# 字典（dict）物件

**學習重點**

➡ 建立及使用字典（dict）

➡ 何時該使用字典

➡ 新增、刪除及查詢字典裡的元素

➡ 了解字典和串列的差異

　　串列（list）和字典（dict）都是可變物件，因此都可以就地更改內容。此二者的功能及差異如下：

● **串列**是以固定順序來儲存多個物件，例如儲存多個單字、姓名、或數字。其存取方式是**以索引取值**，例如 L[0] 可讀取 L 的第 0 個元素。

● **字典**則可以儲存一對一對包含**鍵**（key）與**值**（value）的**成對資料**，例如儲存多個單字及其字義、朋友姓名及其電話、電影名稱及其評價、或歌曲名稱及其演唱者。字典的存取方式是**以鍵取值**，例如 d['milk'] 可以讀取字典 d 中鍵為 'milk' 的值。

　　圖 27.1 使用了之前超市採買清單的例子，由圖的左半邊可看出**串列**的運作方式：我們將想要購買的物品依序放入串列裡，索引 0 代表第 0 個物品，索引 1 代表第 1 個物品…以此類推，所以我們可以從索引找出對應的物品。而**字典**則更有彈性，其索引（鍵）不一定要是整數，也可以是其他物件，例如字串。以圖 27.1 的右半邊為例，我們可以從物品名稱（鍵），找出對應的購買數量（值）：

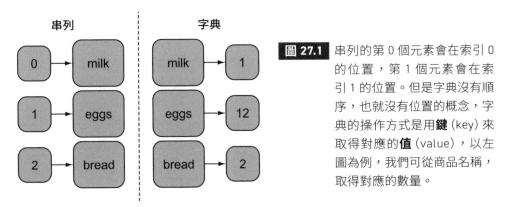

**圖 27.1** 串列的第 0 個元素會在索引 0 的位置，第 1 個元素會在索引 1 的位置。但是字典沒有順序，也就沒有位置的概念，字典的操作方式是用**鍵** (key) 來取得對應的**值** (value)，以左圖為例，我們可從商品名稱，取得對應的數量。

| TIP | 串列中的元素都是**單獨的物件**，而字典中的元素則是**成對的物件**（也就是元素中包含鍵與值 2 個物件）。 |

---

### 🔍 想一想 Consider this

在日常生活裡，我們可以用英漢字典來查出某個英文單字的中文意義。請問下列情境，是否也有類似的關連性？

**Q1** 朋友姓名及朋友的電話

**Q2** 你看過的所有電影

**Q3** 歌詞裡每個單字出現的次數

**Q4** 某個地區裡的咖啡廳是否有 Wi-Fi

**Q5** 在五金行裡所有油漆的品牌

**Q6** 每一個的合夥人的到達和離開時間

---

**參考答案**

**A1** 是，從朋友姓名關連到朋友電話

**A2** 否

**A3** 是，從單字關連到該單字在歌詞裡出現的次數

**A4** 是，從咖啡廳名稱關連到是否有 Wi-Fi

**A5** 否

**A6** 是，從合夥人姓名關連到此人的到達和離開時間

# 27-1 建立字典 (dict) 並以鍵 (key) 取值

許多程式語言都有從某個物件找出對應物件的資料結構。在 Python 裡，這樣的資料結構叫作**字典** (dict)，其型別名稱 dict 為 dictionary 的縮寫。

字典可以讓我們儲存**成對的物件**，藉由字典，我們可以透過某個物件查詢到其對應的物件。以日常生活的字典為例，我們可以查詢某個單字所對應的意義，對照到程式中的字典，單字就是**鍵** (key)，而單字的意義就是**值** (value)，所以字典就是儲存一對一對的**鍵 - 值組合** (key-value pair)，我們可以透過鍵，快速找到對應的值，也就是**以鍵取值**。

在 Python 裡，可以用大括號來建立空字典：

```
grocery = { }
```

上述程式建立了一個空字典並指派給 grocery 變數，該字典目前沒有資料。

在建立字典時也可以指定初始資料，再以圖 27.1 的超市採買清單為例，我們來建立一個包含商品名稱 (鍵) 和購買的數量 (值) 的字典：

```
grocery = {"milk": 1, "eggs": 12, "bread": 2}
```

上述程式建立的字典如圖 27.2 所示，字典中儲存了 3 項物品的資料，每項物品間以逗號分隔，而物品裡的鍵 (key) 和值 (value) 是用**冒號**隔開，冒號左邊為鍵，右邊為值：

**圖 27.2** 字典中包含 3 項物品，物品之間以逗號分隔。每個物品會以商品名稱為鍵，購買數量為值，鍵和值之間以冒號分隔。冒號左邊為鍵，右邊為值。

　　若要查詢字典的內容，可以像串列的索引一樣，用中括號來**以鍵取值**，以上例來說，grocery['milk'] 的值為 1，而 grocery['eggs'] 的值為 12。

　　請注意，在字典裡不能有重複的鍵，否則 Python 就無法分辨你想要取得的值是哪一個了。例如有 2 個鍵 - 值組合的鍵都是 'box'，而值分別為 'container' 及 'fight'，當你以 'box' 為鍵時，其對應的值到底是 'container' 還是 'fight' 呢？為了避免此情形，Python 規定字典裡的鍵不能重複出現。

　　另外，在字典裡所儲存的鍵、值都是單一物件，如果想要以多個物件做為鍵或值，要怎麼辦呢？此時可先將這些物件打包成一個物件，例如打包成 tuple，然後再拿來做為鍵或值。以圖 27.1 的採買清單為例，可以把 "eggs" 的值設為 (1," 打 ") 或 (12," 顆 ")，則此時 "eggs" 的值為一個 tuple 物件，其中包含了 2 個元素：1、" 打 " 或 12、" 顆 "。

**TIP** | 字典的值可以是任意物件，包括 tuple、串列、或字典等。但字典的鍵則限制只能是**不可變物件**，在 27-2 節中會有詳細說明。

---

### ✎ 觀念驗證 27.1

請依據下列題目，以合適的變數名稱來建立字典，並說明該字典的鍵、值分別為何？

1. 建立一個空字典來儲存員工姓名、以及員工的電話號碼和地址。

2. 建立一個空字典來儲存每個城市的名稱、以及該城市的降雪量。

3. 建立一個字典來儲存房間內的物品及其價格，字典中要包含：
   電視 - 9000 元，沙發 - 15000 元。

---

✎ **觀念驗證 27.2**

請分別說明下列字典中有多少組資料？其鍵、值分別是什麼型別？

```
d = {1:-1, 2:-2, 3:-3}
d = {"1":1, "2":2, "3":3}
d = {2:[0, 2], 5:[1, 1, 1, 1, 1], 3:[2, 1, 0]}
```

---

# 27-2 新增、修改字典裡的鍵 - 值組合

由於字典是可變容器，因此可以隨時變更其內容。如果想要新增或修改一筆鍵 - 值組合 (key-value pair)，可以使用中括號，例如：

---

**d[k] = v**

---

如果 k 鍵不存在於字典 d 中，就會把 k 作為鍵，v 作為值加到 d 中。但如果 k 鍵已存在於 d 中，就會把 k 鍵的值改為 v。

你可以使用 len() 來取得字典的長度，也就是有多少個鍵 - 值組合。程式 27.1 為新增鍵 - 值組合的範例：

**程式 27.1** 在字典中新增鍵 - 值組合

```
legs = {} ──────────── 空的字典
legs["human"] = 2 ────── 新增一組資料，鍵為 "human"，值為 2
legs["cat"] = 4 ──────── 新增一組資料，鍵為 "cat"，值為 4
legs["snake"] = 0 ────── 新增一組資料，鍵為 "snake"，值為 0
print(len(legs)) ─────── 顯示 3，因為目前字典裡有 3 組資料
legs["cat"] = 3 ──────── 將 "cat" 的值改為 3
print(len(legs)) ─────── 顯示 3，因為目前字典裡仍只有 3 組資料
print(legs) ──────────── 顯示 {'human': 2, 'snake': 0, 'cat': 3}
```

有一點要注意，上面程式是依序將 human、cat、snake 加入字典，但 print(legs) 時顯示的順序並非如此，而且在你電腦上執行時也可能有不同的順序！這是因為字典中的資料**沒有固定儲存順序**，我們會在 27-4 節做進一步的說明。

#### ▶ 字典的鍵必須是不可變物件

如前所述，在字典中不能有重複的鍵，例如有一字典 d = { 1: 2, 1:3}，那麼當我們要讀取 d[1] 時，就會發生不知該傳回 2 還是 3 的狀況了。因此當我們新增鍵 - 值組合到字典裡時，若此鍵已經存在，則此鍵原本的值會被後來指定的值覆蓋掉（等同於修改鍵的值），而不會將此鍵 - 值組合新增到字典中。

Python 為了確保字典裡的鍵不重複，限制**字典的鍵必須是不可變物件**，以免未來鍵被修改，而發生和其他鍵相同（重複）的狀況。因此字典的鍵只能是整數、浮點數、布林、字串、或 tuple 等不可變物件，而不可以是串列或字典等可變物件。

## <u>27-3</u>　刪除字典裡的鍵 - 值組合

和串列一樣，你也可以使用 pop() 從字典裡刪除指定的物件。d.pop(k) 會從字典 d 裡刪除鍵為 k 的資料（鍵 - 值組合），並傳回 k 的值。以程式 27.2 為例，在執行 pop("fish") 後，household 的內容為 {"person":4, "cat":2, "dog":1}。

| 程式 27.2 | 刪除字典裡的鍵 - 值組合 |

```
household = {"person":4, "cat":2, "dog":1, "fish":2}
removed = household.pop("fish")
print(removed)
```

建立一個字典

移除鍵為 "fish" 的資料，pop() 函式同時也會傳回 "fish" 的值，我們將此值指派給 removed 變數

顯示移除的值：2

---

✎ **觀念驗證 27.3**

執行下列程式後，請問字典的內容為何？

```
city_pop = {}
city_pop["LA"] = 3884
city_pop["NYC"] = 8406
city_pop["SF"] = 837
city_pop["LA"] = 4031
```

---

✎ **觀念驗證 27.4**

執行下列程式會顯示什麼訊息？如果程式會執行錯誤，也請寫出錯誤訊息。

```
constants = {"pi":3.14, "e":2.72, "pyth":1.41,
        "golden":1.62}
print(constants.pop("pi"))
print(constants.pop("pyth"))
print(constants.pop("i"))
```

---

**TIP** 除了使用 pop() 之外，也可使用 del 來刪除字典中的鍵 - 值組合，例如：del household ["fish"] 可刪除鍵為 "fish" 的鍵 - 值組合。

# 27-4 取得字典裡所有的鍵和值

我們可以使用 keys() 或 values() 來取得字典裡所有的鍵或值，這在需要逐筆檢查字典裡的鍵 - 值組合時很有用。例如有一個儲存「歌曲名稱及評分」的字典，而我們想要從中挑選出評分為 4 或 5 的歌曲名稱。

## ▶ 用 keys() 方法取得字典裡所有的鍵

首先來看 keys() 的用法，假設有一個名為 songs 的字典，儲存了歌曲的名稱 (鍵) 及評分 (值)，那麼就可用 songs.keys() 來取得字典裡所有的鍵：

```
songs = {"believe": 3, "roar": 5, "let it be": 4}
print(songs.keys())────會顯示 dict_keys(['believe', 'roar', 'let it be'])
```

print() 所顯示的 dict_keys(['believe', 'roar', 'let it be']) 是一個 Python 物件，它包含了字典內所有的鍵，你可以使用 for 迴圈來走訪這個物件，以逐筆取得字典裡的每個鍵：

```
for one_song in songs.keys():
```

另外也以使用下列程式，將這個物件的內容放入新串列中：

```
all_songs = list(songs.keys())────── 把 dict_keys 物件轉成 list 物件
print(all_songs)────────────── 會顯示 ['believe', 'roar', 'let it be']
```

## ▶ 用 values() 方法取得字典裡所有的值

如同 keys() 可取得字典裡所有的鍵，values() 則可取得字典裡所有的值。values() 傳回的物件同樣可以用 for 迴圈走訪，或是將物件內容都放到新串列中來使用。不過我們通常會使用 keys() 而少用 values()，因為只要知道鍵，就可以到字典中以鍵取值。

底下再來看一個例子，假設有如右的班級學生資料：

| 姓名 | 小考 1 成績 | 小考 2 成績 |
|------|-----------|-----------|
| Chris | 100 | 70 |
| Angela | 90 | 100 |
| Bruce | 80 | 40 |
| Stacey | 70 | 70 |

程式 27.3 使用字典來記錄學生的考試成績。程式首先建立一個空字典，用來儲存每位學生的姓名及成績。因為有兩次考試成績，所以程式使用串列作為字典的值，以便儲存多個考試分數。在把全部資料都加到字典後，再用

迴圈逐筆取得每一個鍵 (學生姓名) 並顯示出來，接著用迴圈逐筆取得每一個值 (學生成績) 並顯示出來，最後還會計算每個學生的平均成績，然後加到值裡。

**程式 27.3** 使用字典記錄學生的考試成績

```
grades = {}
grades["Chris"] = [100, 70]
grades["Angela"] = [90, 100]          設定字典的內容，將學生姓
grades["Bruce"] = [80, 40]            名以及 2 個成績放入字典
grades["Stacey"] = [70, 70]
for student in grades.keys():
    print(student)                    取得字典所有的鍵，並顯示出來
for quizzes in grades.values():
    print(sum(quizzes)/2)             取得字典所有的值，並顯示出來
for student in grades.keys():         走訪字典裡所有的鍵
    scores = grades[student]          取得此學生的成績串列
    grades[student].append(sum(scores)/2)
print(grades)    顯示字典的內容：
                 {'Bruce': [80, 40, 60.0],
                 'Stacey': [70, 70, 70.0],      將串列內的成績加總後計算平
                 'Angela': [90, 100, 95.0],     均，並將結果加到串列的尾端
                 'Chris': [100, 70, 85.0]}
```

### ✎ 觀念驗證 27.5

下列程式會將字典裡每個員工的年齡加 1 歲，請問最後顯示的結果為何？

```
employees = {"John": 34, "Mary": 24, "Erin": 50}
for em in employees.keys():
    employees[em] += 1
for em in employees.keys():
    print(employees[em])
```

## ▶ 字典裡的資料沒有固定順序

本章先前曾提過，在顯示字典內容時，各鍵 - 值組合出現的順序可能會有不同。例如筆者執行前面程式 27.3 的結果，顯示姓名的順序為 Bruce、Stacey、Angela、Chris，而程式將資料加入字典的順序則是 Chris、Angela、Bruce、Stacey，二者順序並不相同！

這是因為字典內的資料**沒有固定順序**，而不像串列是以固定順序來儲存資料。因此當我們讀取字典裡所有的鍵 - 值組合時，無法保證每次讀取的順序都會相同。你可以試著執行下面兩行程式，來觀察字典和串列是如何比較「是否相等」：

```
print({"Angela": 70, "Bruce": 50} == {"Bruce": 50, "Angela": 70})⟶
                                                        顯示 Ture
print(["Angela", "Bruce"] == ["Bruce", "Angela"]) ── 顯示 False
```

從程式的執行結果可知，2 個字典只要資料相同，就算元素的順序不同，其結果仍然會是 True，這是因為順序對字典來說沒有意義。反之，雖然串列的元素相同，但若順序不同，其結果會是 False（不相等），這是因為串列內元素的順序是有意義的。

## 27-5 何時需要使用字典？

當我們想要從某個物件 (鍵) 找出對應的物件 (值) 時，字典會是一個非常實用的容器，它讓我們可以很快速地以鍵取值。底下就來看 2 個實際的應用案例：用字典「記錄事物的次數」，以及用字典「以鍵執行對應的函式」。

## ▶ 用字典「記錄事物的次數」

記錄事物的次數是很常見的字典應用，例如你正在撰寫拼字遊戲，就可以用字典來記錄目前手上每個字母還剩幾張字卡，又或者你手上有一份文件，則可以用字典來記錄每個單字的出現次數。

在程式 27.4 中，我們使用字典來記錄歌曲裡每個單字的出現次數，程式會將歌詞字串依空格切割出每個單字，並一一存到串列中，然後建立一個空字典，再走訪串列內所有的單字，並在迴圈中執行下列動作：

● 如果單字不在字典中，就把單字加入字典，並指定值 (出現次數) 為 1。
● 如果單字已在字典中，則把單字的值加 1。

**程式 27.4**　使用字典記錄單字的出現次數

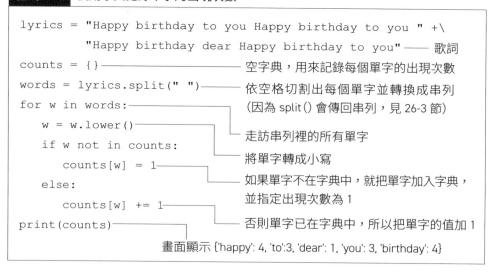

```
lyrics = "Happy birthday to you Happy birthday to you " +\
         "Happy birthday dear Happy birthday to you"——— 歌詞
counts = {}——————————————— 空字典，用來記錄每個單字的出現次數
words = lyrics.split(" ")——— 依空格切割出每個單字並轉換成串列
                             (因為 split() 會傳回串列，見 26-3 節)
for w in words:——————————— 走訪串列裡的所有單字
    w = w.lower()——————————— 將單字轉成小寫
    if w not in counts:
        counts[w] = 1————— 如果單字不在字典中，就把單字加入字典，
    else:                   並指定出現次數為 1
        counts[w] += 1————— 否則單字已在字典中，所以把單字的值加 1
print(counts)—————————————
```

畫面顯示 {'happy': 4, 'to':3, 'dear': 1, 'you': 3, 'birthday': 4}

### ▶ 用字典「以鍵執行對應的函式」

接著再來看一個很實用的技巧，就是用字典來將字串和函式配對。

程式 27.5 首先定義 3 個函式，分別可以依照參數來計算圓形、正方式和正三角形的面積。然後建立建立一個字典，並將成對的字串和函式物件儲存在字典裡，接著就可以依據字串 (鍵) 來執行對應的函式物件 (值)，以計算出指定圖形的面積。程式中的 print(areas["sq"](n))，是指從 areas 這個字典裡找出鍵為 "sq" 的函式物件，並以 n 做為參數來執行函式物件，最後顯示函式傳回的計算結果。

程式 27.5 使用字典儲存特定字串及其對應的函式物件

```
def square(x):                          計算正方形面積
    return x*x

def circle(r):                          計算圓形面積
    return 3.14*r*r

def equilateraltriangle(s):             計算正三角形面積
    return(s*s)*(3**0.5)/4

areas = {"sq": square, "ci": circle, "eqtri":
        equilateraltriangle}            使用字典記錄成對的特定字串及函式物件
n = 2
print(areas["sq"](n))                   取得鍵為 "sq" 的函式物件，並以 n
                                        做為參數傳給函式來執行
print(areas["ci"](n))
print(areas["eqtri"](n))                取得鍵為 "ci" 的函式物件，並以 n
                                        做為參數傳給函式來執行

                                        取得鍵為 "eqtri" 的函式物件，並以
                                        n 做為參數來執行
```

# 結語

本章重點：

- 字典是可變物件。
- 字典是以「鍵：值」方式來儲存成對的物件。
- 字典的鍵 (key) 必須是不可變物件。
- 字典的值 (value) 可以是任意物件。
- 字典內的資料沒有順序性。
- 函式 (物件) 也可以做為字典的值而被呼叫。

# 習題

**Q1** 請建立一個字典來儲存多組的歌曲名稱（字串）和歌曲評分（整數），然後顯示出評分為 5 的歌曲名稱。

**Q2** 寫一個名為 replace 的函式，有 3 個參數：d, v, e。d 的型別為字典，v 和 e 的型別為整數，函式無傳回值。此函式要把字典裡為 v 的值都改為 e，例如：

- replace ({1:2, 3:4, 4:2}, 2, 7) 結果為 {1: 7, 3: 4, 4: 7}，就是將為 2 的值都改為 7
- replace ({1:2, 3:1, 4:2}, 1, 2) 結果為 {1: 2, 3: 2, 4: 2}，就是將為 1 的值都改為 2

**Q3** 寫一個名為 invert 的函式，只有 1 個參數 d，型別為字典。此函式會將 d 的內容轉換到一個新字典並做為傳回值。轉換方式為：新字典的鍵為 d 的值，而新字典的值為一個串列，串列的內容為 d 的鍵。在轉換過程中，若發現要加入新字典的鍵已存在，請把對應的值加到串列的尾端，範例如下：

- invert ({1:2, 3:4, 5:6})，結果為 {2: [1], 4: [3], 6: [5]}.
- invert ({1:2, 2:1, 3:3})，結果為 {1: [2], 2: [1], 3: [3]}.
- invert ({1:1, 3:1, 5:1})，結果為 {1: [1, 3, 5]}.

# Chapter

# 28 替串列、字典建立 別名或複製內容

## 學習重點

➡ 建立及使用物件的別名（alias）

➡ 複製可變物件（串列和字典）

➡ 將串列複製為排序好的新串列

➡ 刪除可變物件中符合特定條件的元素

由於可變物件可以就地更改內容，因此一般都會用它來儲存需要變更的資料。但要避免可能發生的副作用，就是如果變數 a、b 都指向可變物件 L，那麼更改 a 的內容時，b 的內容也會跟著改變（因為都指向 L）！這點常常容易被忽略（忘記 b 也會被更改），而導致不正確的執行結果。

---

### 💡 想一想 Consider this

找一個名人，除了他的本名外，是否有其他的稱呼或暱稱（別名）？

**參考答案**

周杰倫

除了本名之外的小名有：周董、杰倫、Jay、奶茶王子

---

假設我們用一個串列來記錄有關知名電腦科學家 Grace Hopper 的關鍵字，例如：

```
GarceHopper = ["programmer", "admiral", "female"]
```

由於 Grace Hopper 還有許多不同的稱呼，例如她的朋友叫她 Grace，但其他人稱她為 Ms. Hopper，另外還有一個綽號叫 Amazing Grace，為了方便用不同的稱呼來存取這個串列，我們又建立了 3 個變數：Grace、MsHopper、AmazingGrace，並都指向同一個串列。現在如果有人更改 Grace 這個變數的內容，例如增加一個 "deceased" 而變成 ["programmer", "admiral", "female", "deceased"]，那麼其他人不管用哪個變數來讀取資料，都會讀取到修改後的串列，因為這些變數都指向同一個串列。

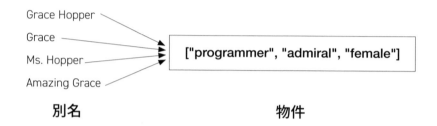

別名                                物件

# <u>28-1</u> 建立及使用物件的別名

Python 是用變數來指向 (參照) 儲存在記憶體中的物件，此時變數名稱即成為物件的名稱，例如執行 a = [1, 2] 後，變數 a 即為串列 [1, 2] 的名稱，如此我們才能用變數來「指名存取」物件。當有多個變數指向同一個物件時，這些變數都稱為該物件的**別名** (alias)。

如果想要判斷 2 個變數是否指向同一個物件，可使用第 24 章介紹過的 id() 函式，它會傳回代表「物件在記憶體中位置」的整數值，如果值相等就是同一個物件，值不相等就是不同物件。

## ▶ 當可變物件使用別名時要小心

首先來看可變物件的別名，當我們將**可變物件**同時指派給 2 個不同的變數時，也就是替物件建立了 2 個**別名**，意即這 2 個變數都指到了相同的物件。請看底下程式：

```
genius = ["einstein", "galileo"]
id(genius)
Out[9]: 2899318203976

smart = genius
id(smart)
Out[11]: 2899318203976
```

從上述程式的執行結果以及圖 28.1 可知，genius 和 smart 目前是指向相同的物件。

圖 28.1 虛線左邊表示我們建立了一個變數 genius，並指向串列 ["einstein", "galileo"]。虛線右邊表示變數 samrt 和 genius 都指向同一個串列。

✎ **觀念驗證 28.1**

執行 x = ["me", "I"] 後，假設再執行 id(x) 得到的值為 2899318311816（此值在每台電腦可能會不相同），請依序執行下列程式，並確認其變數的 id 值是否與之前的 id(x) 相同 。

1. y = x          # id(y) 的值為何？是否與之前的 id(x) 相同

2. z = y          # id(z) 的值為何？是否與之前的 id(x) 相同

3. a = ["me", "I"]    # id(a) 的值為何？是否與之前的 id(x) 相同

接下來，我們試著修改串列內容：

```
genius.append("shakespeare")
id(genius)
Out[13]: 2899318203976 ──────── 修改後 id 不變！

id(smart)
Out[14]: 2899318203976

genius
Out[15]: ["einstein", "galileo", "shakespeare"]

smart
Out[16]: ["einstein", "galileo", "shakespeare"]
```

上面程式第一行的 genius.append("shakespeare") 會在 genius 所指到的串列裡新增一個字串，此時 id 不變，也就是就地修改原本的串列，所以不管透過 genius 或 smart 都可看到修改的結果。圖 28.2 說明了使用不同變數指向相同可變物件的狀況。

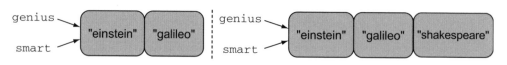

**圖 28.2** 透過 genius 修改串列後，透過 smart 也可看到修改的結果，因為它們指向相同的串列。

由此可知，當我們使用不同變數指向同一個可變物件時，只要透過其中一個變數來修改物件的內容，所有別名變數都會看到修改後的結果。因此，使用別名時要特別小心，不然往往會造成程式的 Bug 而不自知！

---

✎ **觀念驗證 28.2**

執行 x = ["me", "I"] 後，請回答下列問題：

1. 執行下列程式後，x 所指向的物件是否會改變？

   ```
   y = x
   x.append("myself")
   ```

2. 執行下列程式後，x 所指向的物件是否會改變？

   ```
   y = x
   y.pop()
   ```

3. 執行下列程式後，x 所指向的物件是否會改變？

   ```
   y = x
   y.append("myself")
   ```

4. 執行下列程式後，x 所指向的物件是否會改變？

   ```
   y = x
   y.sort()
   ```

5. 執行下列程式後，x 所指向的物件是否會改變？

   ```
   y = [x, x]
   y.append(x)
   ```

---

▶ **不可變物件的別名**

當我們用 2 個變數來指向同一個不可變物件時，會是什麼狀況呢？請試著在 Spyder 主控台中輸入下列程式，並檢視變數 a、b 的 id 值：

```
a = 1
id(a)
Out[2]: 1906901488

b = a
id(b)
Out[4]: 1906901488
```

由以上的輸出結果，可發現變數 a 和變數 b 都指到同一個物件，也就是值為 1 的整數物件。如果修改變數 a 去指向另一個值為 2 的整數物件，會發生什麼事呢？

```
a = 2
id(a)
Out[6]: 1906901520

id(b)
Out[7]: 1906901488
```

你會發現 a 和 b 的 id 值是不同的，也就是變數 a 已指到另一個新的整數物件，其值為 2。這種情況，通常我們會說當 a 和 b 指到同一不可變物件時，修改 a 的值並不會改變 b 的值。但其實，不可變物件本來就不能修改，所以並沒有 " 修改 a 的值 " 這回事，我們做的是把 a 指向其它物件！所以和 b 一點關係也沒有，b 所指的物件當然不受影響！

### ▶ 使用可變物件作為函式的參數

在 Unit 6 我們已經介紹過變數的有效範圍了，你可以在函式內和主程式都宣告同名的變數，例如 x，但是它們互不影響。而當我們使用可變物件作為實際參數 (actural parameter) 傳入函式時，此時是將該物件的別名傳入函式，因此在函式中可依此別名來操作原本的可變物件 (如之前我們提到的，用可變物件任何一個別名去修改可變物件的內容，都可以從其他別名看到修改的結果)。

程式 28.1 定義了一個名為 add_word() 的函式，它有 3 個參數：d、word、和 definition，其中的 d 為一個字典，用來儲存成對的單字和字義。在函式中會更改字典的內容，就是將參數 word (單字) 和 definition (字義) 加到字典中。當主程式呼叫此函式時，是以 words 做為第一個實際參數，而函式

※ 注意 words 有加 s (代表內有多個單字)，和參數 word 是不同的變數！

中則以 d 做為對應的形式參數，因此 words 和 d 會指向同一個字典，如右圖所示：

主程式中的 words
函式中的參數 d

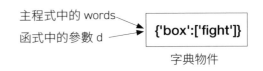

{'box':['fight']}

字典物件

所以任何透過 d 對字典做的修改，主程式都可透過 words 看到。而右上圖就是函式透過 d 在字典中加入元素時的狀況。

**程式 28.1** 在函式中修改傳入的字典物件

此函式有 3 個參數，d 的型別是字典，word 和 definition 是字串

```python
def add_word(d, word, definition):
    """ d, dict that maps strings to lists of strings
    word, a string
    definition, a string
    Mutates d by adding the entry word:definition
    If word is already in d, append definition to word's value list
    Does not return anything
    """
    if word in d:
        d[word].append(definition)
    else:
        d[word] = [definition]
words = {}
add_word(words, 'box', 'fight')
print(words)
add_word(words, 'box', 'container')
print(words)
add_word(words, 'ox', 'animal')
print(words)
```

如果傳入的單字已經存在於字典中

以 word 作為鍵，取出對應的串列，並把單字的定義加到串列的尾端

如果傳入的單字不存在於字典

將該單字的定義放入串列，並在字典裡指定 word 為鍵，值為此串列

在函式外部的主程式，建立一個空的字典

呼叫函式，傳入字典，並放入一個鍵 - 值組合，鍵為 'box'，其值為 'fight'

顯示 {'box':['fight']}

呼叫函式，傳入字典，並放入一個鍵 - 值組合，鍵為 'box'，值為 'container'，因為字典裡已經有鍵為 'box' 的資料，所以會把 'container' 加到對應串列的尾端

呼叫函式，加入另一個鍵 - 值組合到字典裡

顯示 {'ox': ['animal'], 'box': ['fight', 'container']}    顯示 {'box': ['fight', 'container']}

# <u>28-2</u> 複製可變物件

當我們想要複製可變物件時，可視狀況選擇不同的方法，假設 L 是一個串列：

狀況 1. 如果要複製出完全一樣的物件，可用原物件的內容來初始化一個新物件，例如 list(L)。另外也可改用物件的 copy() 方法，例如 L.copy()。

狀況 2. 如果要複製出排序好的新串列，則可使用內建的 sorted() 函式，例如 sorted(L) 會傳回將 L 內容排序好的新串列。如果用 sorted() 對字典排序，則傳回的是 list，請見後文說明。

狀況 3. 如果在複製時，還要視狀況增減或修改複製的內容，則可改用 for 迴圈來走訪物件（串列或字典），將物件中的元素一一取出來處理，然後將處理過的元素一一加入新物件中。

底下就來詳細介紹這 3 種方法。

## ▶ 複製出完全一樣的可變物件

假設變數 artists 指向一個串列，則下列程式會將 artists 的內容複製到一個新串列，並將 painters 變數指向這個新串列：

```
painters = list(artists)
```

另外也可使用串列的 copy() 方法，結果是一樣的：

```
painters = artists.copy()
```

新串列的內容會和 artists 一模一樣。當執行 painters = list(artists) 後，painters 就指向一個內容和 artists 相同的新串列，所以我們新增資料到 painters 時，並不會影響 artists 的內容。例如：

```
artists = ["monet", "picasso"]
painters = list(artists)
painters.append("van gogh")

painters
Out[24]: ["monet", "picasso", "van gogh"]

artists
Out[25]: ["monet", "picasso"]
```

從執行結果可知，painters 和 artists 是指向不同的串列，所以修改其中一個串列，並不會影響另一個串列的內容。圖 28.3 為複製串列的示意圖：

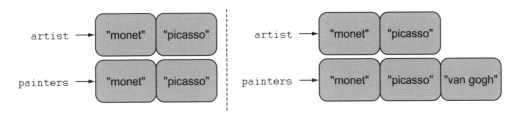

**圖 28.3** 虛線左邊表示複製了串列 artist 的內容 ["monet", "picasso"] 到另一個新串列，並宣告變數 painters 指向新串列。虛線右邊表示因為是不同的串列，所以修改其中一個串列並不會影響另一個串列

**TIP** | 如果要複製字典 d 並將新字典指派給 nd，則可使用 nd = dict(d) 或 nd = d.copy() 來複製。

## ▶ 複製出排序好的新串列

在第 26 章，我們已經知道如何將串列排序了，假設 L 是一個串列，則 L.sort() 可將 L 裡的元素就地排序。不過有時我們只想取得排序的結果，但並不想更動原本的串列，此時雖然可以先將串列複製一份，然後再對新串列做排序，但 Python 內建了一個更方便的 sorted() 函式，只要呼叫它即可完成上述動作。

下列程式會使用 sorted() 函式，在不改變原串列的情況下，傳回一個已排序好的新串列：

```
kid_ages = [2, 1, 4]
sorted_ages = sorted(kid_ages)

sorted_ages
Out[61]: [1, 2, 4]

kid_ages
Out[62]: [2, 1, 4]
```

你可以看到 sorted_ages 指向了一個排序好的新串列，而 kid_ages 所指向的原串列並沒有被改變。

---

✎ **觀念驗證 28.3**

依據下列敘述，寫出對應的程式碼：

1. 變數 chaos 指向一個串列，複製 chaos 的內容到一個新的串列並排序，再將 order 指向此排完序的串列。

2. colors 為一串列，將 colors 的內容就地排序。

3. 變數 deck 指向一個串列，建立另一個變數名稱為 cards，指向和變數 deck 同樣的串列，並透過 deck 對直接對串列作排序。

---

**TIP** | sorted() 也可以排序其他的容器，包括字串、tuple、或字典等，它一律會將容器中的元素 (字串中的字元、tuple 中的元素、或字典中的鍵) 排序好放在**新串列**中傳回。例如 sorted('abc') 會傳回 ['a', 'b', 'c']，而 sorted({1:2, 3:4}) 會傳回 [1, 3] (只會複製字典鍵而忽略值)。

## ▶ 走訪可變物件來處理其中的元素

有時候我們會依據某些條件來移除可變物件內的元素，例如有一個字典中儲存了成對的歌曲名稱和評分，你想要從字典裡移除評分為 1 的歌曲。

程式 28.2 試著完成上述邏輯處理，但會出現錯誤。程式走訪字典裡的每一個鍵，並以鍵取值，如果值為 1 就將該鍵 - 值從字典中移除。執行程式時出現錯誤，錯誤訊息為 RuntimeError: dictionary changed size during iteration。這是因為在走訪字典時，Python 不允許修改字典的長度，意即此時無法新增或是刪除字典裡的鍵 - 值組合。

**程式 28.2** 走訪字典並移除值為 1 的鍵 - 值組合

```
songs = {"Wannabe": 1, "Roar": 1, "Let It Be": 5,
        "Red Corvette": 4}——— 字典中儲存了歌曲的名稱和評分
for s in songs.keys():——————— 走訪字典裡的所有鍵
    if songs[s] == 1:——————— 如果此鍵的值為 1
        songs.pop(s)——————— 將此鍵 - 值組合從字典移除
```

如果將上面的字典改為串列，那麼雖然可以執行了，但仍可能會產生錯誤的結果。在下面的程式 28.3 裡，我們走訪串列的所有元素，若發現元素值為 1，就將該元素移除。此程式執行時不會出現錯誤，但最後的結果卻是不正確的，songs 最後的內容是 [1, 5, 4]，而不是預期的 [5, 4]。

**程式 28.3** 在走訪串列時移除元素

```
songs = [1, 1, 5, 4]——————— 串列記錄了歌曲的評分
for s in songs:——————————— 走訪串列的所有元素
    if s == 1:——————————— 如果值是 1
        songs.pop(s)——————— 從串列移除該元素
print(songs)——————————————— 顯示 [1, 5, 4]
```

為什麼結果會不正確呢？這是因為一開始走訪時，會取得索引 0 的元素，其值為 1，所以我們將此元素移除，此時串列的內容變成 [1, 5, 4]。接著再次走訪會取得索引 1 的元素，此時串列已變成 [1, 5, 4]，所以索引 1 的元素為 5，此元素不等於 1，所以保留此元素，接著取得索引 2 的元素，因不等於 1 所以也保留。在這個過程裡，因為一開始就將索引 0 的元素移除，而改變了串列的長度，接下來取得索引 1 的元素時，其值為 5 而不是 1，也就是在原串列 [1, 1, 5, 4] 裡的第二個 1 被跳過沒被處理，才會導致最後的結果不正確。

因此如果想要依據條件新增或移除串列中的元素，正確方式是先將原串列複製一份，並清空原串列。接著走訪新串列，並把符合條件的元素放入原串列中。程式 28.4 是修正好的程式，執行後可得到正確的結果 [5, 4]。

**程式 28.4** 如何正確地在走訪串列時移除元素

```
songs = [1, 1, 5, 4]————————— 串列記錄了歌曲的評分
songs_copy = songs.copy()————— 複製串列到另一個新串列
songs = []————————————————— 清空原串列
for s in songs_copy: ——————— 走訪新串列的所有元素
    if s != 1:——————————————— 如果值不是 1
        songs.append(s)————— 把元素加到原串列中
print(songs) ———————————————— 顯示 [5, 4]
```

## ▶ 何時該用複製？何時該用別名？

複製物件除了會佔用較多的記憶體之外，也會多花一些時間做複製而降低執行效率。因此只有在需要保留舊物件、或是需要對物件內容做特別處理時，才會考慮複製物件，否則使用別名即可。

不過可變物件在使用別名時，要注意別名的副作用，就是當我們透過某個別名更改可變物件的內容時，其他別名的內容也會一起跟著改變！這是在

使用別名時常會忽略的的地方,要特別小心。尤其是當我們將可變物件做為參數傳給函式時,一定要先確認在函式中是否會更改到該物件的內容。

# 結語

本章重點:

- 所有的物件都可以使用別名 (alias)。
- 可變物件在使用別名時,不論透過哪個別名修改物件,都可透過其他別名看到修改後的結果。
- 可變物件在使用別名時,要注意別名的副作用,例如透過某個別名更改物件後,其他別名所參照的內容也會跟著改變。
- 若要複製可變物件,可視狀況選擇不同的方法,例如使用 list (L) 或 L.copy () 來複製出完全一樣的串列、或用 sorted (L) 來複製出排序好的串列、或是走訪物件來複製經過處理的內容。

# 習題

**Q1** 撰寫一個名為 invert_dict 函式,此函式有一個參數 input_dict,其型別為字典,我們假設 input_dict 中的值都是不重複的不可變物件。在函式內會建立並傳回一個新的字典 new_dict,new_dict 的鍵為 input_dict 的值,new_dict 的值為 input_dict 的鍵。

**Q2** 撰寫一個名為 invert_dict_inplace 的函式,此函式有一個參數 input_dict,其型別為字典,我們假設 input_dict 的值都是不重複的不可變物件。此函式會將 input_dict 的鍵和值互換,意即 input_dict 的鍵會變成值,input_dict 的值會變成鍵,且此函式不會傳回任何物件。

Chapter

# 29
## CAPSTONE 整合專案：
## 比較文章的相似度

**學習重點**

➡ 如何比較兩個檔案的內容相似度      ➡ 如何在實際專案裡使用串列和字典

➡ 如何利用函式寫出模組化的程式

　　如果想了解兩篇文章的相似度，可以撰寫一個程式，並使用串列和字典來計算其相似度。如果你是老師，就可用此程式來評估兩篇論文的相似度，以判斷是否有抄襲之嫌。

　　專案說明 (The problem)：專案程式會讀取兩個檔案，並計算這兩個檔案的相似度。如果兩個檔案內容完全一樣，則相似度為 1，如果兩個檔案沒有相同的單字，則相似度為 0。

　　依據上述專案說明，可以先思考下列問題：

● 標點符號是否也需納入計算？

● 要考慮單字的順序嗎？如果兩個檔案的單字都相同，但順序不同，這樣算是相同嗎？

● 要使用怎樣的標準來量化兩個檔案的相似度？

　　上述問題應盡早解決，因為會影響到程式的運作邏輯。

# 29-1 將專案拆解為幾個較小的子程式

當我們面對一個較大的專案時，可先將之拆解為幾個較小的子程式，然後再一一撰寫函式來完成這些子程式。從前面的專案說明，我們可以思考並將專案拆解為下面 4 個子程式：

1. 讀取指定檔名的檔案內容。
2. 取得檔案內容中所有的單字。
3. 計算每個單字出現的次數 (現在我們已決定要忽略單字的排列順序)。
4. 依照單字的出現次數，計算 2 個檔案的相似度。

目前我們只是先將專案拆解為幾個較小的子程式，但還沒有規劃任何關於實作上的細節。

---

### ⓘ 像程式設計師一樣思考

當我們將一個大專案拆解成若干子程式時，應盡量讓子程式可以**重複使用**。例如前面第 1 個子程式是「讀取指定檔名的檔案內容」，它會比「讀取 **2 個**指定檔名的檔案內容」要好，因為前者可以重複使用在任何需要讀取檔案的場合，而且沒有檔案數量的限制 (要讀幾個檔就執行幾次)。後者因為每次都一定要讀取 2 個檔案，可重複使用性相對較差。

---

# 29-2 讀取檔案內容

首先來撰寫讀取檔案內容的函式，程式 29.1 的函式會依據傳入的檔名，使用 Python 內建的 open() 函式來開啟檔案，然後讀取全部內容並儲存到字串中傳回。當我們呼叫此函式並傳入檔名後，函式就會傳回一個包含檔案全部內容的字串。

程式 **29.1** 讀取檔案

```
def read_text(filename):
    """
    filename: string, name of file to read          函式的文件字串
    returns: string, contains all file contents      (docstring)
    """
    inFile = open(filename)                    依據檔名開啟檔案
    line = inFile.read()                       讀取檔案的所有內容
    inFile.close()                             關閉檔案
    return line                                以字串傳回檔案所有內容
text = read_text("sonnet18.txt")               呼叫函式帶入檔名
print(text)
```

當我們寫好一個函式之後，應先進行完整的測試及除錯。所以請先在程式所在的資料夾中，建立一個名為 sonnet18.txt 的空白檔案，然後在檔案中輸入任意文字，此處筆者是輸入莎士比亞的作品 Sonnet 18（內容參見下一節的最後），輸入完畢並存檔後，即可執行程式進行測試，若函式運作正常，程式會顯示出和檔案內容相同的文字。

---

### ⓘ 像程式設計師一樣思考

使用函式的目的是為了讓撰寫程式變得更輕鬆。當我們將函式寫好並完整測試之後，即可不斷地重複使用。如果在程式中組合了多個函式而發生錯誤，那麼也只需針對組合的方式進行除錯，而不用針對每個函式內的程式碼進行除錯，因為這些函式都已通過完整的測試了。

---

# 29-3 擷取檔案內容中所有的單字

現在已經有函式可以把檔案內容讀到字串中了，而接下來的工作，就是從這個字串中擷取出所有的單字並儲存到一個串列中，以便做後續的分析處理。

> ⊕ **像程式設計師一樣思考**
>
> 在撰寫程式時，經常需要思考應使用哪種資料結構（型別）來儲存資料。這時請仔細評估，如果適合的資料結構不只一種，則挑選最簡單的那種。

　　接著我們要撰寫函式來完成這項工作，函式的參數是一個字串，傳回值則是擷取單字後的結果。由於會擷取出很多的單字字串，因此我們選擇使用串列來儲存這些單字字串，每一個單字字串均為串列中的一個元素。

　　程式 29.2 的函式會先將傳入的字串中的換行符號 \n 替換成空格，然後再將所有的標點符號都移除。string.punctuation 是 Python 內建的字串，其內容是所有的標點符號：

"!#$%&\'()*+, -./:;<=> ? @[\\]_{|}~

　　將字串中的換行及標點符號都處理完畢後，在字串中就只剩下單字及單字之間的空格了，此時即可用 split() 函式依據空格來切割字串，而切割的結果就是一個包含所有單字的串列。

**程式 29.2** 由字串切割出每個單字

```
import string ———————————— 在使用 string.punctuation 前要先
                           匯入 string 的相關資料
def find_words(text):
    """
    text: string
    returns: list of words from input text
    """
    text = text.replace("\n", " ) ——— 將換行符號 \n 替換為空格
    for char in string.punctuation: ——— 走訪包含所有標點符號的字串
        text = text.replace(char, "") —— 將標點符號替換為空字串
    words = text.split(" ")
    return words ——————— 傳回結果          依空格切割出字串裡的每個單
words = find_words(text) —— 呼叫函式         字，並存到串列中傳回
```

> **(!) 像程式設計師一樣思考**
>
> 在測試需要處理檔案的程式時，應該先用較小的檔案來測試，這樣在出錯時比較容易觀察是哪裡出錯。若一開始就用很大的檔案做測試，那麼要檢查是哪裡出錯會很辛苦。當然小檔案測試完成後，也要測試大型檔案以及各種特殊狀況。

假設 sonnet18.txt 的檔案內容如下：

```
Shall I compare thee to a summer's day?
Thou art more lovely and more temperate:
Rough winds do shake the darling buds of May,
And summer's lease hath all too short a date:
Sometime too hot the eye of heaven shines,
And often is his gold complexion dimmed,
And every fair from fair sometime declines,
By chance, or nature's changing course untrimmed:
But thy eternal summer shall not fade,
Nor lose possession of that fair thou ow'st,
Nor shall death brag thou wander'st in his shade,
When in eternal lines to time thou grow'st,
So long as men can breathe, or eyes can see,
So long lives this, and this gives life to thee.
```

然後用 print() 來印出函式傳回的串列內容：

```
print(find_words(text))
```

輸出的結果如下：

```
['Shall', 'I', 'compare', ......, 'life', 'to', 'thee']
```

# 29-4 計算單字的出現次數

我們已經可以取得包含檔案中所有單字的串列了，接著要思考怎麼計算每個單字的出現次數，以及如何儲存計算的結果。

由於我們是要儲存成對的「單字及其出現次數」，所以字典會是最佳的選擇。在程式 29.3 的函式中，就是使用 for 迴圈來走訪串列中的每一個單字，並用字典來記錄每個單字以及其出現次數。

**程式 29.3** 使用字典來記錄單字及其出現次數

```
def frequencies(words):
    """
    words: list of words
    returns: frequency dictionary for input words
    """
    freq_dict = {}                              初始化一個空的字典
    for word in words:                          走訪檔案內容的每個單字
        if word in freq_dict:                   如果此單字已經在字典裡
            freq_dict[word] += 1                 將此單字的出現次數加 1
        else:                                    如果此單字不在字典裡
            freq_dict[word] = 1                  加入單字並指定出現次數為 1
    return freq_dict                            傳回字典
freq_dict = frequencies(words)                  呼叫此函式
```

如上面程式所示，字典非常適合用來記錄某種情況的發生次數。在計算完單字出現次數之後，接下來就可使用這個資訊，來比較兩個檔案的內容相似度。

# 29-5 比較兩個文件的相似度

　　在取得每個單字的出現次數後，接著要決定該使用什麼方式來比較資料的相似度。一開始的方式可以簡單一點，等實作出來後再視需要做加強。假設我們決定要依據每個單字**出現次數的差異**來計算相似度：

- 先確認此單字是否都有出現在這兩個檔案的字典裡
- 如果某個單字同時出現在兩個檔案的字典裡，則計算其次數的差異：可以將 2 個字典中的次數相減再取絕對值來算出差異數。
- 如果某個單字只出現在其中一個字典裡，就以其次數做為差異。

舉例來說，假設這兩個字典的內容為：

```
dict1 = {"apple": 2, "bread": 2}
dict2 = {"apple": 5, "sugar": 5}
```

- apple 在兩個字典都有，其差異為 3 (= 2-5 的絕對值)
- bread 只出現在第 1 個字典中，其差異為 2 (= 2-0 的絕對值)。
- sugar 只出現在第 2 個字典中，其差異為 5 (= 0-5 的絕對值)。

然後我們可以定義一個差異度的公式：

**差異度** = 總差異 /(字典 1 總字數 + 字典 2 總字數)

　　將每個單字的差異加總後，再除以這兩個字典的總字數，就可算出兩個字典的**差異度**。定義好計算方式後，接著要進行合理性檢查 (sanity check)，這裡採用的方法是檢查 2 個最極端的狀況：

- 如果兩個檔案內容完全一樣，則每個單字的差異都是 0，因此總差異也是 0，而**差異度**同樣會是 0。

- 如果兩個檔案完全沒有相同的單字，則總差異會是（字典 1 總字數 + 字典 2 總字數），所以**差異度**會是 1。

由此可知，差異度的範圍是 0~1，完全相同時為 0，完全不同時為 1。最後，由於相似度和差異度剛好相反 , 因此可用下列式子來算出相似度：

**相似度** = 1 - 差異度

也就是當兩個檔案內容完全一樣時，相似度為 1，而完全不同時，則相似度為 0。

程式 29.4 的函式有兩個參數，其型別均為字典，函式會使用兩個迴圈，分別走訪這兩個字典的所有單字，並計算每個單字的出現次數差異。

第一個迴圈先走訪 dict1 的所有單字（鍵），在迴圈中檢查單字是否存在於 dict2 中，若存在則其差異為：出現次數相減並取絕對值；若不存在則差異為：單字在 dict1 的出現次數。

第二個迴圈走訪 dict2 的所有單字（鍵），但由於第一個迴圈已經計算完所有 dict1 中的單字，所以在第二迴圈中只需計算 dict1 中沒有的單字，也就是只有當單字不存在於 dict1 時，才將其出現次數做為次數差異。

加總上述兩個迴圈中的次數差異之後，即可得到兩個檔案的總差異，接著再依據公式，將總差異除以兩個檔案的總字數，就可算出兩個檔案的差異度。最後再用 1 減掉差異度即為兩個檔案的相似度了。

**程式 29.4** 依據傳入的字典計算相似度

```
def calculate_similarity(dict1, dict2):
    """
    dict1: frequency dictionary for one text
    dict2: frequency dictionary for another text
    returns: float, representing how similar both texts are to
each other
    """
    diff = 0
    total = 0
    for word in dict1.keys():                  走訪第一個檔案的所有單字
        if word in dict2.keys():               如果單字在第二個檔案有出現
            diff += abs(dict1[word] - dict2[word])   計算並加總差異
        else:                                  此單字沒有出現在第二個檔案裡
            diff += dict1[word]                計算並加總差異
    for word in dict2.keys():                  走訪第二個檔案的所有單字
        if word not in dict1.keys():           如果單字不存在於第一個檔案
            diff += dict2[word]                計算並加總差異
    total = sum(dict1.values()) + sum(dict2.values())
    difference = diff / total                  計算差異度,公式為:總差異
    similar = 1.0 - difference                 /(檔案 1 字數 + 檔案 2 字數)
    return round(similar, 2)                   用 1 減掉差異度即為相似度
```

四捨五入到小數點第 2 位後傳回　　　　　　　　　計算兩個檔案的總字數

　　此函式會傳回介於 0 和 1 之間的浮點數,數字越小表示兩個檔案的相似度越低;數字越大則表示兩個檔案的相似度越大。

# 29-6 實際測試文件的相似度

　　最後，我們要用實際的檔案來測試寫好的程式。一開始可先對程式作合理性檢查 (sanity check)：

1. 使用兩個內容完全相同的檔案來測試，此時程式計算出的相似度應該是 1.0。

2. 接著將其中一個檔案的內容清空再做測試，此時計算出的相似度應該是 0.0。

接著，我們用實際的檔案來測試程式：

1. 比較莎士比亞的兩個作品：Sonnet 18 和 Sonnet 19，由於二者的內容差異很大，其相似度應該很低才對。

2. 比較 Sonnet 18 和「把 3 個 summer 都改成 winter 的 Sonnet18」，由於只有 3 個字的差異，其相似度應該很高才對。

Sonnet 18 的內容可參考 29.3 小節，Sonnet 19 的內容如下：

```
Devouring Time, blunt thou the lion's paws,
And make the earth devour her own sweet brood;
Pluck the keen teeth from the fierce tiger's jaws,
And burn the long-lived phoenix in her blood;
Make glad and sorry seasons as thou fleet'st,
And do whate'er thou wilt, swift-footed Time,
To the wide world and all her fading sweets;
But I forbid thee one most heinous crime:
O! carve not with thy hours my love's fair brow,
Nor draw no lines there with thine antique pen;
Him in thy course untainted do allow
For beauty's pattern to succeeding men.
Yet, do thy worst old Time: despite thy wrong,
My love shall in my verse ever live young.
```

程式 29.5 會開啟並讀取兩個檔案，然後計算檔案裡每個單字的出現次數，並計算其相似度。

| 程式 29.5 | 執行並計算兩個檔案的相似度 |

```
text_1 = read_text("sonnet18.txt")
text_2 = read_text("sonnet19.txt")
words_1 = find_words(text_1)
words_2 = find_words(text_2)
freq_dict_1 = frequencies(words_1)
freq_dict_2 = frequencies(words_2)
print(calculate_similarity(freq_dict_1, freq_dict_2))
```

程式比較 Sonnet 18 和 Sonnet 19 的相似度為 0.24，接近於 0 是正常的，因為這兩個作品幾乎完全不同。但如果是比較 Sonnet 18 修改前與修改後的內容 (把 3 個 summer 改成 winter)，則相似度為 0.97，這個值也很合理，因為只有 3 個字不一樣。

# 結語

本章重點：

● 可使用函式來撰寫**可重複使用**的模組化程式，例如可讀取檔案內容的函式
● 可使用串列來儲存單獨的資料，例如檔案裡出現的每個單字
● 可使用字典來儲存成對的資料，例如每個單字及其出現次數

# UNIT

# 8

# 物件導向
# 程式設計

在前幾個 Unit，我們已經學會使用 Python 內建的
各種基本資料型別，也學過如何定義函式來有效
率的撰寫程式。在 Unit 8，我們要學習如何把資
料和函式包裝在一起成為一個物件（object）。

# Chapter

# 30 物件基礎

## 學習重點

➡ 物件的屬性 (attribute)：
 屬性就是物件內部的資料。

➡ 物件的方法 (method)：
 方法就是物件專用的函式。

在日常生活中，我們會接觸到各式各樣的生活用品，也會操作許多工具來完成生活的需求。例如：當我們需要查詢資料時會使用電腦或手機，當我們要寄快遞時，會需要紙盒或信封，電腦、手機、紙盒、信封都是物件。我們也會和不同的人交談，或是和小動物玩耍，人和小動物也都是物件。印在書本上的文字和數字雖然沒有形體，但其本質上也是一種物件。

每種物件都有對應的操作方法，例如：我們可以使用計算機來進行數學運算，但收發 e-mail 就不是計算機可以操作的功能。除了一些最小無法再被細分的基本元素，大部份的物件都可以被拆解成其他小物件。例如計算機可以被拆解為 IC 晶片、螢幕和數字按鈕，這些物件也可以再被拆解成更小的物件。就連我們平常說的一段話，也是由一個一個文字物件組合而成。

這樣的概念也可以運用到程式語言中！在先前的章節裡，我們直接使用 Python 內建的資料型別，例如：整數、字串、tuple、串列、字典……等等。然而隨著撰寫的程式越來越複雜，這些現成的物件已不符所需，這時可以將現有的物件重新包裝組合成新的物件，來滿足你的需求。

想一想 Consider this

以下是關於貓和球兩個不同物件的特徵和行為描述，你可以區分這些描述
各自代表哪種物件嗎？其中哪些是物件的特徵，哪些又是物件的行為？

1. 兩個眼睛　　　　5. 會抓癢　　　　9. 會滾動
2. 會在鍵盤上睡覺　6. 會回彈　　　　10. 會躲起來
3. 沒有眼睛　　　　7. 軟毛　　　　11. 有四隻腳
4. 任意顏色　　　　8. 圓形的

**參考答案**

**貓**　　特徵：兩個眼睛，軟毛，有四隻腳

　　　　行為：會在鍵盤上睡覺，會抓癢，會躲起來

**球**　　特徵：沒有眼睛，圓形的，可以是任何顏色

　　　　行為：會回彈，會滾動

# 30-1 為何需要新物件？

　　在第 2 章撰寫第一行程式碼時，其實就已經在和「物件」互動了。整
數、浮點數、字串、布林、tuple、串列 (list) 和字典都是 Python 內建的物
件，你不用特別定義或是宣告，就可以直接使用這些物件。如前面所述，串
列和字典其實也是由其他物件組成，例如 L = [1, 2, 3]，就代表 L 這個串列是
由整數組成。

**TIP** | 整數、浮點數和布林都是**基礎物件** (atomic objects)，意即它們在 Python 裡是
　　　最小無法再分割的基本元素，而字串、tuple、串列和字典則是由其他物件組
　　　合而成，因此不是基礎物件。

使用物件可以讓程式碼更有組織且更容易閱讀，但就算你已經學會使用所有 Python 內建的物件，有時也無法完全滿足需求，例如要記錄網路商店的購物車清單，你可在串列裡用字串記錄品項名稱，但如果還要一併記錄個數、商品分類、價格、製造日期…等等，單純使用字串將難以記錄所有資訊。這時就需要有新的物件，否則程式碼將會一團混亂。

物件由兩項東西組成：屬性和方法，本章我們就深入來探討 Python 物件的屬性和方法。

---

✎ **觀念驗證 30.1**

下列物品中，哪些可以用你已學到的 Python 內建物件來表達？哪些東西可能需要重新組合物件才能表達？

1. 年齡
2. 在地圖上風景名勝的座標
3. 人
4. 一張椅子

---

# 30-2 物件的屬性 (attribute)

所謂物件的**屬性** (attribute)，指的是物件有什麼特徵？例如，要描述一台車的規格，通常會從車子的外觀著手，看車子多長、多寬、多高、什麼顏色，或者這台車是四門或五門房車等，所以車子物件的屬性至少就要有長度、寬度、高度、顏色、車身樣式等。

如果要在電腦上畫一個圓形，需要知道圓形的半徑；若要在地圖上標示一個地點，就需要有經緯度座標；要繪製房間設計圖，就需知道房間的坪數、樓高等。上述像是圓形半徑、經緯度座標、房間坪數或樓高等，都是物件的屬性 (也就是物件的相關資料)。

> ✎ **觀念驗證 30.2**
>
> 下列物件有哪些屬性可用來描述它？
>
> 1. 長方形　　　　　　3. 椅子
> 2. 電視　　　　　　　4. 人

# **30-3** 物件的方法（method）

　　當你決定了物件的屬性，就相當於描繪出物件的形體，接著就可以進一步設計這個物件會有什麼行為、要怎麼和外界互動，這種互動的行為就稱為物件的**方法**（method）。我們先從現實生活的事物來發想，延續先前車子物件的例子，若你有部車子，你會希望怎麼操作它？不外乎是：發動車輛、加速、剎車、倒車、轉彎、或者發出喇叭聲等，這些都可以視為是車子這個物件所具備的方法。

　　物件方法是針對某種物件所設計，自然會在物件上產生動作，或者是可與之互動。回到程式設計的觀點，若我們定義了圓形這個物件，應該很快會聯想到需要有取得圓形面積和圓周的方法；若是定義了地圖上的一個地點，也需要有方法可以知道該地點位於哪個國家，或是計算兩個地點間的距離。若是針對房間這個物件，則需要有方法讓外界得知坪數、樓高等資訊，或是要有更動隔間或增加設施的方法。

> ✎ **觀念驗證 30.3**
>
> 下列物件有哪些方法可操作？
>
> 1. 長方形　　　　　　3. 椅子
> 2. 電視　　　　　　　4. 人

# 結語

你已經使用過 Python 內建的物件，例如字串、串列和字典，本章的目的是想讓你更了解什麼是物件的屬性和方法。本章重點：

- 每種物件都有其專屬的屬性，屬性可視為物件中儲存的資料，我們可視需要選擇適當的物件來儲存資料。
- 每種物件都有其專屬的方法，外部可藉由這些方法和物件互動。

# Chapter

# 31 設計自己的類別

## 學習重點

➡ 如何定義一個 Python 類別

➡ 如何定義類別的屬性 (attribute)

➡ 如何定義類別的方法 (method)

➡ 如何建立某個類別的物件，並執行該物件的方法

　　Python 的世界裡，所有東西都是物件，而物件是由類別 (class) 所產生的。每個類別中，定義了物件的屬性 (attribute) 和方法 (method)，當你用某個類別建立物件時，就會按照該類別中所定義的規格來產生物件。

　　像我們已經很熟悉的 int、list、float、tuple 等，其實也都是不同的類別，可以把它們當成是 Python 內建的基礎類別，只是我們習慣稱之為資料型別而已。除了這些 Python 內建的類別外，你也可以視程式的需求，自行定義新的類別。

　　通常我們是因為現有類別無法滿足程式的需求，所以才需要新類別。在我們定義新的類別之前，可以先試著回答下面這兩個問題，來讓自己對於如何定義這個新類別有初步的想法：

● 這個類別是由什麼組成，意即這個類別的屬性 (attribute) 為何？

● 這個類別可以做什麼，意即這個類別的方法 (method) 為何？

> 💡 **想一想** Consider this
>
> 串列和字串是兩種不同的類別，依據先前學到的，試著說出這兩種類別有哪些操作方法。
>
> **Q1** 可以對串列進行哪些操作？
>
> **Q2** 可以對字串進行哪些操作？
>
> ---
>
> **參考答案**
>
> **A1** append、extend、pop、index、remove 等等
>
> **A2** split、strip、replace、lower、index 等等

# 31-1 使用 class 保留字定義一個新的類別

我們可以透過 class 這個 Python 保留字，來定義一個新的類別。例如：我們想建立一個類別，此類別名稱叫 Circle：

```
class  Circle:
```
保留字　　類別名稱

以上，我們使用了 Python 的 **class** 保留字，表示此行程式碼要定義一個新的類別，並以 Circle 做為此類別的名稱，記得最後要加上冒號。類別的名稱習慣上第一個字母是大寫，以便和一般變數有所區別。

> ✏️ **觀念驗證 31.1**
>
> 依據下列事物，編寫程式碼定義出對應的類別：
>
> 1. 一個人　　　2. 一台車　　　3. 一部電腦

# **31-2** 定義類別的屬性 (attribute)

　　雖然剛剛透過 class 建立了一個新類別名叫 Circle，但因為我們沒有對這個類別做任何描述，只是一個空類別。因此在定義類別之後，接著要設計類別的內容，包含我們要如何初始化物件、物件中有哪些屬性，以及這些屬性的初始值為何。

## ▶ 透過 _ _init_ _ 初始化物件

　　類別是用來產生物件的，因此設計類別要做的第一件事就是：「將來產生物件時，要如何初始化此物件。」

　　要初始化一個物件，你需要實作一個特殊的方法，叫作 _ _init_ _（注意這個 init 前後都有兩個底線）：

```
class Circle:
    def _ _init_ _(self):
        # 在此撰寫程式碼
```

**TIP** 在名稱的前後加上雙底線，就表示此名稱具有特殊意義。由於字體的關係，雙底線經常看起來會像一條很長的底線，__ 其實是兩個連在一起的 _。

定義 __init__ 的語法看起來跟函式很類似，只是它是定義在類別內部而已。任何定義在類別內部的函式就稱作**方法 (method)**。

　　__init__ 必須接收一個 self 參數，當我們用類別建立新物件時，Python 會自動以新物件做為參數來呼叫 __init__，以便在 __init__ 中可對此新物件進行初始化的動作。也就是說 self 是一個形式參數 (formal parameter, a placeholder)，而將來建立新物件時，該物件才是真實參數 (actual parameter)。

### ▶ 在 __init__ 方法裡建立類別的屬性

在 __init__ 方法裡的程式碼會初始化物件的屬性,例如:圓形有一個屬性是半徑,你可以在 __init__ 裡初始化此圓形的半徑為 0。

我們可以用「self. 屬性」的方式來定義類別的屬性。以剛剛 Circle 類別的例子,我們可以在 __init__ 裡,定義此類別有一個屬性叫 radius,並初始化其值為 0:

```
class Circle:
    def __init__(self):
        self.radius = 0
```
屬性名稱
代表未來新建立的物件    初始值

注意有一個點符

在 __init__ 裡,我們可以透過 self 來定義這個物件的屬性。self 這個參數指的是未來新建立的 Circle 物件,而 self.radius = 0 則是建立這個物件的 radius 屬性,並初始化為 0。

> #### ✎ 觀念驗證 31.2
>
> 為下列事物編寫 __init__ 方法,並初始化該事物應有的屬性值:
> - 一個人
> - 一台車
> - 一部電腦

## 31-3 定義類別的方法 (method)

你所設計的類別要擁有哪些方法 (method),同樣必須在定義類別時就一併寫好。以之前定義的圓形類別為例,我們可以撰寫一個方法,來改變此圓形的半徑。類別中自訂的方法和先前介紹過的函式非常相似,接著我們實作一個可以修改圓形半徑的方法來做示範，方法的名稱叫做 change_radius，並使用 self 作為此方法的第一個參數、radius（半徑）做為第二個參數。方法內只有一行程式碼，就是使用 self. 來存取 Circle 內部的屬性並修改其值。

```
class Circle:
    def __init__(self):
        self.radius = 0
    def change_radius(self, radius):
        self.radius = radius
```

用來傳遞修改後的屬性內容，通常會採用和屬性相同的名稱
方法的名稱
類別中定義的方法，第一個參數必須是 self
方法實際要執行的動作

接著我們在類別中定義另一個 get_radius 方法，get_radius 方法除了 self 外並沒有任何參數，此方法會使用 self.radius 取得並傳回此圓形物件的半徑。

```
class Circle:
    def __init__(self):
        self.radius = 0
    def change_radius(self, radius):
        self.radius = radius
    def get_radius(self):
        return self.radius
```

### ✎ 觀念驗證 31.3

假設我們有一個物件叫 Door，此物件的 __init__ 方法如下：

```
class Door:
    def __init__(self):
        self.width = 1
        self.height = 1
        self.open = False
```

- 編寫一個方法，該方法會傳回此 Door 物件的狀態是否為開啟。
- 編寫一個方法，該方法會傳回此 Door 物件的面積。

# 31-4 用自行定義的類別來產生物件

截至目前為止我們還只是在定義物件規格 (也就是類別) 的階段，並沒有建立任何 Circle 類別的物件。要建立物件，最常見的方式是使用指定算符 (=)，以類別的名稱建立物件。接續前例，我們可以建立一個 Circle 類別的物件：

```
one_circle = Circle()
```

上述程式碼會產生一個 Circle 類別的物件，而變數 one_circle 會參照到這個 Circle 物件。通常我們會說 one_circle 所參照的物件，是 Circle 這個類別的一個**實例** (instance)。

> **名詞解釋** **實例** (instance) 指的是某類別所產生的實體物件，這是比較嚴謹的說法，不過口語上實例和物件常常混用，為了減少不同名詞交錯出現的困擾，本書會一律稱為物件。

我們可以透過下列程式碼，建立多個 Circle 類別的物件：

```
one_circle = Circle()
another_circle = Circle()
```

在建立 Circle 類別物件後，我們就可以執行此物件上的方法 (method)，以先前所定義的 Circle 類別來說，我們就可以使用 change_radius 改變此圓形的半徑，或是使用 get_radius 取得此圓形的半徑。例如：

```
one_circle.change_radius(4)
```

因為 one_circle 是由 Circle() 類別產生的，因此 Python 會在 Circle 類別的定義中找到 change_radius 這個方法，然後執行方法中的程式。此方法會修改圓形的半徑，所以 one_circle 這個物件的半徑會被修改為 4，你可以試著印出圓形物件的半徑：

```
print(one_circle.get_radius())
print(another_circle.get_radius())
```

畫面會顯示：

```
4
0
```

從上述可知，one_circle 所代表物件的半徑已經被修改為 4，但是 another_circle 的半徑並沒有被修改，還是維持初始值。

你可以從圖 31.1 得知，radius 為 Circle 類別的資料屬性，每個 Circle 類別的物件都會有各自的屬性值，修改其中一個物件的屬性，並不會影響另一個物件的屬性值。

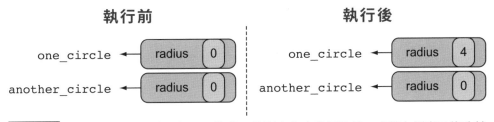

**圖 31.1** 上圖虛線左側，為兩個不同物件，分別有各自的屬性值。虛線右側表示修改其中一個物件的屬性，並不會影響另一個物件的屬性值。

另外要注意，我們在定義 change_radius 這個方法時有兩個參數：self 和 radius，但我們執行這個方法時卻只傳入了一個參數值 4(會指派給 radius 參數)，這是因為在呼叫物件的方法時，Python 會自動將物件本身指派給 self 參數。以 one_circle.change_radius(4) 為例，Python 會把 one_circle 這個物件指派給 self 參數，而傳入的 4 自然就指派給 radius 參數了(因此在執行 change_radius() 中的 self.radius=radius 敘述時，就等同於執行 one_circle.radius=4)。

**TIP** 你也可以手動將物件本身指派給 self 參數傳入，結果是一樣的，在本章最後的關於 self 參數說明框中會有詳細說明。

✎ **觀念驗證 31.4**

假設我們有一個類別叫 Door，此類別的屬性以及方法如下：

```
class Door:
    def __init__(self):
        self.width = 1
        self.height = 1
        self.open = False
    def change_state(self):
        self.open = not self.open
    def scale(self, factor):
        self.height *= factor
        self.width *= factor
```

- 編寫程式碼，建立一個 Door 物件，並指派給 square_door。
- 編寫程式碼，透過呼叫 square_door 的方法修改其狀態 (state)。
- 編寫程式碼，透過呼叫 square_door 的方法使其比例 (sacle) 放大 3 倍。
- 編寫一個方法，該方法會回傳此門的面積。

# 31-5 定義需要傳入參數值的類別

先前我們在定義 Circle 這個類別時，指定半徑的初始值為 0，因此在產生每一個 Circle 類別的物件時，都會是半徑為 0 的圓形。你也可以在定義類別的 __init__ 方法時，要求傳入 self 以外的參數，並將傳入的參數直接指派給物件的屬性值。

此處建立另一個 Rectangle 長方形類別來示範，如程式 31.1：

**程式 31.1** 長方形的類別定義

```
class Rectangle:
    """ a rectangle object with a length and a width """
```

續下頁 ⇨

```
    def __init__(self, length, width):
        self.length = length
        self.width = width
    def set_length(self, length):
        self.length = length
    def set_width(self, width):
        self.width = width
```

上述程式碼在 __init__ 方法裡，除了 self 外還有兩個參數，所以當我們建立一個新的 Rectangle 物件時，就必須傳入兩個數值，分別代表長方形的長和寬。例如：

```
a_rectangle = Rectangle(2, 4)
```

**TIP** 我們之前是使用 one_circle = Circle() 建立 Circle 類別的物件，沒有傳入任何參數。

如果此處我們沒有傳入兩個參數，例如：

```
bad_rectangle = Rectangle(2)
```

則 Python 會拋出錯誤訊息，此錯誤訊息的意思是少傳了一個 width 參數：

```
TypeError: __init__()missing 1 required positional argument:
'width'
```

另外一個要注意的是，若 __init__ 方法需要傳入 self 以外的參數，這些參數的名稱和這個類別的屬性名稱並不一定要相同，只是通常都會使用相同的名稱。實際上，傳入 __init__ 的參數稱作形式參數 (formal parameter)，會在 __init__ 方法執行完畢後就會消失，意即這些參數的生命周期僅在 __init__ 方法被呼叫時才存在，取什麼名稱實質上無關緊要。而屬性名稱則不然，因為屬性會伴隨著所屬物件的生命周期而持續存在。

## ⚠ 關於 self 參數

用類別建立物件時，我們不用傳入 self 參數，Python 會自動將物件本身指派給 self 參數，這是 Python 一個很好的特性，可以讓程式設計師寫出更簡潔的程式碼。

但我們也可以直接指定 self 參數，而不是讓 Python 自動地將物件本身指派給 self 參數。我們以先前使用過的 Circle 物件為例，以下兩段程式碼都會修改 Circle 物件的半徑，並在畫面上顯示此圓形半徑的值。雖然寫法不同，但結果相同：

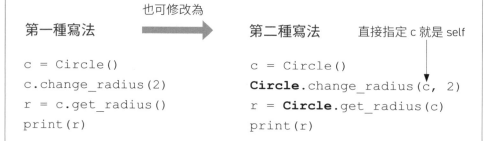

也可修改為

第一種寫法

```
c = Circle()
c.change_radius(2)
r = c.get_radius()
print(r)
```

第二種寫法    直接指定 c 就是 self

```
c = Circle()
Circle.change_radius(c, 2)
r = Circle.get_radius(c)
print(r)
```

要注意的是，第二種寫法在呼叫 change_radius 方法時，使用了該類別的名稱 Circle，而且必須傳入兩個參數：

- c 指向一個特定的 Circle 物件，而我們想要呼叫此 Circle 物件上的 change_radius 方法，此時 c 會被指派給 self 參數
- 2 代表我們想要將此圓形的半徑修改為 2

如果我們採用第一種直接呼叫物件的方法，例如：c.change_radius(2)，Python 會知道 self 其實就是 c，而 c 是一個 Circle 類別的物件，所以此程式碼會被轉譯為 Circle.change_radius(c, 2)。

> **TIP** 通常我們是採用第一種寫法，程式碼會比較簡潔，不過透過第二種寫法你會更了解 Python 在處理物件類別時的做法。

另外，雖然此處 self 變數看似有特別的用處，但其實 self 並非 Python 的保留字，而只是 Python 的慣用寫法，取名 self 已經成為程式設計師約定俗成的共識。

✎ **觀念驗證 31.5**

請修改下列程式，改成使用類別名稱來呼叫特定物件的方法 (可在類別名稱後面使用點符來呼叫方法)：

```
a = Rectangle(1, 1)
b = Rectangle(1, 1)
a.set_length(4)          # 請改用類別名稱來呼叫方法 (method)
b.set_width(4)           # 請改用類別名稱來呼叫方法 (method)
```

# 結語

　　本章介紹如何定義 Python 的類別，以及如何用自行定義的類別來建立物件。本章重點：

● 可以在類別中定義屬性 (特性) 及方法 (操作)。

● 可以用類別來建立物件。

● 類別的方法 (method) 就是定義在類別內部的函式，可用來操作這個類別所建立的物件。

● __init__ 是一個特殊的方法，會在建立物件時被呼叫。我們可在這個方法裡定義類別的屬性，並賦予該屬性初始值。

● 方法的第一個參數 self 是用來接收要操作的物件實例。

● 我們可以使用「物件名 . 屬性」、「物件名 . 方法」的方式，來存取物件的屬性和使用其方法。

# 習題

**Q1** 在 Circle 類別裡編寫一個方法,其名稱為 get_area,此方法會使用公式 $3.14 * radius^2$ 計算並回傳此圓形的面積。請建立 Circle 物件後呼叫此方法,並在畫面顯示其結果,藉此來確認此方法運作是否正確。

**Q2** 在 Rectangle 類別裡編寫兩個方法,其名稱分別是 get_area 和 get_perimeter,請在建立 Rectangle 物件後呼叫這兩個方法,並在畫面顯示其結果,藉此來確認運作是否正確。這兩個方法的實作邏輯如下:

- get_area 會透過公式:長 (length) * 寬 (width),計算並傳回此長方形的面積。
- get_perimeter 會透過公式:2 * 長 (length) + 2 * 寬 (width) 計算並傳回此長方形的周長

# 32 自行定義類別來簡化程式

## 學習重點

➡ 如何定義一個類別來實作堆疊的功能

➡ 如何使用自行定義的類別

現在你已經知道如何定義一個類別，但為什麼我們需要自行定義類別呢？因為我們可以將相關的屬性和方法封裝在某個類別裡，然後用此類別來產生一個具有相同屬性和方法的物件，這些類別和物件可以在程式中重複且方便的使用。將複雜的資料結構及相關操作方法封裝成獨立的物件，可以降低程式設計的複雜性，也讓程式更容易閱讀、更容易維護。不太明瞭嗎？看完這一章你就會理解了。

---

### 💡 想一想 Consider this

將下列物件不斷細分成更小的物件，最後使用 Python 內建的資料型別（整數、浮點數、list、字串、布林）來表達。

**Q1** 雪

**Q2** 森林

---

**參考答案**

**A1** 雪是由雪花所組成，雪花是由六邊形的晶體所組成。晶體是由水分子以特定的結構（串列）組合而成。

**A2** 森林是由樹所組成，樹是由樹幹和葉子所組成，樹幹有長度（浮點數）和直徑（浮點數），而葉子有顏色（字串）。

# 32-1 定義一個 Stack（堆疊）類別

在第 26 章，我們使用了串列（list）的 append 和 pop 來實作堆疊（stack），在使用這個堆疊時，必須很小心操作 append() 和 pop()，以確保其結果和堆疊「後進先出」的概念一致，也就是元素必須從串列的尾端加入，而從串列的尾端取出（註：當然也可以從前端加入和取出，但從前端或尾端只能選一種）。

我們可以自行定義一個類別來模擬堆疊的行為，並將此行為的實作細節「包裝」到類別裡，這樣就可以直接使用這個類別來執行堆疊的相關操作，而不必費心在堆疊的執行細節。

---

### ⓘ 像程式設計師一樣思考

使用類別的好處是可以將實作細節隱藏起來，也不需詳細說明此類別的實作方式，只要告知提供什麼功能，例如：這個堆疊提供加入／刪除物件的功能。而這個功能的實作方式可能有很多種，不過這是類別設計者要傷腦筋的，使用這個類別的人（程式設計師）完全不需知道實作細節，也不能擅自更動類別的設計。這樣可以降低程式設計的複雜度，也能提高程式執行的穩定性。

---

### ▶ 實作屬性（attribute）

接著就定義一個類別來模擬堆疊（stack）的功能，我們將此類別命名為 Stack。在第 26 章裡，我們是使用串列來實作堆疊，此處我們就在類別中建立一個型別為串列的屬性，藉由此串列來實作堆疊的功能。

我們會將這個屬性定義在 __init__ 方法裡，如下：

```
class Stack:
    def __init__(self):
        self.stack = []
```

在上面的 \_\_init\_\_ 裡，透過 self.stack = [] 將 stack 屬性初始化為一個空的串列。

## ▶ 實作方法 (method)

在決定屬性後，我們還需要決定這個類別有哪些可操作的方法 (method)。你可以回想一下第 26 章的堆疊需要哪些操作，以及如何跟這個堆疊互動。

程式 32.1 為 Stack 類別的完整程式範例，除了 \_\_init\_\_ 外，我們還定義了 7 個方法，只要該物件的型別是 Stack 類別，我們就可以透過這 7 個方法和其互動。其中 get_stack_elements 會複製 Stack 物件的 Stack 屬性 (串列)並傳回，這是為了避免由外部直接存取並修改了物件內的屬性。

我們藉由 add_one 和 remove_one 方法來完成堆疊的功能，透過 add_one，可以在串列的尾端增加一個物件，而透過 remove_one，則可以從串列尾端移除一個物件。而透過 add_many 和 remove_many 方法，可以藉由參數 n 把某個物件加到串列尾端 n 次，或是從串列尾端依序移除 n 個物件。size 會回傳目前有幾個物件在串列裡。最後，prettyprint_stack 會從串列尾端開始，依序在畫面顯示串列的內容。

---

**程式 32.1** 定義 Stack 類別

```
class Stack:                              stack 屬性初始化為一個空串列
    def __init__( self):
        self.stack = []
    def get_stack_elements(self):
        return self.stack.copy()  ── 此方法會複製串列的內容並傳回
    def add_one(self, item):
        self.stack.append(item)  ── 此方法會把 item 參數指向的
                                     物件加到串列尾端
```

續下頁 ⇨

```
def add_many(self, item, n):
    for i in range(n):
        self.stack.append(item)
def remove_one(self):
    self.stack.pop()
def remove_many(self , n):
    for i in range(n):
        self.stack.pop()
def size(self):
    return len(self.stack)
def prettyprint(self):
    for thing in self.stack[::-1]:
        print('|_', thing, '_|')
```

此方法會執行 n 次，每次把 item 參數指向的物件加到串列尾端

此方法會從串列尾端移除物件

此方法會從串列尾端移除 n 個物件

此方法會傳回目前串列裡有多少物件

此方法會從串列尾端開始，一行一行顯示串列內的每個物件

請注意，實作類別的方式可能有多種，例如我們實作堆疊的方式是從串列尾端新增以及移除物件，其實也可以改成在串列開頭新增以及移除物件來達到同樣的功能。

---

✎ **觀念驗證 32.1**

在 Stack 類別裡編寫一個方法，名稱為 add_list，此方法有一個參數，其型別為串列。此方法會以輸入的串列參數，將串列裡的物件從頭一一放入堆疊中。

---

# 32-2 建立及使用 Stack 物件

我們已經定義好了 Stack 類別，現在我們可以用此類別建立 Stack 物件來使用。

## ▶ 使用堆疊排放鬆餅

回想一下第 26 章的內容，我們透過在麵包店擺放鬆餅的例子，來說明堆疊的運作方式。在這邊我們也是用同樣的例子，來說明如何使用自行定義的 Stack 類別。我們在程式裡定義了兩個字串 "chocolate" 和 "blueberry"，用來表示巧克力和藍莓這兩種不同口味的鬆餅。

程式 32.2 的執行步驟如下：

- 初始化 Stack 物件，我們會得到一個空的堆疊物件。
- 呼叫 add_one 方法，增加 1 個藍莓鬆餅到堆疊中。
- 呼叫 add_many 方法，增加 4 個巧克力鬆餅到堆疊中。

把不同字串放入堆疊，代表把不同口味的鬆餅擺放到架上。上述使用的所有方法，都是先前已經定義在 Stack 類別裡，所以在主程式裡只要呼叫這些方法並帶入對應的參數就能完成操作。

**程式 32.2** 建立 Stack 物件並放入鬆餅

```
pancakes = Stack()                        建立一個 Stack 物件，並指派給 pancake 變數
pancakes.add_one("blueberry")             新增 1 個藍莓鬆餅到堆疊裡
pancakes.add_many("chocolate", 4)         新增 4 個巧克力鬆餅到堆疊裡
print(pancakes.size())                    查詢堆疊內的數量，畫面會顯示 5
pancakes.remove_one()                     從堆疊的最上層移除一個鬆餅，
print(pancakes.size())                    所以有一個巧克力鬆餅會被移除
pancakes.prettyprint()                    再查詢堆疊內的數量，畫面顯示 4
```

一行一行顯示目前在堆疊裡的鬆餅：所以畫面會先顯示 3 個巧克力鬆餅，然後顯示 1 個藍莓鬆餅

圖 32.1 說明了把鬆餅加到堆疊的步驟，以及堆疊內串列變化的情形。

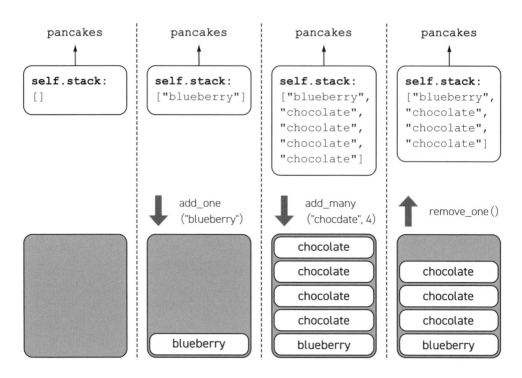

**圖 32.1** 從最左邊開始,第一個區塊表示建立了一個空的 Stack 物件,並指派給 pancakes 變數。第二個區塊表示放入 1 個藍莓鬆餅到堆疊裡。第三個區塊表示放入 4 個巧克力鬆餅到堆疊裡。最後一個區塊表示我們從堆疊中移除一個物件,所以最上層的巧克力鬆餅會被移除。

在程式 32.2 裡,每個方法的運作方式和函式沒有差別:方法也有參數,並依據傳入的參數執行相關程式碼,然後傳回結果。當然,方法也可以不傳回結果,例如 prettyprint 方法,它只會列印資訊,沒有任何回傳值。

## ▶ 使用堆疊排放 Circle 物件

現在我們已經有了 Stack 物件,由於我們是以串列來實作堆疊,因此可以放入任何型別的物件到堆疊裡,不限於前一節的 "blueberry" 或 "chocolate" 等字串,也可放入我們自行定義的物件。

在第 31 章，我們定義了一個 Circle 類別，所以我們也可以將 Circle 類別的物件存放到堆疊中。程式 32.3 的執行邏輯和程式 32.2 幾乎一樣，唯一不同的是堆疊的內容，在程式 32.2 我們使用字串來表示不同口味的鬆餅，而在程式 32.3 則改用 Circle 類別的物件來代表不同半徑的圓形。

**TIP** | 提醒：你必須先把第 31 章定義 Circle 類別的程式碼，放入到本章的程式中，如此 Python 才能知道 Circle 類別的定義並正確執行。

**程式 32.3** 建立 Stack 物件並將 Circle 物件放入

```
circles = Stack()
one_circle = Circle()
one_circle.change_radius(2)
circles.add_one(one_circle)
for i in range(5):
    one_circle = Circle()
    one_circle.change_radius(1)
    circles.add_one(one_circle)
print(circles.size())
circles.prettyprint()
```

circles

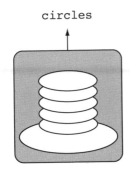

**圖 32.2** 半徑為 2 的圓形會在堆疊的底部，因為它是第一個放入堆疊的物件，接著我們建立了 5 個半徑為 1 的圓形，並依序放入堆疊的頂端。

圖 32.2 說明了 Circle 物件在堆疊內的情況。在程式 32.3 的程式裡，我們是使用迴圈加入 5 個 Circle 物件，不過你應該還記得我們定義的 Stack 類別裡，也有一個 add_many 方法可以一次加入多個物件到堆疊中。兩者有什麼不同呢？讓我們改呼叫 add_many 方法，將一個半徑為 1 的 Circle 物件放入堆疊 5 次，再來比較看看兩者的差異。實作內容如程式 32.4，示意圖如圖 32.3。

**程式 32.4** 建立 Stack 物件並將某個相同的 Circle 物件放入 Stack 多次

```
circles = Stack()
one_circle = Circle()
one_circle.change_radius(2)
circles.add_one(one_circle)
```
── 和程式 32.3 相同的步驟

```
one_circle = Circle()
one_circle.change_radius(1)
```
── 建立一個 Circle 物件,並設定半徑為 1

```
circles.add_many(one_circle, 5)
```
── 將此 Circle 物件放入堆疊 5 次

```
print(circles.size())
```
── 查詢堆疊內容,畫面會顯示 6 (一開始先放了 1 個半徑為 2 的 Circle 物件)

```
circles.prettyprint()
```
── 一行一行印出堆疊的內容,包括 Circle 物件的類別名稱和記憶體位址

circles

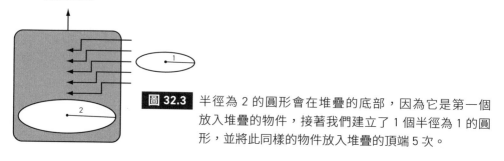

**圖 32.3** 半徑為 2 的圓形會在堆疊的底部,因為它是第一個放入堆疊的物件,接著我們建立了 1 個半徑為 1 的圓形,並將此同樣的物件放入堆疊的頂端 5 次。

比較一下程式 32.3 和程式 32.4 程式裡的兩個 Stack。在程式 32.3 裡,程式在迴圈每次執行時都建立一個新的 Circle 物件,所以當我們呼叫 prettyprint 顯示堆疊的內容時,畫面會顯示如下資訊,包括在堆疊裡的物件型別和在記憶體的位置為何:

```
|_ <__main__.Circle object at 0x00000200B8B90BA8> _|
|_ <__main__.Circle object at 0x00000200B8B90F98> _|
|_ <__main__.Circle object at 0x00000200B8B90EF0> _|
|_ <__main__.Circle object at 0x00000200B8B90710> _|
|_ <__main__.Circle object at 0x00000200B8B7BA58> _|
|_ <__main__.Circle object at 0x00000200B8B7BF28> _|
```

在程式 32.4，我們只有建立一個半徑為 1 的 Circle 物件，並將此 Circle 物件放入堆疊 5 次，所以當我們呼叫 prettyprint 顯示堆疊的內容時，畫面會顯示如下資訊：

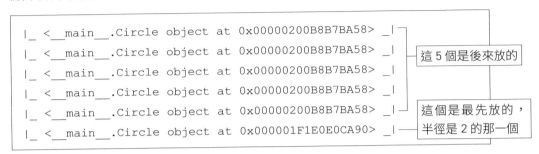

```
|_ <__main__.Circle object at 0x00000200B8B7BA58> _|
|_ <__main__.Circle object at 0x00000200B8B7BA58> _|
|_ <__main__.Circle object at 0x00000200B8B7BA58> _|
|_ <__main__.Circle object at 0x00000200B8B7BA58> _|
|_ <__main__.Circle object at 0x00000200B8B7BA58> _|
|_ <__main__.Circle object at 0x000001F1E0E0CA90> _|
```

這 5 個是後來放的

這個是最先放的，半徑是 2 的那一個

從顯示的記憶體位置你可以發現：程式 32.3 裡，程式在迴圈每次執行時都建立一個新的 Circle 物件，並放入堆疊，所以每次放入堆疊的物件其實是不同的，只是它們的半徑都是 1；而程式 32.4 裡，則是將同一個 Circle 物件放入堆疊 5 次。經過這樣的比較你應該就了解兩種做法的差異，這沒有對錯的問題，完全端看程式設計師的需求而定，單就「在堆疊中加入 5 個元素」的需求來看，兩種做法都可以。

**TIP** 要補充說明的是，本節我們使用 prettyprint 方法印出堆疊內容時，無法像前一節一樣清楚顯示字串內容，反而顯示一長串不容易理解的訊息，這是因為我們在設計 Circle 類別時，沒有特別定義物件資訊該如何顯示，因此 Python 就會顯示物件的類別名稱和記憶體位址，若想自行定義 Circle 類別顯示的資訊，可以參考附錄 A 特別方法的說明。

### ✎ 觀念驗證 32.2

第 31 章我們定義了 Circle 類別和 Rectangle 類別，請撰寫程式碼建立兩個 Stack 物件，其中一個放入 3 個半徑為 3 的不同 Circle 物件，另一個放入長寬皆為 1 的相同 Rectangle 物件 5 次。

# 32-3 何時該自行定義新類別？

現在你已經知道如何定義 Python 的類別及建立物件。但是在哪些情況下，我們才會需要定義新的類別呢？

例如，你想要參與某個電影節活動，所以要在行事曆裡放入每部電影的相關資訊。

## ▶ 如果沒有使用自行定義的類別

如果沒有使用自行定義的類別，我們可以使用一個 tuple 來儲存所有想看的電影資訊，tuple 裡的每一個元素都是一部電影的資訊，而電影的資訊包括電影名稱、電影開始時間和電影結束時間，也包括影評的評分。但你會發現，這樣的結構在使用上並不方便，如果我們想要取得每一部電影的評分，必須要使用兩個索引，第一個索引可以取得串列內特定電影的資訊，它會是一個 tuple 物件，接著再透過第二個索引取得 tuple 裡的電影評分。

## ▶ 使用自行定義的類別

我們也可以把需要的資訊，包裝成下面 2 個類別來解決這個問題：

- 我們可以先建立一個 Time 類別，用來代表時間的資訊。Time 類別會有下列屬性：時 (int)、分 (int)、秒 (int)。這個類別有一個方法：計算兩個 Time 物件的時間差。

- 接著再建立一個 Movie 類別，用來代表電影的資訊。Movie 類別會有下列屬性：電影名稱 (str)、開始播放時間 (Time)、結束播放時間 (Time) 以及電影評分 (int)。這個類別可以有下列方法：依據時間計算某兩部電影的放映時間是否有衝突，或是比較哪一部電影的評分較高。

透過這兩個類別就可以配合電影活動的需要，在 Movie 類別中定義合適的方法 (method)，以便能較容易地存取電影的相關資訊。接下來就我們可以建立一個串列，放入 Movie 物件，並透過物件的方法來安排觀賞電影的行程，或取得電影的評分。

---

### ⓘ 像程式設計師一樣思考

身為一個程式設計師，當你定義一個類別時，應該思考如何讓其他程式設計師能很便利地使用這個類別。你可以把類別和其方法加上說明文件字串 (docstring)，讓其他程式設計師能快速了解如何使用此類別。

類別也可以有 docstring，其寫法和函式、方法相同，就是將文件字串加在程式區塊的最前面，例如：

```
class Stack:
    """ 這是一個堆疊類別 """ ──── 類別的文件字串，要放在程式區
    def __init__ (self):         塊的最前面
        ....
```

---

### ▶ 別定義過多類別

　　雖然自訂類別可以簡化程式架構，但也別濫用。例如我們也可以建立一個 Hour 類別來代表時間中的小時，但是此物件本身也只用了一個整數屬性來記錄時數，這時直接使用整數型別來記錄就可以了，並不需要另外建立一個類別。

## 結語

　　本章介紹了如何自行定義類別，並使用這些類別所產生的物件來簡化程式。本章重點：

● 在定義類別時，要先考量這個類別該使用哪些屬性來表示它的特性。

● 在定義類別時，也要考量這個類別的物件應該具備哪些方法來進行互動。

- 類別封裝了物件的屬性和方法,所有相同類別的物件都會有一致的屬性和方法。
- 定義好類別之後,就可以在程式裡建立該類別的物件,並能各自呼叫物件的方法來執行對應的操作。

## 習題

**Q1** 請參考本章模擬堆疊的方式,自行撰寫程式來模擬佇列 (Queue)。別忘了佇列 (Queue) 是先進先出,意即先放入佇列 (Queue) 的物件會先被取出,請完成下列項目:

- 哪一種資料型別適合當作佇列的屬性
- 實作 __init__ 方法
- 實作下列方法:
  - ➡ 取得佇列的長度
  - ➡ 新增一個物件到佇列
  - ➡ 新增多個物件到佇列
  - ➡ 從佇列裡移除一個物件
  - ➡ 從佇列裡移除多個物件
  - ➡ 顯示目前佇列的內容
- 實作程式並建立佇列物件,對此佇列物件呼叫上述方法驗證可正確執行

# Chapter

# 33 CAPSTONE 整合專案：紙牌遊戲

## 學習重點

➡ 自行定義適當的類別來簡化程式架構 ➡ 設計有互動性的紙牌遊戲程式

➡ 將複雜的問題拆解成具體的步驟或規則

　　本章的專案為實作一個簡化版的紙牌遊戲（名稱為 War），我們可以透過自行定義類別的方式，讓大型程式變的更結構化，更容易撰寫。之前我們有提過，使用函式的好處是可以將程式模組化和抽象化，並讓具備特定功能的程式可以重複使用。我們也可以將同樣的概念套用到類別，透過將共通的屬性和方法（method）封裝到類別裡，後續程式就可以用類別來產生一個個物件，並透過一致的方式存取物件中的資料或是執行對應的動作。

## 33-1 紙牌遊戲規則

　　專案說明：在專案裡，我們要撰寫程式模擬 War 這個紙牌遊戲。在每一個回合，二位玩家要從牌堆裡抽取一張牌並比較其大小，贏家會將牌轉給輸家，然後再抽下一張牌比大小，以此類推；當此副牌被抽完，手上牌較少的人獲勝。知道遊戲規則後，就可以著手撰寫程式。

在實作程式前,我們可以將遊戲規則整理成如下的程式邏輯:

- 一般撲克牌的點數有 13 種,為了簡化處理邏輯,我們假設此副牌的數字是 2~9。

- 撲克牌有 4 種不同的花色,分別是 Spade 黑桃、Heart 紅心、Diamond 方塊、Club 梅花,分別用字母 S、H、D、C 代表。

- 紙牌的點數和花色以 1 個數字和 1 個英文代表,"2H" 代表紅心 2,"4D" 代表方塊 4,"7S" 代表黑桃 7,"9C" 代表梅花 9,以此類推。

- 玩家的資訊有名字 (字串) 以及目前手上的牌為何 (串列),玩家姓名由使用者自行輸入。

- 每一個回合,玩家都會抽一張新的牌,然後比較大小。

- 紙牌大小的定義為先比較牌的數字,數字大的贏,若數字相同則比較花色,花色的大小順序為:黑桃 S > 紅心 H > 方塊 D > 梅花 C,和字母 ASCII 碼的大小一致。

- 依據此回合抽牌的結果,贏家可以把剛抽到的牌轉移給輸家。

- 當桌上的牌被抽完後,我們會比較兩個玩家手上牌的數量,數量較少的獲勝。

接著我們可以建立 Player 和 CardDeck 兩個類別,並依上述邏輯定義所需的屬性和方法,藉此來模擬兩個玩家每個回合的抽牌情況,再依據玩家手上牌的數量決定誰是最後的贏家。

# 33-2 定義 Player 類別

Player 類別有兩個屬性,一個是姓名 name,另一個是玩家手上的牌 hand。我們可以用字串儲存姓名的資訊,並使用串列來儲存目前手上的牌。當我們建立 Player 物件時,我們可以用姓名作為參數來初始化 name 屬性,並初始化一個空的 hand 串列 (一開始玩家手上沒有任何牌)。

　　第一步是先定義 \_\_init\_\_ 方法，告訴 Python 要如何初始化 Player 物件。Player 有兩個屬性，我們同時撰寫一個方法來取得此玩家的姓名為何。詳細請參考程式 33.1：

**程式 33.1** 定義 Player 類別

```
class Player:
    """ 玩家 """
    def __init__(self, name):
        """ 指定玩家姓名並生成空串列 """
        self.hand = []
        self.name = name
    def get_name(self):
        """ 回傳玩家姓名 """
        return self.name
```

- self.hand = [] ── 遊戲開始時玩家手上沒有任何的牌，因此生成空串列
- self.name = name ── 依據傳入的 name 參數設定玩家的姓名
- """ 回傳玩家姓名 """ ── 此方法會傳回玩家的姓名

　　依據遊戲規則，玩家在每回合可以抽一張新的牌，贏者可以轉移一張手上的牌給另一個玩家。要注意的是，我們必須要確認抽到的牌不是 None( 也就是確保真的有抽到牌 )。所以 Player 類別會有「抽牌」和「移除一張手上的牌」這兩個方法，除此之外，我們也需要另一個方法來取得玩家目前手上有幾張牌，藉此來確認誰是贏家。我們在程式 33.2 實作這 3 個方法：

**程式 33.2** 定義 Player 類別 (續)

```
class Player:
    …( 略，同程式 33.1)

    def add_card_to_hand(self, card):
        if card != None:
            self.hand.append(card)
    def remove_card_from_hand(self, card):
        self.hand.remove(card)
    def hand_size(self):
        return len(self.hand)
```

- def add_card_to_hand(self, card): ── 新增一張牌到串列裡，表示玩家抽了一張牌。放入玩家手裡的牌，必須先檢查不是無效的 (有抽到牌)
- def remove_card_from_hand(self, card): ── 從串列裡移除一張牌，表示從玩家手上移除一張牌。
- def hand_size(self): ── 傳回串列的長度，表示取得玩家目前手上有多少牌。

# 33-3 定義 CardDeck 類別

CardDeck 類別是用來表示遊戲的紙牌，為了降低複雜度，我們將牌卡的點數限定為 2 到 9(這樣只要處理 1 位數)，並有 4 種花色，分別是：黑桃、紅心、方塊、梅花，所以此副牌總共有 32 張牌。在 CardDeck 類別裡，只會有一個屬性，其型別為串列，用來儲存這副牌中所有紙牌，每一張牌會以字串的方式代表特定的點數和花色，例如 "3H" 表示紅心 3，請參考程式 33.3。

---

**程式 33.3** 定義 CardDeck 類別 \_\_init\_\_ 方法

```
class CardDeck(object):
    def __init__(self):
        hearts = "2H, 3H, 4H, 5H, 6H, 7H, 8H, 9H"
        diamonds = "2D, 3D, 4D, 5D, 6D, 7D, 8D, 9D"
        spades = "2S, 3S, 4S, 5S, 6S, 7S, 8S, 9S"
        clubs = "2C, 3C, 4C, 5C, 6C, 7C, 8C, 9C"
        self.deck = hearts.split(', ')+diamonds.split(', ')+ \
                    spades.split(', ')+clubs.split(', ')
```

以字串的方式表示此副牌有哪些牌卡

使用逗號及空白作為分割字串的字元，並將分割結果 (串列) 串接起來指派給 self.deck

---

當我們使用串列 (即 self.deck 串列) 來表示此副牌後，就可以開始實作此類別相關的方法。我們為此類別設計了兩個方法：一個方法會從牌堆裡隨機取出一張牌並傳回，另一個方法是可以比較兩張牌的大小。

在程式 33.4 的第一行，我們利用 import random 匯入了 random 函式庫，然後直接使用函式庫中的 choice 函式隨機在牌堆中挑選出一張牌，用來模擬玩家抽牌的動作。在下一章我們會針對用 import 匯入函式庫的功能做進一步介紹，此處只要記得 random.choice 函式提供隨機挑選的功能就可以了。

程式 33.4 定義 CardDeck 類別

```python
import random
class CardDeck:
    def __init__(self):
        hearts = "2H, 3H, 4H, 5H, 6H, 7H, 8H, 9H"
        diamonds = "2D, 3D, 4D, 5D, 6D, 7D, 8D, 9D"
        spades = "2S, 3S, 4S, 5S, 6S, 7S, 8S, 9S"
        clubs = "2C, 3C, 4C, 5C, 6C, 7C, 8C, 9C"
        self.deck = hearts.split(', ')+diamonds.split(', ')\
                    + spades.split(', ')+clubs.split(', ')
```
反斜線代表下一行與此行是同一行敘述

```python
    def get_card(self):
        if len(self.deck)< 1:
            return None
```
如果牌堆裡已經沒有牌，會傳回 None

```python
        card = random.choice(self.deck)
```
從牌堆裡隨機取出一張牌

```python
        self.deck.remove(card)
```
從牌堆裡移除取出的牌

```python
        return card
```
傳回此卡牌代表的值，其型別為字串

```python
    def compare_cards(self, card1, card2):
        if card1[0] > card2[0]:
            return card1
```
如果 card1 的點數大於 card2，則傳回 card1

```python
        elif card1[0] < card2[0]:
            return card2
```
如果 card2 的點數大於 card1，則傳回 card2

```python
        elif card1[1] > card2[1]:
            return card1
        else:
            return card2
```
如果兩張牌的點數一樣，則比較花色大小

# 33-4 模擬紙牌遊戲

我們已經定義好 Player 和 CardDeck 類別，這兩個類別可以幫助我們快速實作出紙牌遊戲的程式。

接下來我們就開始實作紙牌遊戲的主程式，第一步是建立所需的物件。以下程式 33.5 在一開始執行時會要求輸入兩位玩家的姓名，我們會依據姓名分別建立兩個 Player 物件，然後再建立一個 CardDeck 物件，如程式 33.5 所列：

**程式 33.5** 初始化程式變數和物件

```
name1 = input("What's your name? Player 1: ")──取得第一位玩家的姓名
player1 = Player(name1) ──────────── 使用第一位玩家的姓名建立 Player 物件
name2 = input("What's your name? Player 2: ")─┐
player2 = Player(name2) ───────────────── 取得第二位玩家的姓名、
deck = CardDeck()────建立 CardDeck 物件        並建立 Player 物件
```

在初始化物件後，我們可以開始撰寫程式來模擬紙牌遊戲的進行。遊戲會持續進行多個回合，而每個回合玩家會各抽一張牌，直到 32 張卡牌都被抽完，程式中使用 while 迴圈來重複這個流程，直到沒有抽到牌後跳出迴圈。

**TIP** 由於有 32 張牌，每回合抽兩張，因此也可以改用 for 迴圈讓遊戲持續進行 16 個回合。

遊戲設定有兩個玩家，每個回合玩家都要從牌堆裡抽出一張牌，意即每個回合會呼叫 get_card() 兩次，玩家會把抽到的牌放入自己手裡，所以也要呼叫 Player 物件的 add_card_to_hand() 方法。

每回合在抽牌後要比大小，以決定是否要把牌轉移給對方。當 16 個回合都結束後，可以呼叫 Player 物件的 hand_size() 方法，來確認玩家手上有多少牌，牌剩較少的玩家為贏家，確認比賽結果後便可跳出迴圈。

遊戲進行時，每個回合都會呼叫 CardDeck 物件的 compare_cards() 方法來比較此回合抽牌的大小，如果兩張牌的點數相同，則比較花色大小。此方法會傳回較大的那張牌，如果是玩家 1 的牌比較大，則玩家 1 會把抽到的牌轉移給玩家 2。在程式裡，我們可以呼叫 player1 的 remove_card_from_ hand() 方法把此張牌從玩家 1 的手中移除，並呼叫 player2 的 add_card_to_ hand() 方法把此張牌放入玩家 2 的手中。同理，如果玩家 2 的牌比較大時，我們也會執行同樣的動作，把玩家 2 的牌轉移給玩家 1。實作結果請參考程式 33.6：

**程式 33.6** 使用 while 迴圈模擬每個回合的動作

```
name1 = input("What's your name? Player 1: ")
player1 = Player(name1)
name2 = input("What's your name? Player 2: ")
player2 = Player(name2)
deck = CardDeck()
while True:
    player1_card = deck.get_card()
    player2_card = deck.get_card()
    player1.add_card_to_hand(player1_card)
    player2.add_card_to_hand(player2_card)
    if player1_card == None or player2_card == None:
        print("Game Over. No more cards in deck.")
        print(name1, " has ", player1.hand_size())
        print(name2, " has ", player2.hand_size())
        print("Who won?")
        if player1.hand_size() > player2.hand_size():
            print(name2, " wins!")
        elif player1.hand_size() < player2.hand_size():
            print(name1, " wins!")
        else:
            print("A Tie!")
            break
    else:
        print(name1, ": ", player1_card)
        print(name2, ": ", player2_card)
```

只要有其中一位玩家沒有從牌堆抽到牌，則表示遊戲結束。程式會開始比較兩位玩家的手牌數量確認是誰獲勝

若玩家 2 的手牌數量較少，則玩家 2 獲勝

確認手牌的數量，若玩家 1 的手牌數量較少，則玩家 1 獲勝

這兩個玩家的手牌數量相等，所以平手

break—已確認比賽結果，跳出迴圈並遊戲結束

若兩位玩家均有從牌堆裡抽到牌，會比較此回合的抽牌大小

續下頁 ⇨

比較兩張牌的大小，compare_cards
方法會回傳較大的那張牌

如果 player1 的牌較大，則將此
回合抽到的牌轉移給 player2

```
        if deck.compare_cards(player1_card, player2_card)
                        ==player1_card:
            player2.add_card_to_hand(player1_card)
            player1.remove_card_from_hand(player1_card)
        else:
            player1.add_card_to_hand(player2_card)
            player2.remove_card_from_hand(player2_card)
```

將此張牌從 player1 的手牌裡移除

# 33-5 使用類別將程式模組化和抽象化

實作這個遊戲是一個非常大的工程，如果沒有事先分析並把問題拆解成許多小的工作，則在實作時會很容易遇到問題，且容易讓程式碼變得混亂。透過物件導向的程式設計，可以將特定的程式碼封裝在類別裡，並賦予該類別適當的資料屬性和行為，藉此模組化我們的程式碼。

如上所述，使用物件導向的程式設計有 2 個好處，第 1 個是可以藉由建立類別來讓程式更加模組化，第二個是定義好的類別包含類別中的程式碼可以重複使用。以本章的紙牌遊戲為例，我們可以在程式裡重複使用相同類別的物件，並呼叫方法執行動作，而不需撰寫重複的程式碼，這能讓程式更為簡潔，可讀性更高。

藉由定義新的類別，並將程式碼封裝在類別裡，我們可以隱藏實作細節並賦予特定的功能。若之後要再使用這些類別時，只要透過 help() 叫出類別及方法 (method) 的文件字串 (docstring)，就可以快速了解並挑選合適的物件來完成工作，不需逐行閱讀類別內的程式碼。

# 結語

　　本章專案的主程式只需建立合適的物件並呼叫對應的方法，即可完成相關的動作（例如：比較兩張牌的大小、移除一張手裡的牌），因此整個主程式非常簡單且容易了解。本章重點：

● 了解如何自行定義類別來簡化大型程式的架構，讓程式更容易實作出來。

● 學習自行定義需要的類別，並將屬性和方法封裝在類別裡。

● 在程式中建立多個物件，並呼叫它們的方法來完成所需的工作。

# 記事欄 MEMO

# UNIT
# 9

# Python 最強功能：
# 函式庫

經過前面 8 個 Unit，我們已經具備基本的程式設計能力了，接著要學習使用函式庫（library），直接利用各個函式庫中現成的類別或函式，讓我們的程式功能更加強大，這也是 Python 最有趣、好玩的部份。

Python 最強的功能就是擁有龐大而且應用廣泛的函式庫，本 Unit 將會介紹幾個最實用的函式庫，包括：math 數學函式庫、random 隨機函式庫、time 時間函式庫、Tkinter 圖形介面函式庫以及 unittest 單元測試函式庫。只要能活用這些函式庫，即便是初學者，也能讓自己站在巨人的肩膀上，輕鬆又快速地撰寫出有用的程式，解決你所遇到的問題。

本書作者也在 MIT Open CourseWare 網站上開課，是目前最受歡迎的程式基礎課程之一，在閱讀本書之餘，建議同步觀看線上課程內容。你可掃描下方的 QRCode，或是在 ocw.mit.edu 網站搜尋課程編號 6.0001，即可找到課程連結。

MIT OpenCourseWare
線上課程連結

Chapter

# 34 實用的函式庫 (library)

---

## 學習重點

➡ 在程式裡匯入函式庫

➡ 使用 math 函式庫執行數學運算

➡ 使用 random 函式庫隨機取樣或產生亂數

➡ 使用 time 函式庫計算程式執行時間

---

前面我們提過，在撰寫程式時可以將要解決的問題先拆解成許多小問題，拆解後的小問題若已經有人提供解決方法，我們就不需要再重新編寫程式來處理相同的問題。所以大多數的程式語言都會有函式庫，讓我們可以直接使用別人已經撰寫好的函式。

到目前為止，你應該已經學習到下列這兩件事：

- 如何定義函式

- 如何定義類別，並將屬性和方法封裝在類別裡

在撰寫較複雜的程式時，若想使用自己寫過或別人提供的函式和類別，可以像我們在第 32 章的做法，把這些函式和類別的程式碼複製到目前的程式中。不過一旦要引用的函式和類別很多，這樣做鐵定很不方便。因此我們建議採用另一種方式，在程式的開頭使用 import 敘述，將其他檔案中的函式和類別匯入目前的程式檔裡，這樣即方便又不容易出錯。

# 34-1 匯入函式庫

假設我們將第 31 章的 Circle 以及 Rectangle 類別定義儲存在 shapes.py 這個檔案裡，我們可以透過下列敘述，將這兩個類別的定義匯入目前的程式：

```
import shapes
```

上面這個動作就叫作**匯入 (importing)**，import 後面接著是存放相關類別的檔名，並省略副檔名 .py。shapes.py 必須和你目前的程式放在同一個資料夾下，圖 34.1 顯示了這兩個檔案的結構為何：

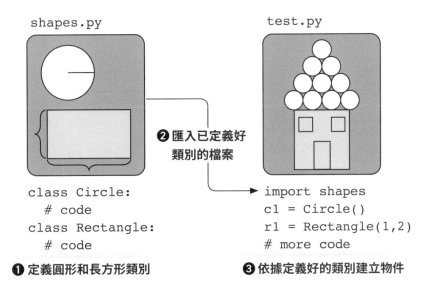

**shapes.py**

❷ 匯入已定義好
類別的檔案

**test.py**

```
class Circle:
    # code
class Rectangle:
    # code
```

❶ 定義圓形和長方形類別

```
import shapes
c1 = Circle()
r1 = Rectangle(1,2)
# more code
```

❸ 依據定義好的類別建立物件

**圖 34.1** 此圖表示 shapes.py 和 test.py 放在同一個資料夾下。其中 shapes.py 檔案定義了 Circle 和 Rectangle 這兩個類別。另一個 test.py 檔案匯入 shapes.py 內定義的類別，並產生對應的物件。

透過這種方式可以讓我們的程式碼更有組織，且更加簡潔。通常我們用 import 匯入到程式中的函式庫，其中可能包含一個或多個模組，而一個模組就是含有類別或函式定義的一個檔案 (import 可以匯入「單一檔案」或

「一整個資料夾中的檔案，這些匯入的檔案就稱為模組」）。不同的函式庫依其目的及用途，會包含某些特定功能的模組，例如：math 函式庫就提供了許多和數學運算相關的模組。

　　Python 程式語言就有許多內建的函式庫，稱為**標準函式庫**，在安裝 Python 時，這些標準函式庫的檔案會一併安裝到電腦上，你只要在程式中使用 import 敘述就可以直接使用。除了標準函式庫外，我們也可以自行安裝其他函式庫或模組，這些額外安裝的檔案統稱為**第三方套件**，其數量和功能要比標準函式庫豐富許多。受限篇幅，本書僅會介紹 Python 標準函式庫，關於第三方套件的應用可參考旗標出版的『**Python 技術者們 – 實踐！**』一書。

TIP │ 不同版本的 Python，其內建的函式庫也略有差異，你可以到 https://docs.python.org 網站找到相關說明。

---

### ✎ 觀念驗證 34.1

假設你有下列 3 個檔案：

- cars.py 內含多個和車輛有關的類別定義。
- driving.py 內含多個和開車有關的函式定義。
- racing.py 內含賽車的電腦遊戲。

如果想在 racing.py 裡，使用定義在 cars.py 和 driving.py 的函式和類別，你要如何匯入函式庫？

---

> ⚠ **內建函式 vs 標準函式庫 vs 第三方套件**
>
> 本章提到了函式庫,可能你已經被內建函式、標準函式庫、第三方套件等
> 名詞搞得一頭霧水,此處我們就將三者放在一起比較,你就清楚它們到底
> 有什麼不同。
>
> Python 內建了許多很常用的函式,例如 print(), type()、len() 等,這些**內建
> 函式**都可以直接使用,不需要先 import。
>
> **標準函式庫**是在安裝 Python 時就已安裝好的模組 (單一檔案) 或套件 (內含
> 多個檔案的資料夾),其內容相當龐大,在使用前必須先 import 到程式中才
> 能使用,例如 34-3 節的 random 函式庫。
>
> **第三方套件**則是由第三方 (非官方) 所提供的套件,其數量比標準函式庫更
> 為龐大而且應用更廣泛,這類套件在安裝 Python 時並不會安裝,因此必須
> 自行取得相關檔案並完成安裝,然後才能 import 到程式中使用。
>
> | 程式來源 | 要先安裝 | 要先 import |
> | --- | --- | --- |
> | 內建函式 | X | X |
> | 標準函式庫 | X | O |
> | 第三方套件 | O | O |

# 34-2 使用 math 函式庫進行數學運算

Python 內建的 math 數學函式庫是一個非常實用的函式庫。請先在
IPython 主控台輸入下列指令,主控台會顯示數學函式庫裡所有可用的函式以
及相關說明:

```
import math
help(math)
```

匯入 math 函式庫　　查詢 math 函式庫的相關說明

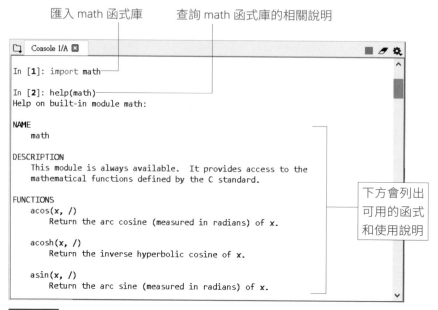

```
Console 1/A

In [1]: import math

In [2]: help(math)
Help on built-in module math:

NAME
    math

DESCRIPTION
    This module is always available.  It provides access to the
    mathematical functions defined by the C standard.

FUNCTIONS
    acos(x, /)
        Return the arc cosine (measured in radians) of x.

    acosh(x, /)
        Return the inverse hyperbolic cosine of x.

    asin(x, /)
        Return the arc sine (measured in radians) of x.
```

下方會列出可用的函式和使用說明

**圖 34.2** 在主控台執行 help(math) 會顯示 math 數學函式庫的相關說明。

Python 的數學函式庫包含了下面這幾類函式：數論、代數、指數、對數、三角函數、角度弧度轉換、雙曲線函數。此函式庫也包含了兩個數學常數：**pi** 和 **e**。

以下我們以一個簡單的例子，實際運用 math 函式庫提供的數學函式來解決問題。我們想要模擬棒球比賽傳接球的動作，需要判斷球員傳出的球是否可以被隊友接到，由於接球的隊友會移動，所以在判定上可以有一些容錯範圍。

在程式中會先詢問使用者，傳球和接球者之間的距離為何，以及傳球的速度及仰角為何。接著程式會依據輸入的資訊，先計算出球飛行的距離，然後判斷是否等於（或接近）接球的距離，最後判斷是否可以接到球。圖 34.3 說明了程式計算的方式和邏輯。

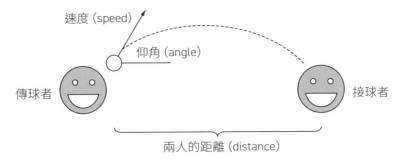

**圖 34.3** 計算球在特定仰角和速度下飛行的距離，再判斷接球者是
否可以接到球，太近、太遠都接不到。

　　藉由下列公式，我們可以從傳球者將球投出的仰角以及速度，計算出球
的飛行距離：

$$\text{reach} = 2 * \text{speed}^2 * \sin(\text{angle}) * \cos(\text{angle}) / 9.8$$

**TIP** 棒球的傳球屬於斜向拋射的運動，球的軌跡推導公式為 $V^2 \times 2\sin\theta\cos\theta/g$，
θ 為球投出的仰角、g 為重力加速度。reach 是球的飛行距離，distance 是傳
球和接球者的距離。

　　程式 34.1 為計算傳球距離的範例程式。依據公式，我們必須要計算出
sin 和 cos 的值，所以要先匯入 math 函式庫。在計算前有一個細節要注意，
仰角的計算有兩種單位，一個是角度 (degree)，另一個弧度 (radian)，因為
math 函式庫裡預設的單位是弧度，所以必須先把計算仰角的單位從角度轉換
成弧度，才能計算出正確的結果。

**程式 34.1** 使用數學函式庫計算特定仰角的傳球距離

```
import math ———— 匯入 math 函式庫
distance = float(input("How far away is your friend?(m)"))
speed = float(input("How fast can you throw?(m/s)"))
angle_d = float(input("What angle do you want to throw
at?(degrees)"))
```

```
tolerance = 2 ————— 容錯 2 公尺
angle_r = math.radians(angle_d)
reach = 2*speed**2*math.sin(angle_r)*math.cos(angle_r)/9.8
if (reach > distance - tolerance)and (reach < distance +
tolerance):                  使用 math 函式庫的函式依照公式計算傳球距離
    print("Nice throw!")
elif reach < distance - tolerance:
    print("You didn't throw far enough.")
else:
    print("You threw too far.")
```

> math.sin 和 math.cos 函式的參數是弧度而不是角度，所以必須先將輸入的角度轉成弧度，之後才能計算出正確的結果

　　計算出球飛行的距離後，最後就可以判斷出：球可被接到、球飛行的距離太短或是球飛行的距離太長。如前所述，接球者可前後移動接球，所以有 2 公尺的容錯範圍，也就是 reach 在 distance 的 ± 2 公尺內都可接到球。

---

✎ **觀念驗證 34.2**

修改程式 34.1 的程式，讓程式只詢問傳接球的距離以及傳球的速度，並在程式裡使用迴圈，計算仰角角度從 0 到 90，角度每變化 1 度，球的飛行距離為何。程式要依計算出的飛行距離判斷是否可以接到球，且在畫面顯示出判斷結果。

---

# 34-3 使用 random 函式庫產生隨機亂數

　　在第 33 章的整合專案中，我們曾使用過 random 這個函式庫，當時我們只用了其中一個函式，沒有做進一步介紹，其實 random 函式庫中還提供了其他許多實用的函式。只要你的程式需要產生隨機亂數，或是需要隨機元素或樣本，random 函式庫都可以派上用場。

**TIP** | 關於 random 函式庫完整功能可以參閱以下相關文件的說明：https://docs.python.org/3.7/library/random.html。

## ▶ 隨機取出容器內的元素

前面我們介紹過 Python 內建的各種容器，容器中有許多元素，若需要從串列、字典等容器中隨機挑選元素，random 函式庫就可以派上用場。例如：我們用串列儲存了會員的姓名清單，我們想要隨機從中挑選一名會員，就可以利用 random.choice 函式，如以下程式碼：

```python
import random
vip = ["Ana", "Bob", "Carl", "Doug", "Elle", "Finn"]
print(random.choice(vip))
```

random.choice 函式會隨機從傳入的 vip 串列內挑出一個元素，並將結果顯示在畫面上。你可以試著將最後一行 print(random.choice(vip)) 多執行幾次，會發現每次執行顯示的會員姓名都不同。

若要取出的元素不只一個，則可以改用 random.sample 函式，此時除了要指定一個容器外，還要傳入一個參數，用來指定要挑出的樣本數量：

```python
import random
vip = ["Ana", "Bob", "Carl", "Doug", "Elle", "Finn"]
print(random.sample(vip, 3))    樣本數量
```

上述程式碼執行時，會從傳入的串列裡挑出 3 個元素，並將結果顯示在畫面上。同樣地，如果多執行幾次 print(random.sample(vip, 3))，每次執行所顯示的會員姓名也都不相同。

> ## (!) **random.sample 函式補充**
>
> 透過 random.sample 函式取樣的結果會傳回一個串列 (list)，例如：上述程式碼執行後傳回 ['Carl', 'Ana', 'Bob']，就是包含 3 個元素的串列，就算取樣的樣本數量設為 1，傳回的仍會是串列 (只含有 1 個元素)。
>
> 另外，random.sample 函式取樣時所挑選的元素是不重覆的，但若原始串列的元素本來就有重覆，則取樣後就可能出現相同的元素。此外，你設定的**樣本數量不能大於串列的元素總數**，例如：vip 串列共有 6 個元素，若樣本數量設為 7 就會出錯，如下所示：
>
> ```
> print(random.sample(vip, 7))
>   File "<ipython-input-28-379924bf9f41>", line 1,
> in <module>
>     print(random.sample(vip, 7))
> ValueError: Sample larger than population or is
> negative
> ```

## ▶ 模擬並實作和機率有關的遊戲

random 函式庫也經常被用在和機率有關的遊戲 (如第 33 章的紙牌遊戲)，我們可以用 random.random() 函式隨機產生 0 到 1 之間 (不包含 1) 的浮點數，用來模擬事件發生的機率。

**TIP** random.random() 的第一個 random 是函式庫的名稱，第二個 random 是函式的名稱。

程式 34.2 為實作「剪刀－石頭－布」的範例程式。程式會先詢問使用者要出剪刀、石頭還是布，在取得使用者的選擇後，程式會使用 random.random() 隨機產生一個浮點數，然後依據數字落在 0 ~ 1/3、1/3 ~ 2/3 或 2/3 ~ 1 等不同區間，判定讓程式出石頭、布還是剪刀，理論上程式出剪刀、石頭或是布的機率都會是 1/3。

**程式 34.2** 使用隨機函式庫實作剪刀－石頭－布遊戲

```python
import random ─────────────────────── 匯入 random 函式庫
choice = input("Choose rock, paper, or scissors: ")
r = random.random() ─────────────── 隨機挑出 0 到 1 之間的浮點數
if r < 1/3: ──────────────────────── 數字在 0～1/3 之間出石頭
    print("Computer chose rock.")
    if choice == "paper":
        print("You win!")
    elif choice == "scissors":
        print("You lose.")
    else:
        print("Tie.")
elif 1/3 <= r < 2/3: ──────────────── 數字在 1/3～2/3 之間出布
    print("Computer chose paper.")
    if choice == "scissors":
        print("You win!")
    elif choice == "rock":
        print("You lose.")
    else:
        print("Tie.")
else: ─────────────────────────────── 數字在 2/3～1 之間出剪刀
    print("Computer chose scissors.")
    if choice == "rock":
        print("You win!")
    elif choice == "paper":
        print("You lose.")
    else:
        print("Tie.")
```

## ▶ 虛擬亂數與隨機種子

在撰寫程式時，若發現執行結果和預期不符時，需要回頭測試以便了解問題為何。但是若程式中使用了 random 隨機函式庫，則每次執行產生的數字都不相同，可能導致程式執行結果有時正確、有時異常，徒增我們除錯的困難度。

random 函式庫產生的亂數實際上並不是真的隨機，而是所謂的虛擬亂數 (pseudo random)。這些亂數是由某些頻繁改變或難以預測的數字為基礎計算出來的，例如：當下時間的毫秒數。虛擬亂數會先依據時間或日期產生一個初始數字叫做**隨機種子數** (seed number)，經過複雜的演算法計算產生第一個亂數，然後再經過演算法產生下一個亂數，以此類推依序產生一連串的亂數，稱為亂數序列。所以初始種子數確定了，後續的亂數就確定了！因為真正的亂數是前後亂數各自獨立不相關的，但虛擬亂數卻是用演算法依據前一個亂數來算出下一個亂數，前後亂數是相關的，所以才叫虛擬亂數，而非真正的亂數。

但虛擬亂數卻可以幫我們解決前面提到的除錯難題。因為只要第一個亂數固定了，之後的亂數就固定了，不會有捉摸不定的問題，除錯就容易了！

random 函式庫可以讓我們用 random.seed(N) 函式**設定隨機種子** (seed)，其中 N 是任意的整數。設定隨機種子之後就可以控制產生的亂數，只要隨機種子的值相同，則每次執行程式依序產生的亂數都是一樣的。

**TIP** 雖然虛擬亂數不是真的隨機亂數，但 Python 的亂數採用梅森扭轉 (Mersenne twister) 演算法進行運算，所產生的亂數要經過 $2^{19937}-1$ 個數字後才會出現重複的順序。即便設定了隨機種子，除非重新執行程式，不然也難以預測其執行結果。

下列程式碼我們先不使用隨機種子，讓程式自行產生介於 2 和 17，以及 30 和 88 之間的亂數。

```
import random
print(random.randint(2, 17)) ————隨機在 2 和 17 中間取一整數
print(random.randint(30, 88)) ————隨機在 30 和 88 中間取一整數
```

將上述程式碼多執行幾次，畫面顯示的結果應該都不一樣。但若我們固定隨機種子的值，則每次程式執行時，畫面顯示的結果都會相同：

```
import random
random.seed(0) ———— 將隨機種子固定為 0
print(random.randint(2, 17))
print(random.randint(30, 88))
```

再次執行程式,畫面上顯示的一定會是 14 和 78。如果我們把 random. seed(0) 改成 random.seed(5),則程式每次執行時,畫面都會顯示 10 和 77。

**TIP** | 上述程式碼要依序執行,才會產生和內文說明相同的數字,否則雖然隨機種子相同,但取用亂數的順序不同,結果就會產生不同的數字。另外,若在不同版本的 Python 上執行,也有可能產生不同的結果。

---

✎ **觀念驗證 34.3**

撰寫一個程式模擬丟 100 次銅板,請在畫面顯示丟出正面和反面的次數分別是多少。

---

# 34-4 使用 time 函式庫計算和控制程式執行時間

在撰寫程式時,常會需要進行時間的計算,不過由於年、月、日、時、分、秒的換算單位不同,處理上很麻煩,遇到不同時區就更複雜了。

time 函式庫提供許多好用的時間與日期功能,可以顯示程式執行當下或其他任何時間點的日期、時間,並能很輕鬆計算時間差,也能讓程式依照我們的需要暫停一段時間,大大簡化處理時間資料的複雜度。

**TIP** | 關於 time 函式庫的相關資料,可參考以下文件的說明:https://docs.python.org/3.7/library/time.html

## ▶ 使用 time() 函式計算時間差

電腦的執行速度非常快,如果是只作簡單的計算,那到底電腦可以執行多快?寫個程式讓電腦跑一跑就知道答案了!

我們可以在程式裡執行 100 萬次運算，然後計算其執行時間並回答這個問題，實作結果如程式 34.3。我們讓迴圈執行 100 萬次，每次執行 count 變數的值都會加 1。在迴圈執行前，我們先記錄程式當下的時間，在迴圈執行 100 萬次後，再取一次當下的時間，然後計算這兩個時間差，就可以知道程式執行了多久。

**程式 34.3** 使用時間函式庫計算並顯示程式執行了多久

```
import time ─────────── 匯入 time 函式庫裡的函式
start = time.time()────── 取得程式目前的時間，其單位為秒
count = 0
for i in range(1000000): ─┐  將 count 變數的值加 1，
    count += 1          ─┘  並使用迴圈執行 100 萬次
end = time.time()──────── 再次取得程式目前的時間
print(end-start, "seconds") ── 在畫面顯示 start 和 end 這
                               兩個變數記錄的時間差異
```

此程式的執行時間大約是 0.2~0.3 秒，依電腦設備的新舊，以及是否同時執行其他應用程式而有不同。

---

### ⚠ **time() 函式回傳的時間格式**

time() 函式可以傳回當下的時間，它是一個浮點數，代表的是從 1970/1/1 凌晨到目前的秒數，稱為時間戳記，通常可用來計算時間差 (如上述程式 34.3)。

如果想要直接顯示較容易辨識的時間格式，可以使用 localtime() 函式：

```
import time
print(time.localtime())
```

傳回的是 **struct_time** 類別的物件 (內部的資料型別為 tuple)，其中包含 9 個整數元素，可以透過索引或屬性名稱來讀取各個時間值：

```
time.struct_time(tm_year=2019, tm_mon=3, tm_mday=5,
tm_hour=20, tm_min=51, tm_sec=56, tm_wday=1, tm_
yday=64, tm_isdst=0)
```

續下頁 ⇨

| 索引 | 屬性 | 說明 |
|------|------|------|
| 0 | tm_year | 西元年 |
| 1 | tm_mon | 月，數值範圍 1~12 |
| 2 | tm_mday | 日，數值範圍 1~31 |
| 3 | tm_hour | 時，數值範圍 0~23 |
| 4 | tm_min | 分，數值範圍 0~59 |
| 5 | tm_sec | 秒，數值範圍 0~61（60、61 有特殊意義，可省略） |
| 6 | tm_wday | 一週內第幾日 |
| 7 | tm_yday | 一年內的第幾日 |
| 8 | tm_isdst | 日光節約時間，0 為否、1 為是，-1 為不確定 |

## ▶ 暫停程式

time 函式庫裡的 sleep 函式可用來暫停程式，函式中可以指定暫停的時間（單位為秒），待設定的時間結束後才會執行下一行程式碼，我們可以把這個功能應用在等待程式載入的畫面。

在程式 34.4 中，我們實作了一個顯示載入進度的範例，其進度是以繪製 * 星號來呈現，1 個 * 代表 10% 的進度，每 0.5 秒顯示一次進度、每次增加 10%。程式裡需要控制每次顯示進度的時間，以及當前進度的百分比和相對應的星號，完整的顯示結果如下所示：

```
Loading...
[          ] 0 % complete
[ *        ] 10 % complete
[ **       ] 20 % complete
[ ***      ] 30 % complete
[ ****     ] 40 % complete
[ *****    ] 50 % complete
[ ******   ] 60 % complete
[ *******  ] 70 % complete
[ ******** ] 80 % complete
[ *********] 90 % complete
```

觀察以上顯示的內容可以發現，中括號內的字串長度是一樣的，前後為中括號，中間則由 * 星號和空白組成，星號數量是由 0 個到 9 個，空白則是 10 個到 1 個。觀察到這個規律後，程式就不難寫了，請參考程式 34.4：

程式 34.4 　使用時間函式庫顯示狀態進度列

```
import time ———— 將 time 函式庫裡的函式匯入程式
print("Loading...")
for i in range(10): —— 使用迴圈執行 10 次，每次讓進度增加 10%
    print("[", i*"*", (10-i)*" ", "]", i*10, "% complete")
```
每次印出 i 個星號 　　　　　　　　　每次印出 10-i 個空白

```
    time.sleep(0.5) —— 迴圈每次執行時會暫停 0.5 秒
```

### ✎ 觀念驗證 34.4

編寫一個程式，可以產生 1000 萬個隨機亂數，並在畫面顯示程式執行了多久？

## 結語

本章的目的在使你了解，如何使用其他程式設計師已完成的函式庫，讓程式能有更多樣性的功能。本章重點：

- 學習匯入 (import) 函式庫，並查詢函式庫的使用方法。
- 函式庫將類似功能的類別及函式整合在一起，讓外部使用起來更方便。
- 運用整合好的函式庫來撰寫程式，可以讓程式碼更有組織，可讀性更高。

## 習題

**Q1** 請撰寫程式，讓使用者可以和電腦玩骰子遊戲。在每個回合裡，程式會先模擬使用者丟出一個有 6 個面的骰子，將丟出的結果 (數字) 顯示在畫面；接著模擬電腦丟出一個有 6 個面的骰子，也將結果 (數字) 顯示在畫面上。比較使用者和電腦的點數誰比較大，數字大者為贏。每個回合結束後，詢問使用者是否要繼續或是要結束遊戲。

# Chapter

# 35 圖形化使用者介面
# 函式庫

## 學習重點

➡ 什麼是圖形化使用者介面（GUI）？

➡ 如何使用 Tkinter 函式庫建置圖形化使用者介面

　　到目前為止，我們的程式都是用文字的方式來和使用者互動。不過只透過文字介面來溝通不僅單調而且不方便，例如 34-2 節的傳球模擬遊戲，就必須透過 3 次互動才能取得傳、接球的資訊。

　　其實平常操作電腦時，我們和電腦的互動不只有文字的輸出入，還會透過按按鈕、拉曳捲動軸、切換選項、開啟功能表…等圖形化的使用者介面（graphical user interface，GUI），若能在程式中善加利用按鈕、捲動軸、功能表…等各種圖形化元件，就可以讓程式的功能更豐富，使用者操作也會更簡便。

---

### 🔍 想一想 Consider this

瀏覽器是每天都會使用的程式，透過瀏覽器可以查找網路上的資訊，想一下你在使用瀏覽器時，都做了哪些操作？

---

**參考答案**

你可以點擊瀏覽器上的按鈕、在搜尋欄位輸入關鍵字、拉曳視窗捲動軸、滑鼠反白選取網頁上的文字，以及拉大或縮小瀏覽器視窗。

# **35-1** Tkinter 圖形化使用者介面函式庫

　　許多程式語言都有提供 GUI 圖形化使用者介面的函式庫，讓程式設計師可以使用按鈕、選單、文字方塊等各種元件來設計程式，以方便和使用者互動。Python 也有提供圖形化使用者介面的標準函式庫 –Tkinter，本章我們就會利用 Tkinter 函式庫撰寫具備 GUI 的程式，大致的操作步驟如下：

● 設定視窗大小、位置和視窗名稱 (title)。

● 將按鈕或是功能表等圖形化元件放入視窗中。

● 用函式實作圖形化元件的事件處理器 (event handler)，可用來偵測使用者是否操作了某個元件，例如：點擊按鈕或是選擇功能表的某個選項等，以便控制程式執行相對應的動作。

**TIP** 你可以在 https://docs.python.org/3.7/library/tkinter.html#module-tkinter 查閱 tkinter 的相關文件。

---

#### ✎ 觀念驗證 35.1

你可以對下列元件進行什麼樣的操作？

1. 按鈕
2. 捲動軸
3. 功能表

---

### ▶ 建立主視窗

　　建立圖形化使用者介面的第一步就是先建立一個主視窗，以便容納按鈕、文字輸入框等元件。在程式中匯入 Tkinter 函式庫後，我們先新增一個 Tk 物件，就會建立主視窗，並指定視窗的名稱、大小以及背景顏色。如程式 35.1 所示，我們將建立一個大小為 800 x 200 像素、名稱為 "My first GUI"、灰色背景的主視窗。

**程式 35.1** 建立一個主視窗

```
import tkinter ─────────────匯入 tkinter 函式庫
window = tkinter.Tk()───────新增一個 Tk 物件,並指派給 window 變數
window.geometry("800x200") ──────改變視窗大小
window.title("My first GUI") ───────設定視窗名稱
window.configure(background="grey") ──────修改背景顏色(「參數名稱
                                          = 值」為指名參數的用法,
                                          有關指名參數詳見 21-1 節)
window.mainloop()────────────啟動程式
```

執行程式 35.1 之後,在畫面上會顯示一個新的視窗。如果沒有看到,有可能是被其他的視窗擋住了,可以檢查一下工作列是否有此新視窗的圖示。若關掉這個視窗,程式就會停止。

圖 35.1 是在 Windows 10 作業系統上執行程式 35.1 的結果,在 Linux 或 Mac 作業系統上執行後的視窗可能會長得不太一樣。

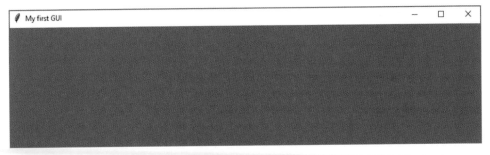

**圖 35.1** 此視窗大小為 800 x 200 像素,視窗名稱為 "My first GUI",背景顏色為灰色

---

✎ **觀念驗證 35.2**

依據下列說明編寫程式:

1. 建立一個 500 x 200 像素的視窗,視窗名稱為 "go go go",背景顏色為灰色。
2. 建立一個 100 x 900 像素的視窗,視窗名稱為 "Tall One",背景顏色為紅色。
3. 建立兩個 100 x 100 像素的視窗,沒有視窗名稱,其中一個背景顏色為白色,另一個為黑色。

### ▶ 將圖形化元件加入主視窗

知道如何建立主視窗後，就可以把各種圖形化元件加入視窗中，包括：按鈕、文字方塊、進度狀態列、文字標籤等。建立和擺放各種圖形化元件的語法差不多，以下我們以按鈕為例，來說明相關細節：

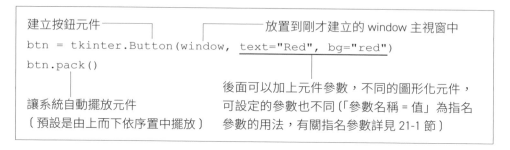

程式 35.2 我們將在先前建立的 window 主視窗中，分別加入紅黃綠不同顏色的 3 個按鈕、1 個文字方塊、以及 1 個文字標籤。

**程式 35.2** 將圖形化元件加入視窗中

```
import tkinter
window = tkinter.Tk()
window.geometry("800x200")
window.title("My first GUI")                    建立一個按鈕，背景為紅色，
window.configure(background="grey")             按鈕內的文字為 "Red"
red = tkinter.Button(window, text="Red", bg="red")
red.pack()          將建立好的按鈕加入視窗並自動排列好
yellow = tkinter.Button(window, text="Yellow", bg="yellow")
yellow.pack()
green = tkinter.Button(window, text="Green", bg="green")
green.pack()
textbox = tkinter.Entry(window)          將文字方塊加入視窗，讓使用者
textbox.pack()                           可以在文字方塊輸入文字
colorlabel = tkinter.Label(window, height="10", width="10")
colorlabel.pack()
window.mainloop()           建立一個高度為 10 的文字標籤，
                            同樣加入視窗中自動排列好
```

執行上述程式，會建立一個新的視窗，視窗畫面如圖 35.2

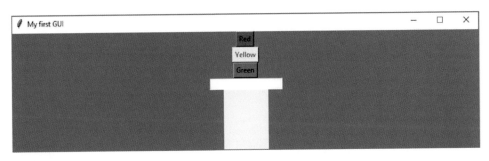

**圖 35.2** 視窗包含 3 個不同顏色按鈕，1 個文字方塊和 1 個文字標籤，所有元件會由上而下置中排列。

我們還可以在程式裡加入其他種類的圖形化元件，Tkinter 函式庫提供的元件如表 35.1：

**表 35.1** Tkinter 函式庫提供的圖形化元件

| 元件類別 | 說明 | 元件類別 | 說明 |
|---|---|---|---|
| Button | 按鈕 | Menubutton | 功能表 |
| Canvas | 畫布，可用來顯示圖形 | OptionMenu | 按下滑鼠右鍵可彈出選單讓使用者選擇 |
| Checkbutton | 多選鈕，允許使用者選取多個選項 | PanedWindow | 可以調整內部窗格大小的視窗 |
| Entry | 文字方塊，使用者可以輸入文字 | Radiobutton | 單選鈕，使用者可以選取單個選項 |
| Frame | 可放入其他元件的容器 | Scale | 滑動桿 |
| Label | 文字標籤，顯示單行文字或是一張圖片 | Scrollbar | 捲動軸，可上下或左右拉曳調整顯示內容的範圍 |
| LabelFrame | 用來組合其他元件的容器 | Spinbox | 調整鈕，設定特定的值，讓使用者從中挑選一個合適的選項 |
| ListBox | 以下拉式清單顯示使用者可選擇的項目 | Text | 文字區，顯示多行文字 |
| Menu | 用來設定在 Menubutton 裡有哪些項目 | TopLevel | 可在當前視窗設定另一個新的視窗 |

✎ **觀念驗證 35.3**

在程式中建立下列 3 種圖形化元件：

1. 建立一個橘色的按鈕，按鈕文字為 "Click"
2. 建立兩個單選鈕 (Radiobutton)
3. 建立一個多選鈕 (Checkbotton)

---

⚠ **關於圖形化元件的排列**

這一節我們建立圖形化元件後，是利用 pack() 方法讓元件自動排列，預設是如圖 35.2 由上而下置中排列，pack() 也提供其他排列方式，可以在呼叫 pack() 方法時一併傳入 side 參數值，指定排列方式。例如：

```
btn.pack(side="left")
```

**"top"**：預設值，由上而下排列

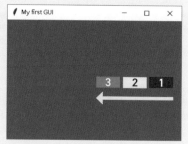

**"right"**：由右而左排列

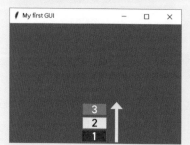

**"bottom"**：由下而上排列

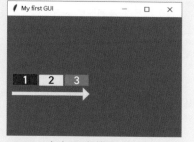

**"left"**：由左而右排列

**圖 35.3** 圖形化元件的 4 種排列方式

**TIP** | 關於其他更詳細的元件排列方法，可參考 Python 官方網站的說明
https://docs.python.org/3/library/tkinter.html#the-packer

# 35-2 處理按鈕事件

加入到視窗中的圖形化元件是為了要和使用者互動的，所以當使用者操作這些元件時，程式也必須要有所回應。當使用者操作元件時會產生各種「事件」(event)，我們可以藉由撰寫處理各種事件的程式，達成和使用者互動的目的。

Tkinter 函式庫簡化了處理這些事件的程序，像 Button (按鈕)、MenuButton (功能表) 等可供操作的元件，都會提供 **command 參數**，可指定發生事件時要執行的程式 (自訂函式)。

**TIP** | 產生事件後所要執行的自訂函式，稱為事件處理器 (event handler)。

在程式 35.3 中我們建立了一個按鈕，當使用者按下這個按鈕時，就會產生事件，然後程式會執行 **command 參數**所指定的自訂函式 change_color()，更改視窗的背景顏色。

**程式 35.3** 處理按鈕事件

```
import tkinter
def change_color():          按下按鈕後要執行的自訂函式
    window.configure(background="white")          此函式會將視窗的
window = tkinter.Tk()                             背景顏色改成白色
window.geometry("800x200")
window.title("My first GUI")
window.configure(background="grey")          視窗背景原先是灰色
white = tkinter.Button(window, text="Click", command=change_color)
white.pack()
window.mainloop()          把函式名稱指派給 command 參數，表示當此按
                           鈕被按下時，會呼叫指定的函式 change_color()
```

執行上述程式後，會先開啟灰色背景的視窗，在點擊視窗中的 Click 按鈕後，背景顏色會變成白色，如圖 35.4。

**圖 35.4** 點擊按鈕後，視窗畫面會從灰色變成白色

前一個範例我們在視窗中只有一個按鈕元件，接下來的範例則會結合文字標籤、文字方塊元件，製作一個倒數計時器。程式會讀取使用者輸入的數字，接著畫面會顯示從此數字倒數到 0 的情況，畫面上的數字每秒會改變一次。

在此程式裡，我們會建立 4 個圖形化元件：

- 一個文字方塊 (Entry)，可讓使用者輸入一個數字。
- 一個按鈕 (button)，點擊按鈕可開始倒數計時。
- 兩個文字標籤 (Label)，用來提示使用者輸入的數字和顯示倒數計時的數字變化情況。

當按下按鈕時會執行下列動作：

- 取得文字方塊 (Entry) 內使用者輸入的文字，並轉換為整數。
- 將文字標籤的背景設為白色，提示使用者畫面將有所變化。
- 依據上一步得到的整數值，每一秒減 1，直到零為止。

我們將上述動作實作成 countdown() 函式，其中需要包含一個迴圈，處理倒數計時的數字變化，也會使用到文字標籤的 configure() 方法來改變標籤文字。除此之外，我們還需使用 time 時間函式庫的 sleep 函式來暫停程式，我們可以在函式中指定暫停的時間 (單位為秒)，讓每次迴圈執行時都暫停 1 秒。如果不暫停，程式會一下子就執行完畢，無法清楚看到視窗中的數字變化。

**程式 35.4** 程式會讀取文字方塊裡的數字，並執行倒數計時

```
import tkinter
import time ————————— 匯入 time 時間函式庫
def countdown(): ————————— 按下按鈕後會觸發的函式
    countlabel.configure(background="white") ——①
    howlong = int(textbox.get()) ————————②
    for i in range(howlong, 0, -1): ————————③
        countlabel.configure(text=i) ————————④
        window.update() ————————————⑤
        time.sleep(1) ———————————⑥
    countlabel.configure(text="DONE!") ——————⑦
window = tkinter.Tk()
window.geometry("800x600")
window.title("My first GUI")
window.configure(background="grey")
lbl = tkinter.Label(window, text="How many seconds to count down?")—⑧
lbl.pack()
textbox = tkinter.Entry(window)—⑨
textbox.pack()
count = tkinter.Button(window, text="Countdown!",
                        command=countdown)
count.pack()                ⑩
countlabel = tkinter.Label(window, height="10", width="10")—⑪
countlabel.pack()
window.mainloop()
```

① 將文字標籤 (Label) 的背景改為白色

② 從文字方塊取得使用者輸入的值並轉換為整數

③ 透過迴圈，將使用者輸入的值每次減 1、倒數到 0 為止

④ 將迴圈中倒數的值指定給文字標籤

⑤ 更新視窗，讓文字標籤顯示修改後的數字

⑥ 使用 time 函式庫的 sleep () 函式，讓程式暫停 1 秒

⑦ 完成倒數後，將文字標籤的值改成 "DONE!"

⑧ 此文字標籤 (Label) 用來提醒使用者輸入數字

⑨ 文字方塊，使用者可在方塊內輸入一個數字

⑩ 點擊按鈕時會呼叫 countdown() 函式，程式就會開始倒數計時

⑪ 此文字標籤 (Label) 用來顯示倒數計時的數字變化情況

**圖 35.5** 程式執行後，使用者可以輸入數字，按下 Countdown！鈕即可開始倒數計時。

✎ **觀念驗證 35.4**

撰寫一個程式，建立一個視窗及按鈕，點擊按鈕時，會隨機將視窗背景修改為紅、綠、藍隨機其中一種顏色。

# 結語

　　本章針對圖形化使用者介面 (GUI) 做了基本介紹，並學習使用 Tkinter 函式庫內的類別和方法，在程式中建立各種圖形化元件。

本章重點：

● 按鈕、文字方塊、捲動軸等元件都是圖形化元件。

● 當使用者操作圖形化元件時會產生事件，我們可以指定發生事件後要執行的函式，達到和使用者互動的目的。

# 習題

**Q1** 撰寫一個程式來記錄通訊錄裡的聯絡人姓名、電話號碼以及 E-Mail。此程式會有一個視窗，在視窗內有 3 個文字方塊，可讓使用者輸入聯絡人的姓名、電話號碼以及 E-Mail，程式中還有兩個按鈕，一個按鈕可以讓使用者新增聯絡人，另一個按鈕會顯示目前通訊錄裡的所有聯絡人。

當使用者按下**新增**按鈕時，程式會從文字方塊讀取聯絡人資訊並儲存起來；當使用者按下**顯示聯絡人**按鈕時，程式會把將目前通訊錄裡的所有聯絡人資訊顯示在一個文字標籤上。

Chapter

# 36 CAPSTONE 整合專案：Tag！抓人遊戲

## 學習重點

➡ 如何使用 Tkinter 函式庫撰寫一個簡單的遊戲

➡ 如何撰寫具備互動性的 GUI 應用程式

➡ 如何使用 Tkinter 的畫布元件（canvas）在程式裡繪製圖形

本章將使用 Tkinter 函式庫撰寫一個 GUI 遊戲，用來模擬小時候常玩的抓人遊戲。我們會用兩個方塊代表兩個玩家，參與遊戲的玩家可透過鍵盤各自操控方塊在畫面上移動，當方塊互相接觸到時，畫面上顯示 "Tag!"，表示「抓到了」！

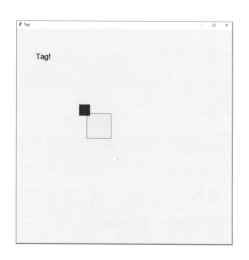

我們先把此專案拆解為下列 3 個小步驟，然後再針對每個步驟分別撰寫程式：

● 在視窗裡建立兩個方塊。

● 當我們按下對應的按鍵時，可移動視窗內對應的圖形。

● 確認這兩個方塊是否有重疊或是碰觸。

# 36-1 在視窗裡繪製兩個方塊

如同前一章的 GUI 程式，首先建立一個主視窗並放入需要的元件，在程式 36.1 裡我們建立了一個視窗並放入一個 canvas 畫布元件，此元件會產生一個方形區域，我們可在此區域內繪製圖形。

**程式 36.1** 初始化視窗和畫布元件

```
import tkinter
window = tkinter.Tk()
window.geometry("800x800")
window.title("Tag!")
canvas = tkinter.Canvas(window) ——— 建立一個畫布元件 canvas
canvas.pack(expand=1, fill='both') ——— 將畫布元件加到視窗裡
window.mainloop()

       畫布元件會隨主視窗的尺寸而縮放        畫布元件要佔滿主視窗
```

畫布元件功能強大、使用上也很有彈性，我們可以在畫布元件中繪製直線 (line)、圓形、方形、三角形等，而且可以自訂繪製的顏色、線條樣式、互動效果等，本專案會在畫布元件裡繪製代表玩家的方塊，並進一步控制方塊的顏色和移動位置。

要在畫布元件中繪製方塊，必須使用 create_rectangle() 方法，並將方塊的左上頂點和右下頂點座標當作參數傳入，即可在畫布中產生一個四方形的圖案。除了兩個頂點座標外，也可以一併傳入其他繪製參數，如填滿顏色 (fill) 等。

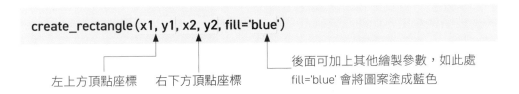

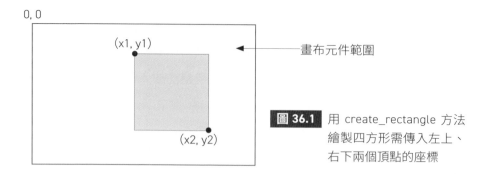

0, 0

(x1, y1)

書布元件範圍

(x2, y2)

**圖 36.1** 用 create_rectangle 方法
繪製四方形需傳入左上、
右下兩個頂點的座標

在遊戲中繪製的方塊為正方形，為了讓遊戲有一些變化，我們希望每次執行程式，方塊的起始位置和大小都不一樣。因此我們先隨機產生方塊左上頂點的兩個座標值 x1, y1，然後再隨機產生方塊邊長 (side)，將 x1, y1 加上邊長得到右下頂點 x2, y2 的座標值，如圖 36.2 所示。

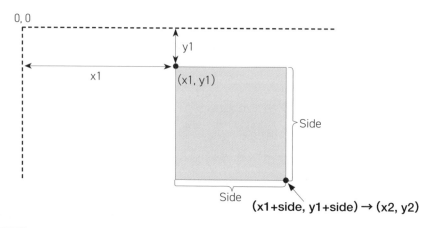

0, 0

y1

x1

(x1, y1)

Side

Side

**(x1+side, y1+side) → (x2, y2)**

**圖 36.2** 透過隨機產生圖形左上角的座標和邊長 (side)，在視窗裡建立代表玩家的方塊

由於遊戲中要建立兩個方塊，因此我們將遊戲方塊設計為一個類別，並將上述隨機產生方塊的程式碼放到此類別之中。程式 36.2 建立了一個 Player 類別，透過此類別可以產生一個代表玩家的方塊物件。要特別說明，為了讓程式碼比較容易閱讀，在 Player 類別中會將兩個頂點的 4 個座標值以串列 (list) 型別儲存，並做為類別的 coords 屬性。

**程式 36.2** 此類別用來在視窗裡建立代表玩家的圖形

```
import random
class Player():
    def __init__(self, canvas, color):————①
        side = random.randint(1, 100)————②
        x1 = random.randint(0, 700)————③
        y1 = random.randint(0, 700)————④
        x2 = x1+side
        y2 = y1+side
        self.color = color
        self.coords = [x1, y1, x2, y2]————⑤
        self.piece = canvas.create_rectangle(self.coords,
                        fill= self.color) ————⑥
```

① 建立 Player 物件時需傳入一個畫布元件，表示要在哪個元件中顯示代表玩家的方塊，另外也會傳入此方塊的顏色為何

② 隨機選取 1~100 間的的數字，作為此方塊的邊長

③ 隨機選取 0~700 間的的數字，作為此方塊左上角座標的 x 值

④ 隨機選取 0~700 間的的數字，作為此方塊左上角座標的 y 值

⑤ 將方塊左上和右下頂點的座標值儲存為串列，並設為 Player 類別的 coords 屬性

⑥ 將 coords 和 color 屬性當作參數傳入 create_rectangle() 方法，產生代表玩家的方塊

要特別補充說明的是 piece 屬性。我們在 canvas 畫布元件中所繪製的圖形，在繪製完成後都會傳回一個 ID 編號值，第一個繪製的圖形，其 ID 會是 1，第二個圖形 ID 會是 2，以此類推。我們將這個 ID 編號值當作 Player 類別的 piece 屬性，之後就可以透過這個屬性操控指定的圖形，也就是代表玩家的方塊。

另外上述程式碼在隨機產生左上頂點座標值和邊長時，我們將邊長限制在 100 以下，而座標值也限制在 700 以下，這樣右下頂點座標的最大值為 800，可以確保方塊初始的位置不會超出 Tkinter 視窗顯示的範圍 (800X800)。

建立 Player 類別後，我們可以在程式中將代表兩位玩家 player1 和 player2 的方塊加入到畫布元件中，為了區分不同玩家，其中一個方塊顏色為黃色，另一個為藍色：

```
player1 = Player(canvas, "yellow")
player2 = Player(canvas, "blue")
```

您可以試著執行程式，應該會出現如圖 36.3 的視窗，視窗裡會有兩個不同顏色的方塊，其位置和大小每次執行都不一樣。

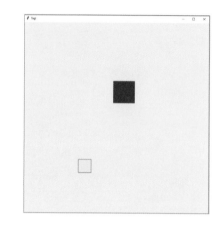

**圖 36.3** 此圖為在視窗裡建立兩個代表玩家的方塊；每次程式執行，方塊的大小和出現的位置都不相同。

# 36-2 移動視窗裡的方塊

在視窗中產生代表玩家的兩個方塊後，接著我們要讓方塊「動」起來。要達到這個目的的作法很簡單，只要使用 Canvas 畫布元件的 coords() 方法，然後傳入圖形 ID 和新的座標值，更新方塊顯示的位置，反覆修改座標值就可以讓方塊看起來像是在移動。我們可以如圖 36.4 所示，透過 x 和 y 座標值的加減，控制方塊移動的方向。

我們在原先 Player 類別中定義了 move() 方法，藉由更新座標值（每次加減 10），修改方塊在畫布裡的位置，並透過傳入 u、d、l、r 等不同的參數值將方塊往上、下、左、右等方向移動，實作的結果為程式 36.3。

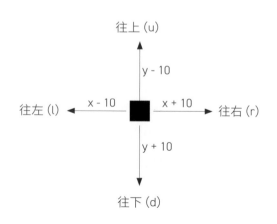

**圖 36.4** 調整座標值來操控方塊移動的方向

**程式 36.3** 移動畫布元件裡的方塊

```
class Player():
    def __init__(self, canvas, color):
        size = random.randint(1, 100)
        x1 = random.randint(100, 700)
        y1 = random.randint(100, 700)
        x2 = x1+side
        y2 = y1+side
        self.color = color
        self.coords = [x1, y1, x2, y2]
        self.piece = canvas.create_rectangle(self.coords,
                                            fill=self.color)


    def move(self, direction):
        if direction == 'u':
            self.coords[1] -= 10
            self.coords[3] -= 10
            canvas.coords(self.piece, self.coords)
        if direction == 'd':
            self.coords[1] += 10
            self.coords[3] += 10
            canvas.coords(self.piece, self.coords)
        if direction == 'l':
            self.coords[0] -= 10
            self.coords[2] -= 10
            canvas.coords(self.piece, self.coords)
        if direction == 'r':
            self.coords[0] += 10
            self.coords[2] += 10
            canvas.coords(self.piece, self.coords)
```

針對傳入的 'u', 'd', 'l', 'r'，會作出不同的處理來移動對應的方塊

透過傳入的參數：'u', 'd', 'l', 'r'，來移動對應的方塊

減少 y1 和 y2 的座標值，也就是 coords 串列裡的索引 1 和索引 3 的元素，可以讓方塊往上移動

self.piece 為玩家方塊的 ID 編號，更新座標就可以移動方塊的位置

將 y 座標值加 10，讓方塊往下移動

將 x 座標值減 10，讓方塊往左移動

將 x 座標值加 10，讓方塊往右移動

**TIP** | 在移動方塊時，方塊的左上和右下頂點的座標值必須同時修改，不然畫面上顯示的方塊會「變形」。

　　遊戲中玩家是透過鍵盤來操控方塊，我們讓兩位玩家藉由兩組不同的按鍵，來操作視窗裡的兩個方塊，分別是：

**表 36.1** 方塊移動方向與按鍵、呼叫方法 (method) 對照表

| 方塊移動方向 | 玩家 1(黃色) | 玩家 2(藍色) | 呼叫的方法 (method) |
|---|---|---|---|
| 往上移動 | w 鍵 | i 鍵 | move('u') |
| 往下移動 | s 鍵 | k 鍵 | move('d') |
| 往左移動 | a 鍵 | j 鍵 | move('l') |
| 往右移動 | d 鍵 | l 鍵 | move('r') |

　　我們會在程式裡編寫一個事件處理器 (event handler)，此事件處理器是一個函式，用來處理當我們按下鍵盤對應按鍵時，程式要執行的動作為何。在此函式裡，我們會依據按下的按鍵，然後呼叫 Player 物件的 move() 方法，並傳入對應方向的參數值，來移動視窗裡的方塊。

**程式 36.4**　事件處理器函式，用來處理按下特定按鍵時，方塊移動的方向

```
def handle_key(event):        事件處理器函式
    if event.char == 'w':        確認是否是按下 w
        player1.move('u')
    if event.char == 's':
        player1.move('d')
                                 move() 為定義在 Player 類別
    if event.char == 'a':        裡的方法，呼叫此方法並傳入
        player1.move('l')        "u"，表示讓代表特定玩家的方
                                 塊圖示向上移動
    if event.char == 'd':
        player1.move('r')

    if event.char == 'i':        確認是否是按下 "i"
        player2.move('u')
    if event.char == 'k':
        player2.move('d')
                                 move() 為定義在 Player 類別裡的
    if event.char == 'j':        方法，我們呼叫另一個 player 物
        player2.move('l')        件的 move() 方法並傳入 "u"，表示
                                 讓另一個玩家的方塊圖示向上移動
    if event.char == 'l':
        player2.move('r')
```

撰寫好按鍵的事件處理器函式後，最後要再透過 bind_all() 方法，指定當玩家按下任何按鍵時，都會觸發 handle_key 函式：

```
window = tkinter.Tk()
window.geometry("800x800")
window.title("Tag!")
canvas = tkinter.Canvas(window)
canvas.pack(expand=1, fill='both')
player1 = Player(canvas, "yellow")
player2 = Player(canvas, "blue")
canvas.bind_all('<Key>', handle_key)

window.mainloop()
```

觸發事件後，執行 handle_key 函式

按下鍵盤任何鍵都會觸發事件

程式執行後，你可以使用 ⓦ、ⓐ、ⓢ、ⓓ 按鍵來移動黃色方塊，或是使用 ⓘ、ⓙ、ⓚ、ⓛ 按鍵移動藍色方塊，測試程式是否可正確執行。

**TIP** │ 程式執行過程中，兩個方塊不能同時移動，若同時按下兩個按鍵控制方塊時，只有較晚按下的按鍵才會動作。

## 36-3 偵測兩個方塊是否相互碰觸

這個遊戲的最後一段程式，就是要偵測兩個方塊是否有相互碰觸，來確認是否「抓到人」了。判斷的邏輯是，在代表玩家 1 的黃色方塊範圍內，搜尋此範圍內所有圖形，查看是否是否有玩家 2 的藍色方塊，如果有找到就表示兩個方塊已經接觸到了。要實作出前述的判斷邏輯，就必須使用到 canvas 畫布元件的 bbox() 和 find_overlapping() 方法。

bbox() 方法可以傳回畫布元件中任何圖形的邊界範圍 (bounding box) 座標，也就是能容納此圖形的最小區域範圍 (如圖 36.5)。只要將畫布元件中的圖形 ID 當作參數值傳入，bbox() 方法會以 tuple 傳回這個圖形邊界範圍的左上和右下頂點座標值。

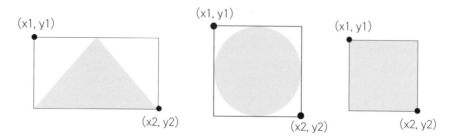

canvas.bbox(ID) ◀────── 傳回圖形邊界範圍的座標值 (x1, y1, x2, y2)

**圖 36.5** bbox() 方法傳回的邊界範圍座標示意圖

> **TIP** 由於邊界範圍是方形區域，因此利用 bbox() 方法傳回黃色方塊的範圍座標
> 值，其實和 player1.coords 屬性值是一樣的，不過若是遇到要傳回其他圖案的
> 範圍，還是要使用 bbox() 方法才行。

接著我們可以呼叫畫布元件的 find_overlapping() 方法，並把黃色方塊的
4 個邊界座標值傳入，此方法會以 tuple 型別傳回所有在此座標範圍內的圖形
ID。因此我們可以檢查回傳的 tuple 內是否有藍色方塊的 ID (也就是 2)，例
如：傳回的 tuple 為 (1, 2)，這代表藍色方塊出現在黃色方塊的邊界範圍裡，
意即兩個方塊已經接觸到了，此時我們就可以在畫布元件顯示文字，告訴玩
家已經抓到了 (Tag!)。

我們將上述判斷邏輯的程式碼放在處理按鍵事件的 handle_key() 函式裡，
每當玩家按下按鍵，我們就確認方塊是否有相互碰觸，實作結果如程式 36.5：

**程式 36.5** 確認兩個方塊是否有相互碰觸

```
def handle_key(event):

    …(同程式 36.4，略)…

    yellow_xy = canvas.bbox(1)
    overlapping = canvas.find_overlapping(
                yellow_xy[0], yellow_xy[1], yellow_xy[2], yellow_xy[3])
    if 2 in overlapping:
        canvas.create_text(100, 100, font=("Arial", 20), text="Tag!")
```

取得黃色方塊的邊界範圍座標值，並指定給變數 yellow_xy

查詢黃色方塊邊界範圍內的所有圖形 ID

若有藍色方塊，則在畫布元件中顯示 "Tag!"

指定文字出現的位置和字體

確認藍色方塊是否在黃色方塊的邊界範圍內

程式撰寫完畢請再次執行程式，在控制黃色和藍色方塊移動時，只要其中一個方塊碰觸到另一個方塊時，畫面會顯示 "Tag!" 字樣如圖 36.6。

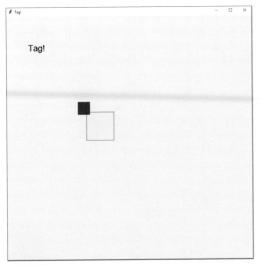

**圖 36.6** 當兩個方塊有重疊時，畫面會顯示 Tag!

# 結語

　　本章的目的在讓你了解如何使用進階的 GUI 元件來製作遊戲程式。我們使用了畫布元件，並把方塊圖形加到畫布元件裡。接著我們使用事件處理器（event handler），並依據玩家按下的按鍵移動對應的方塊，最後再利用畫面元件所提供的 bbox() 和 find_overlapping() 方法，判斷兩個方塊是否有接觸到。由於我們設計了一個類別，並善加利用 canvas 畫布元件提供的現成方法（method），因此程式碼非常簡潔、易於閱讀。

　　為了降低程式撰寫的難度，我們在遊戲中刪除了不少細節，你可用本章所提供的範例程式作為基礎，改善遊戲的功能：

- 目前要重新開始遊戲時，都需要把視窗關掉並再啟動一次程式，我們可以加入一個按鈕來詢問使用者是否要再玩一次，若使用者想再重玩一次，則可以再隨機設定方塊的大小以及出現的位置。

- 遊戲一啟動，兩個方塊隨機產生的座標值有可能導致方塊重疊，遊戲還沒開始就抓到了，可以在產生第 2 個方塊時加入一些判斷避免這個情況。

- 加入逃跑機制。當兩個方塊接觸後，方塊仍可以持續移動，若方塊不再接觸，移除畫布元件的 "Tag!" 字樣。

- 讓使用者自訂方塊顏色，或是把方塊改成其他圖形。

Chapter

# 37 對程式進行測試

## 學習重點

➡ 如何使用 unittest（單元測試）函式庫
➡ 如何撰寫「專門用來測試函式或方法 (method)」的測試程式
➡ 如何有效率地找出程式的錯誤

新撰寫好的程式難免會有錯誤存在，因此在寫好程式之後，通常會先輸入各種可能的資料做測試，並依據測試的結果修正程式，然後再次進行同樣的測試及必要的修改，不斷重複此步驟直到程式運作完全正確為止。

Python 標準函式庫中的 **unittest（單元測試）**函式庫，可以協助我們更方便、快速地完成以上的重複測試工作。

---

### 💡 想一想 Consider this

回想一下到目前為止你撰寫程式的過程，當你撰寫的程式發生了問題，你是如何找出問題並修改使其能正常運作？

**參考答案**

我們會查看錯誤訊息，錯誤訊息除了有發生的原因，還可能有其他線索，例如：發生錯誤的程式碼在哪一行，這樣就可以直接確認該行程式碼。我們也可以在程式碼裡的特定位置，加上 print()，讓程式可以在畫面顯示相關訊息，或是試著輸入不同值，來確認程式發生的原因為何。

---

# **37-1** 使用 unittest（單元測試）函式庫

**unittest（單元測試）** 函式庫可以幫助我們建立測試程式，它屬於 Python 標準函式庫，因此在安裝 Python 時就已一併安裝到你的電腦裡。

**TIP** 關於 unittest 函式庫的詳細資料，可參考 Python 網站的說明：https://docs. python.org/3.7/library/unittest.html。

我們可以用 unittest 來建立測試類別，在此類別中定義的每一個方法 (method) 就代表一項要進行的測試。測試方法的名稱必須以 test_ 開頭，後面可以接任意文字，但最好能表達出該測試的內容為何。

程式 37.1 定義了一個測試類別，並在類別中定義了 2 個簡單的方法，程式最後會執行 unittest.main() 來實地進行測試：

| **程式 37.1** | 建立簡單的測試類別並進行測試 |
| --- | --- |

```
import unittest —— 匯入單元測試函式庫
class TestMyCode(unittest.TestCase): ———— 定義測試類別
    def test_addition_2_2(self): —— 定義方法來測試 2+2 是否會等於 4
        self.assertEqual(2+2, 4) —— 使用 assertEquals() 方法來測試
                                        2+2 是否會等於 4
    def test_subtraction_2_2(self): —定義方法來測試 2-2 是否不等於 4
        self.assertNotEqual(2-2, 4) —使用 assert**Not**Equals() 方法來測試
                                        2-2 是否**不**等於 4

unittest.main() ———— 執行測試類別中的所有測試方法
```

執行上述程式會顯示下列訊息：

```
Ran 2 tests in 0.001s
OK
```

上述程式的執行結果表示符合預期，我們的第一個測試是確認 2+2 是否等於 4，其結果正確，第二個測試是確認 2-2 是否不等於 4，其結果也正確。

現在我們修改測試類別中的第一個方法如下，使其測試結果不正確：

```
def test_addition_2_2(self):
    self.assertEqual(2+2, 5)
```

以上方法會測試 2+2 是否等於 5，由於其結果不正確，所以執行上述程式會顯示下列訊息：

```
                ②                        ①
FAIL: test_addition_2_2 (__main__.TestMyCode)
------------------------------------------------------------
Traceback (most recent call last):
    File "C:/Users/Ana/.spyder-py3/temp.py", line 5, in test_
addition_2_2
        self.assertEqual(2+2, 5) ──③
AssertionError: 4 != 5 ──④
------------------------------------------------------------
Ran 2 tests in 0.002s
FAILED (failures=1)
```

上述的訊息中包含很多資訊，說明如下：

① 哪一個測試類別執行異常：TestMyCode。

② 哪一個測試方法執行異常：test_addition_2_2。

③ 哪一行程式執行異常：self.assertEqual (2+2, 5)。

④ 異常的原因：因為 4 不等於 5！其中 4 是運算 (2+2) 的結果，而 5 是我們預期的結果，我們用 assertEqual (2+2, 5) 來驗證它們應該相等，若不等則視為異常。

上述程式只是要讓你對單元測試有初步的了解，事實上我們當然不會用此方法來測試這麼簡單的運算。當你撰寫了較複雜的函式或類別時，就可以利用上述的測試方式，針對函式或類別的方法 (method) 進行測試，並不斷重複進行測試與除錯，直到程式可以正常運作為止。下一節我們就會示範如何針對函式進行單元測試。

✎ **觀念驗證 37.1**

請完成下列程式，在程式註解處填入正確的程式碼。

```
class TestMyCode(unittest.TestCase):
    def test_addition_5_5(self):
        # 測試 5+5 是否等於 10
    def test_remainder_6_2(self):
        # 測試 6 除以 2 的餘數是否為 0
```

# 37-2 將測試程式儲存成獨立的檔案

　　測試用的程式應該另外儲存成獨立的檔案，以免原程式因加入了非必要的測試程式而變得複雜。底下我們先撰寫要被測試的程式，然後再撰寫測試程式來進行測試。

　　程式 37.2 是稍後要被測試的範例程式，其中包含兩個函式，一個函式會判斷傳入的參數是否為質數，其傳回值為布林值 (True 或 False)，另一個函式會傳回傳入參數的絕對值。這兩個函式目前都還有一些問題，在撰寫測試程式前，你可以發現問題點在哪裡嗎？

**程式 37.2**　此檔案為 funcs.py，包含兩個函式，後續我們會測試這兩個函式

```
def is_prime(n):
    prime = True
    for i in range(1, n):
        if n%i == 0:
            prime = False
    return prime


def absolute_value(n):
    if n < 0:
        return n
```

續下頁 ⇨

```
    elif n > 0:
        return n
```

接著我們要在另一個檔案中撰寫測試程式，以便測試上面的函式是否運作正常。我們可以針對每個函式建立其專屬的測試類別，然後在類別中針對該函式做各種不同的測試，例如在類別中定義多個方法，每個方法使用不同的參數來進行測試。像這樣針對單一函式進行各種不同測試的動作，就稱為**單元測試**（unit testing）。

名詞解釋 **單元測試**就是透過一連串的測試，來確認函式在各種狀況下都能運作正常。

撰寫單元測試的步驟通常會採用「準備（Arrange）、執行（Act）、驗證（Assert）」模式，說明如下：

● **準備 (Arrange)**：準備各種要傳入函式的參數資料。
● **執行 (Act)**：呼叫函式，並使用上述資料作為函式的參數。
● **驗證 (Assert)**：驗證函式的行為以及傳回值是否符合預期。

程式 37.3 針對 funcs.py 中的 2 個函式進行單元測試，TestPrime 類別包含了對 is_prime() 函式的測試方法，而 TestAbs 類別則包含了對 absolute_value() 函式的測試方法。

程式 37.3 此檔案為 test.py，內容為 is_prime() 和 absoulte_value() 的測試類別

```
import unittest ─────── 匯入單元測試函式庫          匯入我們定義在 funcs.py 中的
                                              函式 ( 就是要被測試的函式 )
import funcs ─────
class TestPrime(unittest.TestCase): ────── 一個測試類別中通常
                                            會包含多個測試方法
    def test_prime_5(self): ──────
        isprime = funcs.is_prime(5) ──────  其中一個測試方法。依據方
        self.assertEqual(isprime, True)    法的名稱，可以知道該方法
                                           想要進行測試的內容為何

   使用 assertEqual 方法確認      呼叫我們在 funcs.py 定義的 is_prime() 函式，並傳入 5。
   傳回的結果是 True           使用 isprime 變數儲存函式的傳回值
```

續下頁 ⇨

```
    def test_prime_4(self):
        isprime = funcs.is_prime(4)
        self.assertEqual(isprime, False)
    def test_prime_10000(self):
        isprime = funcs.is_prime(10000)
        self.assertEqual(isprime, False)

class TestAbs(unittest.TestCase):
    def test_abs_5(self):
        absolute = funcs.absolute_value(5)
        self.assertEqual(absolute, 5)
    def test_abs_neg5(self):
        absolute = funcs.absolute_value(-5)
        self.assertEqual(absolute, 5)
    def test_abs_0(self):
        absolute = funcs.absolute_value(0)
        self.assertEqual(absolute, 0)

unittest.main()　 ───────實地進行測試
```

**TIP** 如果剛才執行過上一節的程式，那麼在執行本程式之前，請先按一下主控台右上角的齒輪圖示並執行『**Remove all variables**』來清除記憶體中的 TestMyCode 類別（這是上一節定義的類別），否則執行本程式時會連該類別一起測試，而多列出一個異常狀況 (2+2 != 5)。

　　以上測試程式的執行結果如下，由最後 2 行可看出一共執行了 6 個測試方法，其中有 2 個方法發生異常：

```
FAIL: test_abs_0 (__main__.TestAbs)
-----------------------------------------------------------
Traceback (most recent call last):
    File "C:/Users/Ana/test.py", line 24, in test_abs_0
        self.assertEqual(absolute, 0)
AssertionError: None != 0

===========================================================
FAIL: test_prime_5 (__main__.TestPrime)
-----------------------------------------------------------
Traceback (most recent call last):
    File "C:/Users/Ana/test.py", line 7, in test_prime_5
```

續下頁 ⇨

```
        self.assertEqual(isprime, True)
AssertionError: False != True
-------------------------------------------------------------
Ran 6 tests in 0.000s
FAILED (failures=2)
```

上述錯誤訊息說明 test_abs_0 和 test_prime_5 這兩個測試方法發生異常，我們可以在 funcs.py 裡找出對應函式，並嘗試找出錯誤進行修改。

---

⊙ **像程式設計師一樣思考**

不管是一般類別或是測試類別，其方法名稱都應該有意義，並能讓人了解該方法的功能為何。當測試方法發生異常時，我們可以立即從測試方法的名稱了解相關資訊。

假設我們想測試某個類別的方法，就可以用該方法的名稱、輸入值、測試說明等，組合成為測試方法的名稱，之後便可透過此名稱快速了解測試的內容為何。

---

「逐步修改並驗證修改結果」是一個很實用的技巧，每當我們修正一個問題，就應該執行 tests.py 來確認已正確修改，而不是一次把所有的問題都修改完後才驗證程式是否正確。這樣的好處是可以確認目前的修改是正確的，並且沒有因為此次修改而導致其他的錯誤。

此外，unittest 函式庫提供了多種不同的驗證資料方式，而不是只有驗證兩個值是否相等的 assertEqual()。你可查閱 unittest 函式庫的相關文件，確認有哪些驗證方式可以使用。

---

✎ **觀念驗證 37.2**

修正程式 37.2 發生的兩個錯誤。每當你修正一個錯誤後，都需執行 tests.py 確認是否修改正確。

---

✎ **觀念驗證 37.3**

請查閱 unittest 函式庫的文件，確認哪種驗證方式適合使用在下列情境：

1. 驗證某個值是 False
2. 驗證某個值在串列裡
3. 驗證某兩個字典是否相同

---

# 結語

本章重點：

- 了解單元測試的功用，以及練習如何匯入並使用函式庫。
- 利用 unittest 函式庫，針對程式中的函式撰寫測試程式。
- 將測試程式儲存在獨立的檔案中，以避免原程式因加入測試程式而變得混亂。

# 習題

**Q1** 下列是有問題的程式碼，請撰寫單元測試程式並試著找出錯誤：

```
def remove_buggy(L, e):
    """
    L, list
    e, any object
    Removes all e from L.
    """
    for i in L:
        if e == i:
            L.remove(i)
```

**APPENDIX**

# 特殊方法

---

## 學習重點

➡ Python 的特殊方法

➡ 如何自訂 print() 函式顯示的內容

➡ 如何讓自訂類別的物件，能透過 +, -, /, * 等算符進行運算

---

你在撰寫第一支 Python 程式時，其實就已經在使用 Python 預先定義好的類別 (例如：整數、浮點數、布林)。雖然我們說過很多次，整數、浮點數或布林都是物件，但使用起來卻和自訂類別 (我們自行定義的類別) 的物件有很大不同。

大部份 Python 內建的資料型別 (built-in types, 也就是內建類別)，可以透過使用某些特殊的算符 (operator) 進行操作。例如我們使用 + 算符加總兩個整數，也可以使用 [] 算符來取得字串或串列的索引值。而我們使用自訂類別的物件，卻必須用 " 物件 . 方法 " 的方式來呼叫物件的方法 (method)，例如：circles.get_radius()。

其實我們先前使用過的 + - x / 算符，實際上都是內建資料型別的方法 (method)，只是 Python 特別為這些算符設計了簡化的使用語法。本附錄我們會說明如何讓自訂類別的物件，也可以使用這些算符來操作。

---

> 🔍 **想一想** Consider this
>
> **Q1** 我們可以對 2 個整數執行哪些操作？請列舉 5 項
>
> **Q2** 我們可以對 2 個字串執行哪些操作？請列舉 1 項
>
> **Q3** 我們可以對一個字串和一個整數執行哪些操作？請列舉 1 項

續下頁 ⇨

---

參考答案

**A1** +, -, *, /, %

**A2** +

**A3** *

---

# A-1 自訂算符的運算操作

在 Python 中，+ - * / 這些算符都是物件的方法，一般俗稱為**特殊方法 (special method)** 或**魔術方法 (magical mathod)**。表 A.1 條列了一些 Python 的特殊方法，我們只條列了部份，並沒有列出全部的特殊方法。請注意，這些特殊方法的名稱都是由兩個底線開頭及結尾，這是 Python 的特殊語法。

除了 + - * / 等常見的算符，有些 Python 內建函式也採用類似的簡化語法，例如我們經常使用的 print() 也是縮寫，只要在括號內帶入物件就會在畫面顯示該物件的資訊 (例如：帶入 2+3 這個物件，就會顯示 5)，其實際方法也定義在類別裡 (註：現在不太懂沒關係，看完 A-2 節你就懂了)。

**表 A.1** Python 的特殊方法

| 類型 | 算符 | 方法名稱 |
|---|---|---|
| 算術算符 | + | __add__ |
| | - | __sub__ |
| | * | __mul__ |
| | / | __truediv__ |
| 比較算符 | == | __eq__ |
| | < | __lt__ |
| | > | __gt__ |
| 其他 | print() 和 str() | __str__ |
| | 建立物件，例如 some_object = ClassName() | __init__ |

**TIP** │ 註：這個表的意思是，我們只要在類別中定義右邊欄位所列的方法 (如：__add__)，就可以使用中間欄位的算符 (如：+) 來對該類別的物件做運算。

只要依照表 A.1 所列的方法名稱，在類別中定義這些特殊方法，就可以讓該類別的物件直接使用算符來執行對應的方法。

在程式 A.1 裡，我們定義了 Fraction 類別，此類別代表分數，分數會有分子和分母，所以此類別的屬性有 2 個整數叫做 top 與 bottom，如下：

**程式 A.1** 定義 Fraction 類別

```
class Fraction:
    def __init__(self, top, bottom):
        self.top = top
        self.bottom = bottom
```

接下來，我們可以建立兩個 Fraction 物件，並試著直接相加：

```
half = Fraction(1, 2)
quarter = Fraction(1, 4)
print(half + quarter)
```

1/2 + 1/4 的結果應該是 3/4。但當我們執行上述程式碼時，會有下列錯誤：

```
TypeError: unsupported operand type(s)for +: 'Fraction' and
'Fraction'
```

上述錯誤訊息的意思是，Python 不知道如何將這兩個物件相加，這是正常的，因為我們並沒有定義 Fraction 物件相加的操作。

要讓 Fraction 物件可以使用 + 算符進行運算，我們必須參考表 A.1 所列的 " 方法名稱 "，在類別中實作 __add__ 方法 (add 前後都有兩條底線)，而此方法需要傳入另一個 Fraction 物件，表示對傳入的物件進行相加。

程式 A.2 在類別中定義了 + 和 * 兩個算符的方法 (__add__ 和 __mul__)，方法中會依據傳入物件的分子和分母，進行分數相加與分數相乘的運算 (也就是 a/b + c/d = (ad+cb)/bd 的運算和 (a/b)(c/d) = ac/bd 的運算)：

程式 A.2　Fraction 類別的加法和乘法運算邏輯

```
class Fraction:
    def __init__(self, top, bottom):
        self.top = top
        self.bottom = bottom
    def __add__(self, other_fraction):
        new_top = self.top*other_fraction.bottom + \
                  self.bottom*other_fraction.top
        new_bottom = self.bottom*other_fraction.bottom

        return Fraction(new_top, new_bottom)


    def __mul__(self, other_fraction):
        new_top = self.top*other_fraction.top
        new_bottom = self.bottom*other_fraction.bottom
        return Fraction(new_top, new_bottom)
```

定義兩個 Fraction 物件使用 + 號時的要如何處理 (也就是分數的相加運算)

反斜線代表下一行與此行是同一行敘述

分數相加時的分子運算 (就是 a*d + b*c)

分數相加時的分母運算 (也就是 b*d)

使用新的分子和分母建立一個新的 Fraction 物件並傳回

此方法定義兩個 Fraction 物件相乘時的運算邏輯

**TIP** 以上在實作 __add__ 分數加法時，為了簡化運算細節，只是簡單將分母相乘進行通分，然後再將通分後的分子相加，並未考慮同分母相加以及約分的狀況。實作 __mul__ 分數乘法結果也同樣不考慮約分。

✎ **觀念驗證 A.1**

撰寫方法並實測兩個 Fraction 物件使用 - 號時的邏輯。

# A-2 自訂 print() 函式

現在我們已經可以對兩個 Fraction 物件進行相加，你可以試著再次執行先前的程式碼：

```
half = Fraction(1, 2)
quarter = Fraction(1, 4)
print(half + quarter)
```
因為我們在 Fraction 類別中實作了 __add__ 方法，所以就可用 + 算符來運算 Fraction 的物件了！

你會發現沒有出現先前的錯誤訊息，畫面顯示物件的型別和記憶體位置，表示程式已經依照我們實作的 __add__ 方法，將兩個物件「相加」了：

可以和程式 32.4 比較一下，顯示出來的樣子很像

```
<__main__.Fraction object at 0x00000200B8BDC240>
```

但目前的結果只能說明兩個物件相加產生另一個物件，並沒有顯示出分數相加的結果，這是因為我們並沒有告訴 Python 該怎麼顯示 Fraction 這個物件的內容。

從表 A.1 倒數第 2 行你會發現，print() 函式也屬於特殊方法的一種，所以只要在 Fraction 類別中實作 __str__ 方法，就等同告知 print() 函式要如何顯示這個類別。其實作結果請參考程式 A.3：

**程式 A.3** 在 Fraction 類別中實作顯示物件內容的方法

```
class Fraction:

    …(略，同程式 A.2)

    def __str__(self):
        return str(self.top)+"/"+str(self.bottom)
```
定義 __str__ 方法來顯示 Fraction 物件的相關資訊

回傳字串物件，用來表示要顯示的資訊為何，此處的 __str__ 方法是用來顯示 Fraction 物件的 top/bottom 這個字串

在 Fraction 類別中實作好 __str__ 方法後，我們就可以使用 print() 方法顯示 Fraction 物件的相關資訊，執行下列程式不會再顯示物件的型別和記憶體位址，而是顯示 1/2：

```
half = Fraction(1, 2)
print(half)
```

結果顯示：1/2

若把兩個 Fraction 物件相加，print() 也會顯示相加後的結果是 6/8：

```
half = Fraction(1, 2)
quarter = Fraction(1, 4)
print(half + quarter)
```

結果顯示：6/8

---

✏️ **觀念驗證 A.2**

修改 Fraction 物件的 __str__ 方法，當我們使用 print() 時能以下列格式顯示出 Fraction 物件的相關資訊。例如 print(Fraction(1, 2)) 會顯示：

$$\frac{1}{2}$$

---

# A-3 特殊方法的運作方式

當我們使用 +-*/ 運算符號時，其背後發生了什麼事？讓我們將兩個 Fraction 物件相加，了解其執行步驟：

```
half = Fraction(1, 2)
quarter = Fraction(1, 4)
half + quarter
```

上述最後一行程式碼實際上是呼叫 half 物件的 \_\_add\_\_ 方法，如下：

```
half.__add__(quarter) ─────── 等同是 half + quarter
```

雖然我們稱這些前後有底線的方法叫**特殊方法 (special method)**，但特殊方法和一般定義在類別裡的方法並沒有差別；唯一和一般方法不同的是，我們可以使用縮寫的算符 (如 +-*/ 等算術算符)，或是使用其他常見的函式，如 len()、str()、print() 來操作這些物件。藉由這些縮寫符號可以讓我們以更直覺的方式撰寫程式，程式的可讀性也會比使用方法名稱要來得好。

---

### ✎ 觀念驗證 A.3

假設有下列兩個 Fraction 物件：

- half = Fraction(1, 2)
- quarter = Fraction(1, 4)

請改用呼叫物件的特殊方法 (special method) 重新改寫下列程式敘述。

1. quarter * half
2. print(quarter)
3. print(half * half)

---

# 結語

　　附錄 A 的目的在使你了解，如何定義並實作類別裡的特殊方法。在實作這些特殊方法後，我們就可以透過特定的算符 (如：+ - * /)，來呼叫該物件的特殊方法。

- 在 Python 裡，特殊方法名稱前後有兩個底線。
- 在 Python 裡的特殊方法，會有對應的算符，我們可以使用這些算符 (例如 +-*/) 來操作物件。

# 習題

**Q1** 實作 Circle 和 Stack 類別的 __str__ 方法，以便我們可以使用 print() 顯示出 Circle 和 Stack 相關的資訊。使用 print() 印出 Stack 類別的物件時，要在畫面上顯示出和第 32 章 prettyprint 方法相同的資訊；而印出 Circle 類別的物件時，則要顯示類似 "circle: 1" 的字串訊息 (也就是顯示該 Circle 類別的半徑為何)。

要執行的程式碼如下，請在自訂類別中實作 __str__ 方法：

```
circles = Stack()
one_circle = Circle()
one_circle.change_radius(1)
circles.add_one(one_circle)
two_circle = Circle()
two_circle.change_radius(2)
circles.add_one(two_circle)
print(circles)
```

執行上述程式碼要顯示：

```
|_ circle: 2 _|
|_ circle: 1 _|
```

旗 標 FLAG

好書能增進知識　提高學習效率　卓越的品質是旗標的信念與堅持

旗 標 FLAG

http://www.flag.com.tw